YOUTIAN JISHU XITONG
BUJU CHONGGOU ZHINENG YOUHUA FANGFA

油田集输系统
布局重构智能优化方法

陈双庆　董宏丽　官兵　◎著

吉林大学出版社

· 长春 ·

图书在版编目（CIP）数据

油田集输系统布局重构智能优化方法 / 陈双庆，董宏丽，官兵著 . -- 长春：吉林大学出版社，2024.6.
ISBN 978-7-5768-3388-1

Ⅰ . TE86

中国国家版本馆 CIP 数据核字第 2024TZ4013 号

书　　名：油田集输系统布局重构智能优化方法

作　　者：陈双庆　董宏丽　官兵
策划编辑：李承章
责任编辑：李承章
责任校对：甄志忠
装帧设计：云思博雅
出版发行：吉林大学出版社
社　　址：长春市人民大街 4059 号
邮政编码：130021
发行电话：0431-89580036/58
网　　址：http://www.jlup.com.cn
电子邮箱：jldxcbs@sina.com
印　　刷：北京北印印务有限公司
开　　本：787mm×1092mm　　1/16
印　　张：15.5
字　　数：230 千字
版　　次：2025 年 3 月　第 1 版
印　　次：2025 年 3 月　第 1 次
书　　号：ISBN 978-7-5768-3388-1
定　　价：79.00 元

内容提要

　　本书系统介绍了油田集输系统布局重构智能优化方法，包括适用于复杂优化模型的新型群智能优化算法、数据驱动的经济布局重构边界表征方法、集输管道改线路由优化方法、油田集输系统撤并布局重构优化方法、多级可变油田集输系统布局重构优化方法。

　　本书可供从事油田集输系统优化设计的技术人员和管理人员使用，也可作为高等院校油气储运工程类相关专业教师、科研工作者及研究生的阅读参考书。

前 言

在我国积极推进"双碳"（碳达峰和碳中和）目标实现和"加快推进智能油田建设"的宏观战略下，油田地面工程节能降耗与智能化的要求高、任务重。中后期油田地面集输系统通过关停、转级站场及调整附属管道可以实现大幅度节能降耗，但目前尚无系统的布局重构优化理论方法，导致集输系统布局重构规划设计由人工完成，造成重构费用高、能耗高、生产效率低。本书基于油田历史生产数据，综合运用群智能、机器学习、最优化、模糊数学等理论方法，在动态感知生产规律变化的基础上建立油田集输系统布局重构优化及智能化方法，为油田集输系统智能化布局重构提供关键基础理论方法，对于油田集输系统的节能降耗、减排提效、科学最优化决策，以及推动智能油田地面工程建设进程具有重要意义。

本书基于作者团队多年从事油气田地面工程系统优化及智能化的研究成果，主要介绍了油田集输系统布局重构优化及智能化方法，为有效解决集输系统缺乏布局重构优化方法、现有技术规划设计周期长、重构建设费用高、生产运行高耗低效问题提供了依据方法，具有广阔的推广应用前景。全书分为5章：第1章阐述了适用于复杂优化模型的新型群智能优化算法，提出了创新建立的3种群智能优化算法，为后续集输系统布局重构优化模型求解提供了方法；第 2 章基于优化的机器学习方法构建了智能经济布局重构边界表征方法，为集输系统布局重构优化决策提供了智能的经济重构时间和空间边界；第 3 章建立了集输管道改线路由优化方法，实现了老化原油集输管道改线建设的路由方案优化设计；第 4 章在布局重构边界和管道改线路由优化理论的基础上，进行油田集输系统撤并重构模式下的优化方法研究，分别建立了撤销关停与合并新建布局重构优化方法；第 5 章讨论了更为复杂的站场转级重构模式下的优化决策方法，构建了多级可变油田集输系统布局重构优化方法。以上 5 章较为完备地介绍了油田集输系统布局重构优化及智能化的理论体系。

本书得到了国家自然科学基金项目（批准号：52104065、52074090），中国博士后科学基金项目（2022T150089，2020M681064），及黑龙江省自然科学基金项目（LH2021E019）的资助，在此一并表示感谢！

由于作者水平有限，书中难免有错误和疏漏之处，敬请读者批评指正。

著　者

2024 年 6 月

目录

第 1 章
适用于复杂优化模型的新型智能算法

油田集输系统的布局重构优化是通过建立优化模型和求解方法来找寻最佳的布局方案，本质上是一类极值优化问题[1]。采用恰当的方法，以最小的计算成本获取质量最佳的布局方案，是布局重构优化研究所要解决的关键问题之一。传统的最优化方法包括最速下降法、牛顿迭代法、分枝定界法等，但传统方法需要得到优化模型的梯度信息，导致传统方法在求解离散变量优化问题、复杂约束优化问题、大规模变量优化问题时适用性弱。随着计算机科学、仿生学、人工智能的发展，智能优化算法在近几十年间快速发展，已经成为解决大规模复杂工程优化问题的支撑算法[2-3]，在交通运输、航空航天、装备制造、规划设计等领域应用广泛。相较于传统优化方法，智能优化算法不需要优化模型的梯度信息，依靠算法的智能搜索机制快速找到相对优异的解，算法的实现简单，且能够实现并行计算。但大多数智能优化算法在求解规模较大、混合离散变量、约束复杂的优化问题时容易陷入局部最优，需要对算法进行改进，以满足优化求解的需求。

1.1 经典智能优化算法

智能优化算法是可以进行简单自学习的具有"低级智能"的算法，是通过分析、模仿自然界和社会生活中的特定现象，总结其中群体的演化规律而形成的算法。

智能优化算法是一类基于仿生学的具有"简单智能"的算法，是受到自然（生物界）规律的启迪而提出的求解优化问题的方法，一般通过仿生人类智能、生物群体社会性或自然现象而提出。比如，粒子群算法（particle swarm optimization，PSO）、混合蛙跳算法（shuffled frog leaping algorithm，SFLA）和蚁群算法（ant colony optimization，ACO）是模拟生物的觅食行为；萤火虫算法（firefly algorithm，FA）是仿真萤火虫之间的信息交流和聚集；烟花算法（fireworks algorithm，FWA）是模拟烟花在空中的爆炸现象；布谷鸟算法（cuckoo search algorithm，CS）模拟布谷鸟的孵卵寄生行为；禁忌搜索算法仿真人脑决策过程等。目前具有代表性的智能优化算法包括粒子群算法、蛙跳算法、布谷鸟算法、烟花算法、引力搜索算法（gravitational search algorithm，GSA）、萤火虫算法、灰狼优化算法（grey wolf optimizer，GWO）、遗传算法（genetic algorithm，GA）、蚁群算法、鱼群算法（artificial fish swarm algorithm，AFSA）、细菌觅食算法（bacterial foraging algorithm，BFA）、蝙蝠算法（bat algorithm，BA）、人口迁移算法（population migration algorithm，PMA）、蜂群算法（artificial bee colony algorithm，ABC）、多元宇宙优化算法（ multi-verse optimizer，MVO）、细胞膜优化算法（ cell membrane optimization algorithm，CMO）、果蝇优化算法（ fruit fly optimization algorithm，FOA）等。

智能优化算法大多侧重的是"试验＋反馈"的求解机制，在一定迭代算子的引导下在解空间中搜索可行解，通过每次迭代中对于优秀解的保留以及增加随机搜索能力，智能优化算法能够比较快速地挖掘到期望的解。但也正是因为不同智能算法中都有对于优异解的"向优聚集作用"，导致智能算法的群体逐步聚集在局部最优解周围，难以跳出局部最优解。国际上很多学者对于智能优化算法的改进开展了研究，提出了适用于特定工程问题的智能优化算法。本书从各类工程问题中常用的智能算法中选取应用较为广泛、算法包容性强、实现简单的算法进行创新研究，所选取的算法为粒子群算法、烟花算法、算术算法、萤火虫算法，以下给出四种算法的基本原理。

1.1.1　粒子群算法

粒子群算法[4]是基于群体粒子的"自主简单智能"而形成的智能优化算法。粒子群算法的求解是以优化问题为导向的求解方法，群体中的每一个粒子代表着可行空间中的一个可行解，粒子群体的更新引导着可行解集合的更新，粒子的每一次更新一般情况会得到一批更优秀的解，如此反复直至达到收敛标准。粒子均包含三方面的信息，分别是当前位置 x_i、当前速度 v_i 和历史最优位置 p_{best_i}。假设所要求解的优化问题是 D 维的，则每个粒子应该包含 D 维的解信息，以 M 代表群体的规模，第 i（$i=1,2,\cdots,M$）个粒子的位置、速度和历史最优位置可以分别表示为 $x_i=(x_{i,1},x_{i,2},\cdots,x_{i,D})$、$v_i=(v_{i,1},v_{i,2},\cdots,v_{i,D})$ 和 $p_{\text{best}_i}=(p_{\text{best}_{i,1}},p_{\text{best}_{i,2}},\cdots,p_{\text{best}_{i,D}})$，其中 $x_{i,k},v_{i,k},p_{\text{best}_{i,k}}$（$k=1,2,\cdots,D$）分别表示第 k 维度的解、粒子移动速度、历史最优解。另外，整个粒子群体所发现的最好位置被称为当前全局最优位置，记为 $g_{\text{best}}=(g_{\text{best}_1},g_{\text{best}_2},\cdots,g_{\text{best}_D})$。在每一次迭代搜索过程中，粒子的速度和位置可以按照下式更新：

$$v_{i,k}(t+1)=w\cdot v_{i,k}(t)+c_1\cdot r_1\cdot[p_{\text{best}_{i,k}}(t)-x_{i,k}(t)]+c_2\cdot r_2\cdot[g_{\text{best}}(t)-x_{i,k}(t)] \quad （1.1）$$

$$x_{i,k}(t+1)=x_{i,k}(t)+v_{i,k}(t+1) \quad （1.2）$$

式中：c_1、c_2——个体认知学习因子和社会认知学习因子，分别代表着粒子对于自身的学习以及粒子和群体之间的信息交流；w——惯性权重，表征粒子将上一次迭代的信息部分保留至当次迭代，是控制算法收敛速度的主要参数；r_1,r_2——$[0,1]$ 区间的随机数。

1.1.2　烟花算法

烟花算法[5]是模拟夜空中的烟花爆炸规律而提出的群智能算法。烟花算法同粒子群算法一样，都是通过群体的不断更新来逼近最优解。在烟花算法中，一个烟花及由烟花产生的火花表示优化问题的一个可行解，烟花产生火花的过程以及烟花的更新视为对于解空间的搜索。烟花产生火花的途径有两种：一种是爆炸算子产生的爆炸火花；另外一种是高斯变异算子产生的高斯变异火花。爆炸算子的主控参数包括爆炸半径和爆炸火花的数量，质量差的烟花爆炸半径大而爆炸火花少，质量好的烟花爆炸半径小而爆炸火花多。假

设 N 为烟花的数量，对于 D 维的优化问题，包含各维度优化信息的第 i（$i=1,2,\cdots,N$）个烟花可以表示为 $\overline{x}_i=(\overline{x}_{i,1},\overline{x}_{i,2},\cdots,\overline{x}_{i,D})$，其中 $\overline{x}_{i,k}(k=1,2,\cdots,D)$ 表示第 k 维度的解。爆炸半径和爆炸火花的数量可以通过下式计算：

$$A_i = \hat{A} \cdot \frac{f(\overline{x}_i) - y_{\min} + \varepsilon}{\sum_{i=1}^{N}(f(\overline{x}_i) - y_{\min}) + \varepsilon} \qquad (1.3)$$

$$s_i = M_{\mathrm{e}} \cdot \frac{y_{\max} - f(\overline{x}_i) + \varepsilon}{\sum_{i=1}^{N}(y_{\max} - f(\overline{x}_i)) + \varepsilon} \qquad (1.4)$$

式中：$f(\overline{x}_i)$ ——第 i 个烟花的目标函数值；A_i ——第 i 个烟花的爆炸半径；s_i ——第 i 个烟花的爆炸火花数量；$y_{\max}$，$y_{\min}$ ——烟花群体的最大、最小目标函数值；$\hat{A}$，M_{e} ——控制爆炸半径和爆炸火花数量的常数；ε ——无穷小量，避免除零错误。另外，为了避免质量好的烟花过度把控优化进程，对每个烟花的爆炸火花数量进行限制，s_i 的取值上下界定义为

$$s_i = \begin{cases} \mathrm{round}(a \cdot M_{\mathrm{e}}), & s_i < a \cdot M_{\mathrm{e}} \\ \mathrm{round}(b \cdot M_{\mathrm{e}}), & s_i > b \cdot M_{\mathrm{e}} \\ \mathrm{round}(s_i), & \text{其他} \end{cases} \qquad (1.5)$$

式中：a，b ——控制最小、最大爆炸火花数量的常数。

第 i 个烟花的爆炸火花可以通过在烟花 i 的若干维度上增加偏移量来生成：

$$\hat{x}_i^j = \overline{x}_i + \Delta h \qquad (1.6)$$

式中：$\hat{x}_i^j$ ——第 i 个烟花的第 j 个爆炸火花；Δh ——偏移量，可以由 $\Delta h = A_i \cdot \mathrm{rand}(-1,1) \cdot \hat{\boldsymbol{B}}$ 表征，其中 $\hat{\boldsymbol{B}}$ 是一个具有 $\hat{z}_i^j$ 维数值为 1 和 $D-\hat{z}_i^j$ 维数值为 0 的向量，并且 $\hat{z}_i^j$ 表示第 i 个烟花随机选取的维度，$\hat{z}_i^j = D \cdot \mathrm{rand}(\ )$，$j=1,2,\cdots,s_i$，而 $\mathrm{rand}(-1,1)$ 和 $\mathrm{rand}(\ )$ 分别表示区间 $[-1,1]$、$[0,1]$ 之间的随机数。

为了增加群体的多样性，在每一次迭代中会通过产生一定数量高斯变异火花来丰富群体的解信息，每个高斯变异火花是通过随机选取一个烟花并对

它的若干维度进行变异所得到的，对于随机选取的烟花 i，它的第 j 个高斯变异火花可按照下式产生，

$$\tilde{x}_i^j = (\tilde{\boldsymbol{O}} - \tilde{\boldsymbol{B}}_i) \cdot \bar{x}_i + \text{Gaussian}(1,1) \cdot \bar{x}_i \cdot \tilde{\boldsymbol{B}} \qquad (1.7)$$

式中：$\tilde{x}_i^j$ ——第 i 个烟花的第 j 个高斯变异火花；$\tilde{\boldsymbol{O}}$ ——每一维数值均为 1 的 D 维向量；$\tilde{\boldsymbol{B}}$ ——$\tilde{z}_i$ 维取值为 1 且 $D - \tilde{z}_i$ 维取值为 0 的 D 维向量，其中，$\tilde{z}_i$ 表示第 i 个烟花中随机选取的变异维度数量，$\tilde{z}_i = D \cdot \text{rand}()$；$\text{Gaussian}(1,1)$ ——满足均值为 1 且方差为 1 的高斯分布的随机数。

在烟花算法产生高斯变异火花的过程中，会产生一部分火花超出可行取值区间，需要采用映射准则将其映射回可行区间，映射准则满足的公式如下：

$$x'_{i,k} = x_{LB,k} + \left| x'_{i,k} \right| \% (x_{UB,k} - x_{LB,k}) \qquad (1.8)$$

式中：$x'_{i,k}$ ——第 i 个爆炸火花或者第 i 个高斯变异火花；$x_{UB,k}$，$x_{LB,k}$ ——优化问题的可行空间在第 k 维度上的上界和下界。

选择算子是通过将当次迭代的烟花以及由烟花产生的爆炸火花、变异火花组成备选集合，并且按照一定规则选取参与下次迭代的个体的操作，是烟花算法实现信息传递的主要算子。在选择算子执行时，所有的烟花、爆炸火花和变异火花中质量最佳的个体被直接保存到下一代，其余的个体采用轮盘赌的方式进行选择，定义备选集合为 K，备选集合中个体的数目为 N，则个体被选择的概率如下所示：

$$R(X_i) = \sum_{j \in K} d(X_i, X_j) = \sum_{j \in K} \| X_i - X_j \| \qquad (1.9)$$

$$p(X_i) = \frac{R(X_i)}{\sum_{k \in K} R(X_k)} \qquad (1.10)$$

式中：$R(X_i)$ ——备选集中第 i 个个体同其他个体之间的距离之和；X_i，X_j ——备选集中第 i 个和第 j 个个体；$p(X_i)$ ——备选集中第 i 个个体被选择进入下一代的概率。

1.1.3　算术优化算法

算术优化算法[6]（arithmetic optimization algorithm，AOA）是将优化求解与算术的四则运算相结合而产生的群智能算法。算术优化算法的运行主要通过数学函数加速器来实现运算的选择，在迭代计算初期通过进行乘法或除法策略来实现可行域空间的广泛探索，在迭代后期进行加法或减法策略来实现局部可行域内的挖掘。算术优化算法的主控参数包括群体初始化、数学函数加速器、乘法或除法策略以及加法或减法策略。

AOA 算法的群体初始化为随机生成一组候选解作为种群的初始位置：

$$X(i,j) = a \times (\mathrm{UB}_j - \mathrm{LB}_j) + \mathrm{LB}_j \tag{1.11}$$

式中：a —— [0,1] 内的随机数；UB_j 和 LB_j —— 可行域第 j 维上下界；N —— 种群规模；n —— 变量维度；$X(i,j)$ —— 当前第 i 个解的第 j 个位置。

在算法的迭代过程中，通过数学函数加速器（MOA）来进行算子的选择：

$$\mathrm{MOA}(t) = \lambda_{\min} + t \times \left(\frac{\lambda_{\max} - \lambda_{\min}}{T_{\max}} \right) \tag{1.12}$$

式中：$\mathrm{MOA}(t)$ —— t 次迭代时的数学函数加速器取值；t —— 当前迭代；$T_{\max}$ —— 最大迭代次数；$\lambda_{\max}, \lambda_{\min}$ —— 加速函数的最小值和最大值。

当 $\mathrm{MOA}(t) < r_1$ 时，进行可行域内的广泛探索：

$$x_{i,j}(t+1) = \begin{cases} \mathrm{best} \div (\mathrm{MOP} + \sigma) \times \left((\mathrm{UB}_j - \mathrm{LB}_j) \times \mu + \mathrm{LB}_j \right), r_2 < 0.5 \\ \mathrm{best} \times \mathrm{MOP} \times \left((\mathrm{UB}_j - \mathrm{LB}_j) \times \mu + \mathrm{LB}_j \right), 其他 \end{cases} \tag{1.13}$$

当 $\mathrm{MOA}(t) \geqslant r_1$ 时，进行可行域的局部挖掘：

$$x_{i,j}(t+1) = \begin{cases} \mathrm{best} - \mathrm{MOP} \times \left((\mathrm{UB}_j - \mathrm{LB}_j) \times \mu + \mathrm{LB}_j \right), r_3 < 0.5 \\ \mathrm{best} + \mathrm{MOP} \times \left((\mathrm{UB}_j - \mathrm{LB}_j) \times \mu + \mathrm{LB}_j \right), 其他 \end{cases} \tag{1.14}$$

式中：r_1, r_2 和 r_3 —— [0,1] 内的随机数；σ —— 一个极小值；μ —— 控制参数；$x_{i,j}(t+1)$ —— 新一代个体位置；best —— 当前个体中的全局最优位置；MOP —— 数学优化器概率：

$$\text{MOP}(t) = 1 - \frac{t^{\frac{1}{a}}}{T_{\max}^{\frac{1}{a}}} \tag{1.15}$$

式中：α ——一个敏感系数（此处设为 5）。

1.1.4 萤火虫算法

萤火虫算法[7]是受到萤火虫在夜空中根据荧光强弱相互吸引的自然现象启发得到的一种群智能优化算法。与粒子群算法的随机优化本质相同，萤火虫算法同样是通过随机搜索的方式来保证对最优解的探索。萤火虫群体中的每一个个体都代表可行域中的一个可行解，可行解质量的好坏根据该个体亮度的强弱来进行表示，亮度低的个体有向着亮度高的个体进行移动的行为，其中两个萤火虫之间的移动满足如下假设条件：

①萤火虫不区分性别，任何萤火虫都可以被亮度更高的萤火虫吸引；

②萤火虫的对其他萤火虫的吸引力与其亮度成正比，且较暗的萤火虫会向着较亮的萤火虫移动；

③如果对于一个萤火虫，不存在其他任何一个萤火虫比它亮度更高，则该萤火虫随机移动。

假设 N 为萤火虫群体的数量，对于 D 维的优化问题，包含各维度优化信息的第 i（$i = 1, 2, \cdots, N$）个萤火虫可以表示为 $\overline{x}_i = (\overline{x}_{i,1}, \overline{x}_{i,2}, \cdots, \overline{x}_{i,D})$。对于任意两个萤火虫 $\overline{x}_i$ 和 $\overline{x}_j$，则它们之间的吸引力可以表示为

$$\varphi(l_{ij}) = \varphi_0 \mathrm{e}^{-u l_{ij}} \tag{1.16}$$

式中：$\varphi(\cdot)$ ——萤火虫之间吸引力函数；φ_0 —— l_{ij} 等于 0 时的萤火虫之间吸引力；u ——光学吸收系数；l_{ij} ——两个萤火虫 i 和 j 之间的距离，其表达式为

$$l_{ij} = \left\| \overline{x}_i - \overline{x}_j \right\| = \sqrt{\sum_{d=1}^{D} (\overline{x}_{i,d} - \overline{x}_{j,d})} \tag{1.17}$$

假定萤火虫 $\overline{x}_j$ 优于 $\overline{x}_i$，则较差的萤火虫 $\overline{x}_i$ 向萤火虫 $\overline{x}_j$ 移动，定义移动的规则为

$$\overline{x}_{id}(t+1)=\overline{x}_{id}(t)+\varphi(l_{ij})(\overline{x}_{jd}(t)-\overline{x}_{id}(t))+\chi\varepsilon_{\mathrm{f}} \qquad (1.18)$$

式中：t——当前迭代萤火虫进化的代数；χ——步长因子，$\chi\in[0,1]$；ε_{f}——随机小量，其中 $\varepsilon_{\mathrm{f}}\in[-0.5,0.5]$。

1.2 收敛性定理

粒子群算法、烟花算法、算术优化算法和萤火虫算法都是启发式的智能优化算法，群智能优化算法性能优劣的一个关键指标是算法的收敛性是否良好，然而群智能优化算法本质上是一类随机算法，随机算法的收敛性评判难度较大，目前的随机优化算法的收敛性判别定理数量较少，以下给出作者之前提出的群智能算法收敛性定理——基于庞加莱回归的智能优化算法收敛性判别定理[8]。

庞加莱回归定理：庞加莱回归是指进入密闭空间的两个粒子在经过足够长时间后会重新聚集在一起的现象，以下给出庞加莱回归[9]的简单证明。

假设两个微小粒子进入了密闭空间 $\mathscr{R}$，每个粒子都具有微小的邻域 σ_i，$i=1,2$，则这两个粒子会进行不规则布朗运动，若固定其中一个粒子，另外一个粒子可以视为对其做相对运动，粒子运动会经过相应的空间区域，由于密闭空间 $\mathscr{R}$ 是测度有限的，无论邻域 σ_i 如何小，在经过足够长的时间无规则运动之后，其总会经过 $\mathscr{R}$ 的所有空间，即它和另外一个粒子的邻域总会相交。该思想可以推广到 3 个粒子、4 个粒子等有限粒子的情况，具体的证明可以参考李政道的《李政道讲义 统计力学》，书中给出了对应的埃伦费斯特模型的具体计算过程以及回归时间估计。

与基于马尔可夫随机过程证明收敛性的思想一致，庞加莱回归思想亦强调的是对解空间的遍历，将庞加莱回归应用到随机优化算法的收敛性证明中，只要可行域是有限的，经过足够长的时间，进行搜索的群体总是能"遇到"该最优解所对应的点，以下给出收敛性定理以及证明。

定义 1：最小 δ 邻域：随机变量 x_i 的以 δ 为半径的 D 维球形闭包，其中 δ 是 x_i 在各个维度方向的最小可能取值范围，表征为 $e_{\delta,i}$。

定义 2：邻域集：随机优化算法中所有随机变量的最小 δ 邻域的并集，表征为 $E_{US} = \bigcup e_{\delta,i}$。

假设 1：对于随机优化算法依次迭代产生的邻域集序列 $\{E_{US,k}\}$，邻域集序列的测度的下确界满足 $\inf\{v[E_{US,k}]\} > 0$。其中 k 表示算法第 k 次迭代，$k = 1, 2, \cdots$。

假设 2：对于 $\{E_{US,k}\}$ 中任意的邻域集 $E_{US,t}$，存在一个正整数 l，使得 $\{E_{US,k}\}$ 中的邻域集 $E_{US,t+l}$ 满足 $v[E_{US,t} \bigcap E_{US,t+l}] < \min\{v[E_{US,t}], v[E_{US,t+l}]\}$。

定理 1：满足假设 1 和假设 2 的随机优化算法以概率 1 收敛于全局最优解。

证明：设 v_i 表示由算法第 i 次迭代产生的集合的测度，$v[S]$ 表示整个可行域的测度，算法在第 i 次搜索中找到最优解的概率为

$$P_{US,i} = \frac{v_i}{v[S]} \tag{1.19}$$

由假设 2 可知，算法在迭代过程中使得搜索区域得到扩展，即存在正整数 l_1，使得算法在第 $i+l_1$ 次搜索到最优解的概率为

$$P_{US,i+l_1} = \frac{v_i + v_{i+l_1} - v[E_{US,i} \bigcap E_{US,i+l_1}]}{v[S]} = \frac{v_i + n_{US,1}v_i}{v[S]} \tag{1.20}$$

式中：$n_{US,1}$ ——正实数。

同理存在正整数 l_2，使得算法在 $i+l_1+l_2$ 次搜索到最优解的概率为

$$
\begin{aligned}
P_{US,i+l_1+l_2} = &\frac{v_i + v_{i+l_1} + v_{i+l_1+l_2} + v[E_{US,i} \bigcap E_{US,i+l_1} \bigcap E_{US,i+l_1+l_2}]}{v[S]} - \\
&\frac{v[E_{US,i} \bigcap E_{US,i+l_1}] + v[E_{US,i} \bigcap E_{US,i+l_1+l_2}] + v[E_{US,i+l_1} \bigcap E_{US,i+l_1+l_2}]}{v[S]} \\
= &\frac{v_i + n_{US,1}v_i + n_{US,2}v_i}{v[S]}
\end{aligned}
\tag{1.21}
$$

式中：$n_{US,2}$ ——正实数。

以此类推，存在正整数 l_m，使得算法在 $i+l_1+l_2+\cdots+l_m$ 次搜索到最优解的概率为

$$P_{US,i+l_1+\cdots+l_m} = \frac{v_i + n_{US,1}v_i + \cdots + n_{US,m}v_i}{v[S]} \tag{1.22}$$

式中： $n_{US,3}, \cdots, n_{US,m}$ ——对应于第 k 次搜索的正实数。

由假设 1 知，算法所产生的集合序列存在下确界，所以一定存在一个正实数 $n_{US,min}$ 为序列 $\{n_{US,j}\}$，$j=1,2,\cdots,m$ 的下确界，所以得

$$P_{US,i+l_1+\cdots+l_m} = \frac{v_i + n_{US,1}v_i + \cdots + n_{US,m}v_i}{v[S]} \geqslant \frac{(mn_{US,min}+1)v_i}{v[S]} \quad (1.23)$$

随着 m 的递增，必存在正整数 m' 使得下式成立：

$$P_{US,i+l_1+\cdots+l_{m'}} \geqslant \frac{(m'n_{US,min}+1)v_i}{v[S]} = \frac{v[S]}{v[S]} = 1 \quad (1.24)$$

由于算法产生的集合序列只能位于可行域 S 中，并且根据概率的定义，概率等于 1。

证毕。

为了清晰地了解该收敛定理的原理，绘制如图 1.1 所示的示意图。在图 1.1 中，每一个灰色小球代表第一次迭代的个体所搜索到的邻域，所有的灰色小球代表第一次迭代群体所探索到的邻域集。每一个黑色小球代表第二次迭代个体所搜索得到的邻域，所有的黑色小球代表第二次迭代群体所探索到的邻域集。两次迭代的邻域集虽然有交集，但两次迭代的邻域并集的空间大小是在

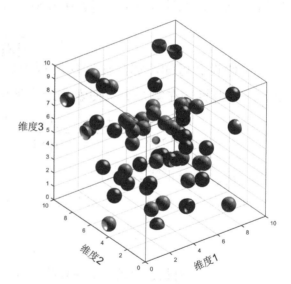

图 1.1　群智能优化算法

逐步增大的，也就是说在不断迭代后，终有一次迭代的邻域并集会包含最小体积小球所在的位置，也就是找到了最优解。所以可知，基于庞加莱回归的收敛性定理判别要求，如果一个群智能算法的每次迭代有对未探索可行空间的新探索，那么它就是收敛的。

1.3 　混合粒子群-萤火虫算法

　　粒子群算法的寻优可以表述为在当前最优个体（迭代当次中目标函数值最高的个体）的引领下的随机优化算法，群体中的所有个体不断向着当前最优个体靠近并聚集在优异的解周围，粒子群算法的此种优化机理可以很快找到相对优秀的解，但对于更为复杂的优化问题则极易陷入局部最优且难以跳出，因而粒子群算法在全局最优解的搜索中表现不佳。萤火虫算法依靠相互之间的吸引力和趋优性使得萤火虫群体不断地进化，由于传统萤火虫算法中每个个体均要向着其他所有个体进行移动，导致算法的复杂度较高且萤火虫群体的进化方向不够明确，进而导致算法在已发现解的周围进行局部挖掘的能力较弱，局部优化存在一定盲目性。

　　在本书中，将粒子群算法的局部搜索能力和萤火虫算法的全局搜索能力优势融合，提出了一种新型的群体智能优化算法——混合粒子群-萤火虫算法，hybrid particle swarm optimization firefly algorithm，简称为 PSO-FA[10]。以粒子群算法的求解流程为主框架，将萤火虫算法的算子嵌入到粒子群算法中，同时提出小生境遴优算子、邻域混沌吸引算子和密集度调整算子等优化算子，从质量较差粒子的改进、当前最优个体邻域探查、增加群体多样性等角度提高了算法的优化性能，使得融合后的算法在局部搜索能力和全局搜索能力方面都有了显著提升。

1.3.1 　可行性分析

　　改进的混合智能优化算法的关键在于对个体搜索行为的改进，为了直观地证明粒子群算法和萤火虫算法混合后会对优化性能产生有效提升，绘制图1.2（a）和图1.2（b）来讨论两种算法相互混合的优化机理。如图1.2（a）所示，对于传统 PSO 算法而言，粒子 i 在惯性权重因子、自我认知和社会认知的共同影响下由点1移动到点4，当萤火虫算法的算子增加到粒子的更新过程中之后，粒子 i 在移动到点4后转变为萤火虫并受到其他萤火虫的吸引，并最终由点4到达了点5的位置，由于粒子基于萤火虫之间的吸引力向着更多的方向进行了尝试搜索，本质上增加了个体跳出局部最优解的概率，也即由于萤火虫算子的增加有效提升了算法的全局搜索能力，能够促使算法跳出局部最优，从该图中可以看出在增加了萤火虫算子之后，粒子 i 跳出了局部最优区域（图中蓝色区域）。

如图 1.2（b）所示，质量较差的三只萤火虫目前正处于局部最优区域中，其中两只萤火虫依据吸引算子进行位置更新后，虽然相较于原有位置其在可行域中的位置发生了变化，但由于受到其他萤火虫吸引进行搜索的方向不明确，其较大概率仍会停留在局部最优区域中。而对于位于点 1 位置的萤火虫而言，由于该萤火虫执行了粒子群算法，其在转化为粒子后继续执行了速度和位置更新算子，与其他两只萤火虫相比增加了对自我认知的深度学习以及对群体中其他优秀个体的学习，因而该萤火虫能够承载更多的优秀信息，继而全局搜索能力得到了有效提升。通过以上分析可以得出结论，粒子群算法和萤火虫算法的融合是形成一种更加优秀的算法的有效途径。

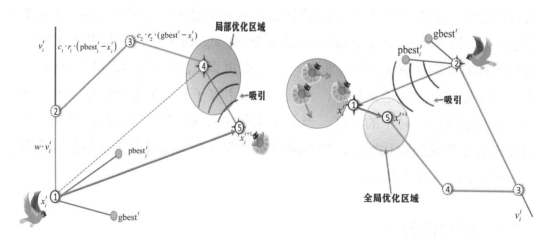

（a）萤火虫算子对粒子群算法的改进　　　　（b）粒子群算子对萤火虫算法的改进

图 1.2　粒子群算法与萤火虫算法融合后优化机理图

1.3.2　小生境遴优算子

小生境技术起源于自然界的进化理论，在一定环境中存在着若干生活习性相近、彼此之间需要进行协作与交流的物种，该环境被称为小生境。本书将小生境技术应用于粒子群算法和萤火虫算法的融合，将质量较差的若干个体置身于遴优小生境中，将这些个体分为向优萤火虫物种和原萤火虫物种，通过两个物种之间的竞争实现个体的优胜劣汰，具体包括如下主要步骤。

1. 小生境建立

小生境是依托于个体而存在的特定环境，选取粒子群算法中质量较差的个体构成小生境，首先计算粒子群体中所有粒子的目标函数值，然后根据公式（1.25）计算每个粒子被选择进入小生境的轮盘概率，继而依据公式（1.26）按照一定概率选择 m 个粒子进入到小生境中，一般适应度函数值低的容易被选取。

$$P_{P,i} = \frac{F_i(x_i)}{\sum\limits_{j=1}^{N} F_j(x_j)} \tag{1.25}$$

$$\mathrm{e}^{-P_{P,i}} \leqslant \mathrm{rand} \tag{1.26}$$

式中：$F_j(x_j)$——第 j 个粒子的目标函数值；$P_{P,j}$——第 j 个粒子被选择进入小生境的轮盘概率；rand——取值区间 [0,1] 之间的随机数。

2. 物种建立

根据进入到小生境中的 m 个质量较差的粒子，分别构建了向优萤火虫物种和原萤火虫物种，向优物种是由 m 个急需快速收敛的粒子构成的，其中每一个萤火虫的形成依据公式（1.27），均向着当前最优个体进行了适当移动。而原萤火虫物种则基于传统萤火虫算法中的吸引移动算子，生成如公式（1.28）所示：

$$\overline{x}_i^a(t) = x_{\mathrm{gb}}(t) + \gamma(D)(\boldsymbol{x}_{\mathrm{Pop,max}}(t) - \boldsymbol{x}_{\mathrm{Pop,min}}(t)) \tag{1.27}$$

$$\overline{x}_i^b(t) = \overline{x}_i(t) + \varphi(l_{ij})(\overline{x}_j(t) - \overline{x}_i(t)) + \chi\varepsilon_{\mathrm{f}} \tag{1.28}$$

式中：$\overline{x}_i^a(t)$——向优物种中含有 D 维信息的第 i 个萤火虫；$x_{\mathrm{gb}}(t)$——当前最优个体；$\gamma(D)$——取值区间 $[-0.1, 0.1]$ 之间的随机数向量；$\boldsymbol{x}_{\mathrm{Pop,max}}(t)$，$\boldsymbol{x}_{\mathrm{Pop,min}}(t)$——当前粒子群体中各个维度（共 D 维）最小值及最大值向量；$\overline{x}_i^b(t)$——原物种中含有 D 维信息的第 i 个萤火虫。

3. 物种竞争

向优萤火虫物种和原萤火虫物种在小生境中存在竞争，依据目标函数值分别对两个物种中共计 $2m$ 个萤火虫进行比较，选取目标函数值排在前列的 m 个萤火虫从小生境中出来进入新的粒子群。

$$\bar{x}_i^b(t+1)=\begin{cases}\bar{x}_j^b(t+1), & \bar{x}_j^b(t+1)>\bar{x}_k^a(t+1)\\ \bar{x}_k^a(t+1), & \bar{x}_j^b(t+1)\leqslant\bar{x}_k^a(t+1)\end{cases} \quad (1.29)$$

在小生境遴优算子中，算子针对的是粒子群中质量较差的个体，并非全部群体，能够有导向地优化提升粒子的质量，同时在质量差个体的选择过程中采用轮盘赌的形式适度增加中优质量的个体，避免小生境算子中物种多样性的局限，也适度增加了物种优秀信息的引入。在粒子进入小生境之后，据此形成的两个萤火虫物种均基于粒子信息演变得到，有效保障了粒子中有效信息的继承。其中向优萤火虫物种以当前最优粒子作为参照个体，结合反向学习思想所得到的粒子群体在各维度的上下界，生成了质量普遍较高的优秀物种群体，同时应用萤火虫算法的吸引算子生成原物种群体，增加了小生境中群体的多样性。算子最后通过最优性原则选取物种竞争后的萤火虫进入粒子群中，加速了算法的收敛。该算子的实施能够使得群体"补齐短板"，增强算法全局搜索能力，提升算法的整体优化水平。

1.3.3 邻域混沌吸引算子

对于传统粒子算法而言，粒子群群体收敛进程的快慢、优化性能的优劣主要由粒子群体中最优粒子把控，而当前最优粒子由于算法自身的定义导致局部挖掘能力较弱，对于已发现解的邻域搜索能力不足，本书基于萤火虫算法的吸引算子，以历史最优个体作为当前最优粒子的邻域，同时耦合混沌算子提出了邻域混沌吸引算子，求该算子的主要步骤如下。

1. 混沌吸引偏移量

当前最优粒子进行邻域挖掘搜索的方法即为在最优粒子周围增加扰动搜索操作，考虑到历史最优位置和当前最优粒子对于整个群体的代表性，基于萤火虫算法的吸引算子计算吸引移动步长，进一步耦合混沌映射随机数，形成混沌吸引偏移量。具体步骤如下。

（1）计算吸引移动步长

基于萤火虫吸引算子，计算当前最优粒子受到其他 N 个历史最优个体的吸引力以及吸引移动步长：

$$d_{\mathrm{A},j} = \varphi(l_{\mathrm{gb},j})(x_{\mathrm{pb},j}(t) - x_{\mathrm{gb}}(t)) + \chi\varepsilon_{\mathrm{f}} \tag{1.30}$$

式中：$d_{\mathrm{A},j}$——当前最优粒子受吸引的移动步长；$\varphi(l_{\mathrm{gb},j})$——当前最优粒子与历史最优个体之间的吸引力；$x_{\mathrm{pb},j}(t)$——第 k 个历史最优个体。

（2）计算混沌随机数

基于公式（1.31）无线混沌折叠映射方法计算无限混沌映射随机数向量。

$$\boldsymbol{\mu}_{k,t+1} = \mathrm{mod}(a/\boldsymbol{\mu}_{k,t}, b) \tag{1.31}$$

式中：$\boldsymbol{\mu}_{k,t}$，$\boldsymbol{\mu}_{k,t}$——t 次和 $t+1$ 次迭代的无限混沌映射随机数向量；a——无限混沌映射控制参数，$a \in [1, +\infty)$；b——无限混沌映射控制参数，$b \in (0,1]$。

（3）计算混沌吸引偏移量

基于无线混沌随机数向量和吸引移动步长，耦合扰动控制因子生成 D_{R} 个备选混沌吸引偏移量，混沌吸引偏移量的计算表达式如式（1.32）所示：

$$\Delta d_{k,t} = \varsigma_t \cdot \boldsymbol{\mu}_{k,t} \cdot d_{\mathrm{A},j} \tag{1.32}$$

式中：$\Delta d_{k,t}$——镜像邻域搜索空间中的第 k 个混沌搜索偏移量；ς_t——第 t 次迭代的扰动控制因子，其计算表达式为

$$\varsigma_t = \varsigma_{\max} - (\varsigma_{\max} - \varsigma_{\min})\left[1 - \cos\left(\frac{\pi t}{2I_{\max}}\right)\right] \tag{1.33}$$

式中：$\varsigma_{\max}$——扰动控制因子的最大可行取值；$\varsigma_{\min}$——扰动控制因子的最小可行取值。

2. 镜像偏移量优选

基于以上生成的备选混沌吸引偏移量，通过在镜像搜索环境中遍历模拟当前最优粒子移动后的适应度值，来选取令当前最优粒子质量快速提升的偏移量。备选混沌吸引偏移量的评估与筛选依据如下：

$$x_{gb}(t+1) = \begin{cases} x_{gb}(t) + \Delta d_{max,t}, & f(x_{gb}(t) + \Delta d_{max,t}) \geqslant f(x_{gb}(t)) \\ x_{gb}(t), & f(x_{gb}(t) + \Delta d_{max,t}) < f(x_{gb}(t)) \end{cases} \tag{1.34}$$

式中：$\Delta d_{max,t}$——令当前最优粒子取得最优适应度值的备选混沌吸引偏移量。

该算子中以当前最优粒子和历史最优粒子之间的吸引力大小衡量二者之间的距离，对于单峰（只有一个最优解）和多峰（多个最优解）优化问题均能很好地反映当前最优粒子与历史最优粒子之间的相对分布，同时增加扰动控制因子，在迭代初期控制因子取值较大，能够在全局范围内寻找最优解，在迭代后期通过减小控制因子加速收敛，因而所得到的偏移量能够自适应优化求解进程。此外，通过引入无限混沌随机数，能够保证所产生的偏移量各不相等，保证了混沌吸引偏移量的多样性，进而增加了粒子群群体的多样性。邻域混沌吸引算子以当前最优粒子的移动方向为操作对象，结合吸引算子、混沌随机数构建了镜像邻域搜索空间，基于镜像对于数据的备份作用，在当前最优粒子和吸引偏移量信息实现镜像的基础上，结合模拟演化的思想，预先优选当前最优粒子在镜像环境中的有利进化方向，当前最优粒子按照得到的搜索方向进行适当移动以完成对其个体质量的提升，进而实现对整个群体的引领作用，平衡全局和局部搜索能力。

1.3.4 密集度调整算子

在传统粒子算法的迭代求解过程中，由于粒子群群体有向着已发现解周围靠近的趋势，随着迭代的进行，会导致粒子群体聚集于可行域中的某一范围内，而忽略了对于其他可行范围的搜索，本书针对此问题，结合模糊数学理论，建立吸引力密集度模糊集，继而结合高斯随机数实现对隶属度低的粒子的调整，求该算子的主要步骤如下。

1. 吸引力密集度模糊集建立

分别计算当前最优粒子受到其他所有粒子的吸引力，依据公式（1.35）得到最大吸引力值，继而根据公式（1.36）计算吸引力隶属度：

$$\varphi_{gb,max} = \max\{\varphi_{gb,1}, \varphi_{gb,2}, \cdots, \varphi_{gb,N}\} \tag{1.35}$$

$$\mu_j(\varphi_{gb,j}) = e^{-a_\mu\left(1-\frac{\varphi_{gb,j}}{\varphi_{gb,max}}\right)^2} \tag{1.36}$$

式中：$\varphi_{gb,max}$ ——粒子 i 受到当前最优粒子吸引所产生的最大吸引力；$\varphi_{gb,j}$ ——粒子 j 受到当前最优粒子吸引产生的吸引力；$\mu_j(\varphi_{gb,j})$ ——粒子 j 对于吸引力密集度模糊集的隶属度；a_μ ——增益系数，取值大于 1。

2. 密集粒子调整

依据公式（1.37）筛选出超过 λ_μ 截集水平的粒子，针对密集度较高的粒子，依据公式（1.38），对其中的 κ 个粒子进行调整，其中调整数量随着迭代的进行逐渐增加。

$$\mu_j(\varphi_{gb,j}) \geqslant \lambda_\mu \tag{1.37}$$

$$x_{\mu,j}(t) = x_{gb} \cdot \text{Gauss}(D) \tag{1.38}$$

式中：λ_μ ——吸引力密集度模糊集截集水平；$\text{Gauss}(D)$ ——均值为 0、方差为 1 的 D 维随机数向量；$x_{\mu,j}(t)$ ——吸引力密集度高的第 j 个调整后粒子，$j=1,2,\cdots,\kappa(t)$，其中 $\kappa(t)$ 的计算表达式为

$$\kappa(t) = \kappa_{min} + (\kappa_{max} - \kappa_{min})\frac{\pi t}{2I_{max}} \tag{1.39}$$

式中：κ_{max}，κ_{min} ——进行密集度调整的粒子的最大数量和最小数量。

吸引力密集度调整算子着重针对由于算法施行导致的群体聚集、多样性降低等问题，考虑到密集程度是一个模糊概念，引入模糊数学理论，将当前最优粒子与其他粒子之间的距离远近变换为具有一定容错性的隶属度，建立了吸引力密集度模糊集。对于吸引力模糊集隶属度大的粒子代表两个粒子之间距离相近，超出截集水平的粒子构成了吸引力模糊集，模糊集规模的大小

则表示密集度程度，以此种方式描述粒子群体密集度，在兼容模糊性的同时量化了密集度的大小。对于较密集的粒子，采用向优性原则，同时结合高斯随机数对粒子在可行域中的位置进行调整，通过当前最优粒子的引导使得调整后的粒子具有较好的质量，同时在高斯随机数的扰动下体现出丰富的多样性。此外，由于在迭代初期进行较少的粒子调整，能够使得群体充分地搜索整个可行域，同时在迭代后期增强对其他解空间的探索，有效平衡算法的局部挖掘和全局探索寻优能力，丰富群体多样性。

1.3.5 算法求解流程

基于以上三种提出的优化算子，给出混合粒子群-萤火虫（PSO-FA）算法的主要步骤。PSO-FA 算法是以粒子群算法为基础框架的一种群智能优化算法，算法中关于粒子群算法的主要参数和初始参数取值与原算法保持一致，PSO-FA 算法的主要步骤表述如下：

①初始化惯性权重、学习因子等标准粒子群算法参数，小生境遴优算子、邻域混沌吸引算子、密集度调整算子的参数，包括进入小生境的质量差粒子数量 m，无限混沌映射控制参数 a，b，进行密集度调整的粒子的最大、最小数量 $\kappa_{\max}$，$\kappa_{\min}$ 和模糊截集水平 λ_μ，群体规模和终止条件，读入并存储目标函数和约束条件。

②生成初始粒子群体，计算适应度函数值，存储历史最优粒子 $x_{\mathrm{pb}}(0)$ 和当前全局最优粒子 $x_{\mathrm{gb}}(0)$。

③更新粒子的速度 $v_i(t)$ 和位置 $x_i(t)$。

④判断是否满足约束条件，若是，转步骤⑥；否则，转步骤⑤。

⑤对不符合约束条件的粒子进行调整。

⑥计算粒子群体的适应度函数值，更新历史最优个体 $x_{\mathrm{pb}}(t)$ 和当前全局最优个体 $x_{\mathrm{gb}}(t)$。

⑦判断是否满足终止条件，若是，则转步骤⑫；若否，则转步骤⑧；

⑧计算当前最优粒子与所有历史最优粒子之间的吸引力，依据公式（1.30）计算吸引移动量，根据公式（1.32）计算 N 个混沌吸引偏移量，继而应用公式（1.34）更新当前最优粒子。

⑨计算粒子群体适应度值，依据公式（1.25）和（1.26）选取 m 个粒子进入小生境并转化为萤火虫个体，然后根据公式（1.27）和（1.28）生成向优萤火虫物种和原萤火虫物种，进而应用公式（1.29）进行萤火虫个体的遴优选择，并将得到的萤火虫个体补充进粒子群体中。

⑩计算当前最优粒子与其他所有粒子之间的吸引力，并依据公式（1.36）计算各个粒子对于吸引力模糊集的隶属度，进而结合（1.37）进行密集度大的粒子选取，然后依据公式（1.38）进行粒子调整。

⑪计算粒子群体的适应度函数值，更新历史最优个体 $x_{pb}(t)$ 和当前全局最优个体 $x_{gb}(t)$。转步骤③。

⑫输出全局最优解。

从以上步骤中可以看出，混合粒子群-萤火虫算法的主要流程与标准粒子群算法基本一致，充分借鉴了粒子群算法结构的简洁和连贯性，仅在粒子群体的每次更新中嵌入了三个优化算子，保持了算法的稳健性。

1.3.6　收敛性分析

混合粒子群-萤火虫算法是一种随机优化算法，该算法的收敛性容易受到随机性的影响，需要对其收敛性进行分析证明。本书所提出的 PSO-FA 算法因为加入了小生境遴优算子、邻域混沌吸引算子、密集度调整算子，使得算法的收敛性有了显著的提升，以下通过理论证明的方式分析 PSO-FA 算法的收敛性。经过证明，混合粒子群-萤火虫算法是一种以概率 1 收敛于全局最优解（最优方案）的随机优化算法。

以下根据基于庞加莱回归的随机优化算法收敛性定理证明 PSO-FA 算法的收敛性，收敛性定理如下：

定义 1：最小 δ 邻域：随机变量 x_i 的以 δ 为半径的 D 维球形闭包，其中 δ 是 x_i 在各个维度方向的最小可能取值范围，表征为 $e_{\delta,i}$

定义 2：邻域集：随机优化算法中所有随机变量的最小 δ 邻域的并集，表征为 $E_{US} = \bigcup e_{\delta,i}$。

假设 1：对于随机优化算法依次迭代产生的邻域集序列 $\{E_{US,k}\}$，邻域集序列的测度的下确界满足 $\inf\{v[E_{US,k}]\} > 0$。其中 k 表示算法第 k 次迭代，$k = 1, 2, \cdots$。

假设 2：对于 $\{E_{US,k}\}$ 中任意的邻域集 $E_{US,t}$，存在一个正整数 l，使得 $\{E_{US,k}\}$ 中的邻域集 $E_{US,t+l}$ 满足 $v[E_{US,t} \bigcap E_{US,t+l}] < \min\{v[E_{US,t}], v[E_{US,t+l}]\}$。

定理 1：满足假设 1 和假设 2 的随机优化算法以概率 1 收敛于全局最优解。

定理 2：混合粒子群–萤火虫算法以概率 1 收敛于全局最优解。

证明：

①混合粒子群–萤火虫算法满足假设 1。

混合粒子群–萤火虫算法中采用了三种优化算子，对于分别执行小生境遴优算子、邻域混沌吸引算子、密集度调整算子和单纯执行标准粒子群算法操作的四类个体，对于第 i 次迭代，分别存在四类粒子所对应的邻域集 $E_{USC,i}$，$E_{USG,i}$，$E_{UST,i}$，$E_{USP,i}$，令邻域集 $E_{US,i} = E_{USC,i} \bigcup E_{USG,i} \bigcup E_{UST,i} \bigcup E_{USP,i}$，则 $v[E_{US,i}] > 0$，所以邻域集序列测度的下确界存在且大于 0，则假设 1 得证。

②混合粒子群–萤火虫算法满足假设 2。

令 $c_1 r_1(t) = \mu_1(t)$，$c_2 r_2(t) = \mu_2(t)$，定义 $\psi(t)$ 表示执行小生境遴优算子的个体第 t 次迭代的遴优增量，$\phi(t)$ 为执行邻域混沌吸引算子的个体第 t 次迭代的混沌吸引偏移量，$\chi(t)$ 为执行密集度调整算子的个体第 t 次迭代的调整系数，$\mu_1(t)$，$\mu_2(t)$，$\psi(t)$，$\phi(t)$，$\chi(t)$ 为随迭代次数变化的随机变量，特别地，对于未执行上述三种算子的标准个体，$\psi(t)$、$\phi(t)$ 退化为零向量，$\chi(t)$ 退化为与个体等维度的单位矩阵。

根据公式（1.1）、（1.2），PSO-FA 算法在 $t+1$ 次迭代得到产生的个体位置为

$$x(t+1) = \chi(t)\left[(1-\mu_1(t)-\mu_2(t))x(t) + \mu_1 pb(t) + \mu_2 gb(t) + wv(t) + \psi(t) + \phi(t)\right]$$

（1.40）

因为 $v(t) = x(t) - x(t-1)$，故式（1.40）转化为

$$\begin{aligned} x(t+1) = \chi(t)[&(1-\mu_1(t)-\mu_2(t)+w)x(t) - wx(t-1) \\ &+ \mu_1(t)pb(t) + \mu_2(t)gb(t) + \psi(t) + \phi(t)] \end{aligned}$$

（1.41）

上式构成了一个非奇次递推关系式，进而可以将上式写成

$$\begin{bmatrix} x(t+1) \\ x(t) \\ 1 \end{bmatrix} = \begin{bmatrix} \chi(t)(1+w-\mu_1(t)-\mu_2(t)) & -w\chi(t) & \chi(t)(\mu_1(t)\mathrm{pb}(t)+\mu_2(t)\mathrm{gb}(t)+\psi(t)+\phi(t)) \\ 1 & 0 & 0 \\ 0 & 0 & 1 \end{bmatrix} \begin{bmatrix} x(t) \\ x(t-1) \\ 1 \end{bmatrix}$$

$$(1.42)$$

求解（1.42）的特征值多项式得到

$$\alpha = \frac{\chi(t)(1+w-\mu_1(t)-\mu_2(t))+\gamma}{2} \qquad (1.43)$$

$$\beta = \frac{\chi(t)(1+w-\mu_1(t)-\mu_2(t))-\gamma}{2} \qquad (1.44)$$

$$\gamma = \sqrt{\chi(t)^2(1+w-\mu_1(t)-\mu_2(t))-4w\chi(t)} \qquad (1.45)$$

公式（1.41）可以改为位置和迭代次数的显式表达式：

$$x(t+1) = k_1 + k_2\alpha^t + k_3\beta^t \qquad (1.46)$$

式中：

$$k_1 = \frac{\mu_1(t)\mathrm{pb}(t)+\mu_2(t)\mathrm{gb}(t)}{\mu_1(t)+\mu_2(t)} \qquad (1.47)$$

$$k_2 = \frac{\beta(x_0-x_1)-x_1+x_2}{r(\alpha-1)} \qquad (1.48)$$

$$k_2 = \frac{\alpha(x_1-x_0)+x_1-x_2}{r(\beta-1)} \qquad (1.49)$$

假设 $x(t+1)=x(t)$，求得

$$\frac{k_2(1-\alpha)}{k_3(\beta-1)} = \left(\frac{\beta}{\alpha}\right)^t \qquad (1.50)$$

代入 k_2 和 k_3 得到，

$$\frac{\beta(x_1-x_0)+x_1-x_2}{\alpha(x_1-x_0)+x_1-x_2} = \left(\frac{\beta}{\alpha}\right)^t \qquad (1.51)$$

若想保持算法在 $t+l(l \geqslant 2)$ 次迭代和 t 次迭代产生的个体位置相同，则得到 $\alpha=\beta$，由公式(1.43)、(1.44)知，$\gamma=0$，所以有

$$\mu_1(t) + \mu_2(t) = 1 + w \pm 2\sqrt{\frac{w}{\chi(t)}} \tag{1.52}$$

令 $\mu(t) = \mu_1(t) + \mu_2(t) - 1 - w$，则有

$$\mu(t)^2 \chi(t) = 4w \tag{1.53}$$

上式中，$\mu(t)^2 \chi(t)$ 为连续型随机变量，$4w$ 为常数，所以等式（1.53）成立的概率为

$$P\left(\mu(t)^2 \chi(t) = 4w\right) = 0 \tag{1.54}$$

所以算法在 $t+l(l \geqslant 2)$ 次迭代和 t 次迭代产生的个体位置相同的概率为

$$P\left(x(t+l) = x(t)\right) = 0, \quad l = 2,3,\cdots \tag{1.55}$$

因而算法在 $t+l(l \geqslant 2)$ 次迭代群体的邻域集 $E_{\text{US},t+l}$ 和 t 次迭代群体的邻域集 $E_{\text{US},t}$ 相同的概率为

$$P\left(E_{\text{US},t+l} = E_{\text{US},t}\right) = 0, \quad l = 2,3,\cdots \tag{1.56}$$

故而存在正整数 $l \geqslant 2$，满足假设 2，证毕。

1.3.7 算法求解性能分析

1. PSO-FA 与标准智能算法性能对比

为了说明混合粒子群-萤火虫算法的有效性，采用本书所提出的 PSO-FA 算法与传统的粒子群算法、萤火虫算法以及其他 3 种知名的标准智能优化算法进行数值试验计算，进而以横向对比 PSO-FA 算法的优化求解性能水平。为了有效对比 PSO-FA 算法与其他算法的性能差异，采用国际上通用的标准测试函数作为统一标准，以求解不同测试函数的结果作为性能对比依据，标准测试函数如表 1.1 所示。分别应用引力搜索算法（GSA）、萤火虫算法（FA）、混合蛙跳算法（SFLA）、粒子群算法（PSO）、烟花算法（FWA）和本书所提出的 PSO-FA 算法求解 14 个标准测试函数，所有算法的迭代次数是 1 000次，各个问题的维度设置为 500 维（500 个变量），种群规模为 50，算法的实现平台为 MATLAB，计算所用计算机配置为 Core i7，2.02Hz，4G 内存，

Windows 7 系统。混合粒子群-萤火虫算法的主控参数设置为进入小生境的质量差粒子数量 $m=10$、无限混沌映射控制参数 $a=3$、$b=0.3$，进行密集度调整的粒子的最大、最小数量 $\kappa_{max}=2$、$\kappa_{min}=1\times10^{-6}$ 和模糊截集水平 $\lambda_{\mu}=0.75$。每个测试函数分别求解 20 次，所求得的结果进行整理得到表 1.2。

表 1.1   14 个基准函数

函数名称	方　程	搜索范围	最优解
Sphere	$f_1(x)=\sum\limits_{i=1}^{D}x_i^2$	$[-100,100]^D$	0
Rosenbrock	$f_2(x)=\sum\limits_{i=1}^{D-1}[100(x_{i+1}-x_i^2)^2+(x_i-1)^2]$	$[-5,10]^D$	0
Noisy Quadric	$f_3(x)=\sum\limits_{i=1}^{D}ix_i^4+\text{rand}$	$[-1.28,1.28]^D$	0
Rotated Hyper-Ellipsoid	$f_4(x)=\sum\limits_{i=1}^{D}\sum\limits_{j=1}^{i}x_j^2$	$[-65\,536,65\,536]^D$	0
Powell Sum	$f_5(x)=\sum\limits_{i=1}^{D}\lvert x_i\rvert^{i+1}$	$[-1,1]^D$	0
Schwefel's problem 2.22	$f_6(x)=\sum\limits_{i=1}^{D}\lvert x_i\rvert+\prod\limits_{i=1}^{D}\lvert x_i\rvert$	$[-100,100]^D$	0
Griewank	$f_7(x)=\dfrac{1}{4000}\sum\limits_{i=1}^{D}x_i^2-\prod\limits_{i=1}^{D}\cos\left(\dfrac{x_i}{\sqrt{i}}\right)+1$	$[-600,600]^D$	0
Ackley	$f_8(x)=-20\exp\left(-0.2\sqrt{\dfrac{1}{D}\sum\limits_{i=1}^{D}x_i^2}\right)$ $-\exp\left[\dfrac{1}{D}\sum\limits_{i=1}^{D}\cos(2\pi x_i)\right]+20+e$	$[-30,30]^D$	0

续表

函数名称	方　程	搜索范围	最优解
Levy	$f_9(x) = \sin^2(\pi y_1) + \sum_{i=1}^{D-1}(y_i-1)^2[1+10\sin^2(\pi y_i+1)]$ $+ (y_d-1)^2[1+\sin^2(2\pi y_D)]$ $y_i = 1 + \dfrac{x_i-1}{4}, i = 1, \cdots, D$	$[-10,10]^D$	0
Noncontinuous Rastrigin	$f_{10}(x) = \sum_{i=1}^{D} x_i^2 - 10\cos(2\pi x_i) + 10$	$[-5.12,5.12]^D$	0
Zakharov	$f_{11}(x) = \sum_{i=1}^{D} x_i^2 + \left(\sum_{i=1}^{D} 0.5ix_i\right)^2 + \left(\sum_{i=1}^{D} 0.5ix_i\right)^4$	$[-5,10]^D$	0
Trigonometric 2	$f_{12}(x) = 1 + \sum_{i=1}^{D} 8\sin^2[7(x_i-0.9)^2]$ $+ 6\sin^2[14(x_i-0.9)^2] + (x-0.9)^2$	$[-500,500]^D$	0
Quintic	$f_{13}(x) = \sum_{i=1}^{D} |x_i^5 - 3x_i^4 + 4x_i^3 + 2x_i^2 - 10x_i - 4|$	$[-10,10]^D$	0
Mishra 11	$f_{14}(x) = \left[\dfrac{1}{D}\sum_{i=1}^{D}|x_i| + \left(\prod_{i=1}^{D}|x_i|\right)^{\frac{1}{D}}\right]^2$	$[-10,10]^D$	0

根据表 1.2 的结果和排名，可以得出以下结论：PSO-FA 算法在数值求解上表现最为出色，对于高维优化问题，得到了 Mishra 11、Noncontinuous Rastrigin、Trigonometric 2 等 12 个多峰或单峰基准函数的全局最优解，可求得最优解的函数占总函数的 6/7。PSO-FA 所得最优值平均值和标准差优于其他 5 种算法，优化效果要显著优于 GSA、PSO、FA 和 SFLA，因为这 4 种算法只能找到 1 个甚至无法找到高维优化问题的最优解。在数值测算中，FWA算法能够求得 5 个优化问题的最优解，仅次于 PSO-FA。以上数值仿真试验证明了 PSO-FA 算法具有出色的全局优化求解能力，同时也验证了 PSO 算法和 FA 算法融合改进的正确性。

PSO-FA 算法无法找到函数 f_2 和 f_9 的最优解。函数 f_2 是一个复杂的多峰优化问题,多峰区域的复杂性会影响算法的优化效果。而在函数 f_9 的求解中,所得到的解与最优解非常接近,由于目标函数值的缩放效果,导致 PSO-FA 得到的解与最优解存在一定的偏差。

表 1.2　PSO-FA 与其他标准智能算法在维度为 $D = 500$ 下
求解基准函数优化结果对比

f		GSA	FA	SFLA	PSO	FWA	PSO-FA
f_1	平均值	6.32×10^4	3.25×10^4	2.69×10^5	6.42×10^2	3.65×10^{-73}	0
	方差	2.86×10^3	7.65×10^3	4.25×10^3	2.14×10^2	2.78×10^{-72}	0
	排名	5	4	6	3	2	1
f_2	平均值	3.98×10^5	6.98×10^6	5.46×10^5	6.25×10^4	9.25×10^2	1.46×10^{-8}
	方差	1.21×10^4	2.58×10^6	3.25×10^3	3.14×10^3	25.6	2.69×10^{-8}
	排名	5	6	4	3	2	1
f_3	平均值	3.25×10^2	6.12×10^3	3.56×10^4	5.21×10^3	2.48×10^{-119}	0
	方差	21.3	2.13×10^3	1.85×10^2	7.12×10^2	0	0
	排名	3	5	6	4	2	1
f_4	平均值	9.85×10^6	2.72×10^6	2.15×10^7	4.12×10^6	7.55×10^{-97}	0
	方差	3.26×10^5	3.63×10^6	1.68×10^5	2.14×10^6	1.96×10^{-97}	0
	排名	4	3	6	5	2	1
f_5	平均值	5.23×10^3	4.36×10^4	6.98×10^5	4.85×10^5	6.25×10^{-148}	0
	方差	2.45×10^2	1.25×10^4	3.45×10^4	3.25×10^4	5.14×10^{-147}	0
	排名	3	4	6	5	2	1
f_6	平均值	8.26×10^2	5.23×10^2	5.25×10^2	5.23×10^3	2.96×10^{-48}	0
	方差	4.12	1.96×10^2	2.65	32.5	3.25×10^{-50}	0
	排名	3	5	4	6	2	1

续表

f		GSA	FA	SFLA	PSO	FWA	PSO-FA
f_7	平均值	4.40×10^3	9.33×10^3	6.25×10^2	6.25×10^9	0	0
	方差	21.5	1.89×10^2	2.05	2.35×10^9	0	0
	排名	4	3	2	5	1	1
f_8	平均值	6.95	19.5	21	16.4	0	0
	方差	6.72×10^{-2}	0.393	1.22×10^{-2}	0.278	0	0
	排名	2	4	5	3	1	1
f_9	平均值	7.52×10^2	5.26×10^3	6.32×10^4	9.25×10^3	4.63×10^2	1.68×10^{-16}
	方差	3.25×10^2	2.86×10^3	4.25×10^2	4.65×10^2	32.5	1.23×10^{-17}
	排名	3	4	6	5	2	1
f_{10}	平均值	3.25×10^3	5.33×10^3	8.56×10^3	6.32×10^9	0	0
	方差	25.9	2.45×10^2	42.5	5.23×10^9	0	0
	排名	2	3	4	5	1	1
f_{11}	平均值	3.65×10^2	5.68×10^4	4.95×10^3	6.25×10^3	9.25×10^2	0
	方差	23.6	3.45×10^2	36.5	3.65×10^2	3.25×10^3	0
	排名	2	6	5	4	3	1
f_{12}	平均值	4.96×10^6	4.98×10^5	5.98×10^5	6.25×10^5	3.58×10^3	1
	方差	2.96×10^5	3.25×10^4	3.25×10^3	1.85×10^4	1.95×10^2	0
	排名	6	4	5	3	2	1
f_{13}	平均值	4.52×10^3	7.56×10^5	5.23×10^5	5.26×10^5	6.25×10^3	0
	方差	1.89×10^2	2.85×10^5	2.62×10^3	2.85×10^4	3.62×10^2	0
	排名	3	6	5	4	2	1
f_{14}	平均值	0.925	3.24	41.5	1.25×10^9	5.29×10^{-165}	0
	方差	3.12×10^{-3}	0.625	0.325	1.11×10^9	0	0
	排名	3	4	5	6	2	1
最终排名		3	4	5	4	2	1

在图 1.3 中展示了 6 种算法的收敛速度。通过观察可以发现，在针对四种测试函数的实验中，PSO-FA 算法的最优值均值下降速度明显快于其他 5 种算法，并且所得到的最优值也明显优于其他算法。这证明了 PSO-FA 算法中融合粒子群算法和萤火虫算法的正确性，同时也验证了所提出的优化算子的有效性。通过将粒子群算法和萤火虫算法的优势结合起来，PSO-FA 算法显著提高了混合智能算法的全局和局部搜索能力，增强了群体的多样性，加快了算法的收敛速度。此外，引入了小生境遴优算子、邻域混沌吸引算子和密集度调整算子，使质量较差的个体能够提升自身携带信息的质量，并增强在已发现当前最优解周围进行深入搜索的能力。另外，本书中的测试算例是针对 500 维度的高维复杂优化问题进行的，是对算法求解复杂优化问题的高标准测试。根据数值计算结果，可以得出：PSO-FA 算法对高维优化问题的求解是有效的，并且具有良好的鲁棒性。因此，PSO-FA 算法可以应用于本书后续的复杂非线性最优化模型求解中。

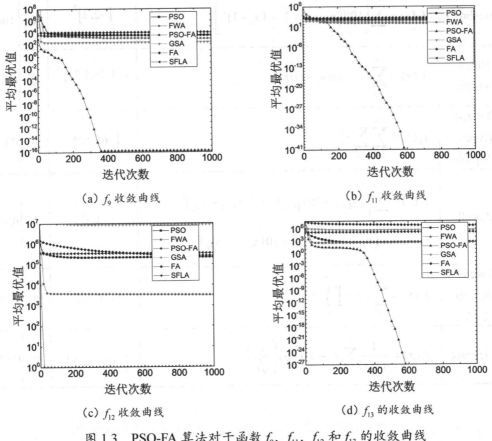

（a）f_9 收敛曲线　　　　　　　　　（b）f_{11} 收敛曲线

（c）f_{12} 收敛曲线　　　　　　　　　（d）f_{13} 的收敛曲线

图 1.3　PSO-FA 算法对于函数 f_9，f_{11}，f_{12} 和 f_{13} 的收敛曲线

2. PSO-FA 与改进智能算法性能对比

为了进一步衡量混合粒子群-萤火虫算法的优化性能,将 PSO-FA 算法和其他改进的智能算法进行比较。选取最常见的多峰和单峰基准函数 Sphere、Rosenbrock、Ackley 等分别对应于 $f_1 \sim f_{10}$,基准测试函数的详细信息见表 1.3,其中收敛解定义为采用算法求解优化问题所得最优值小于收敛解即认为求解成功。

表 1.3　10 个基准函数

名　称	函　数	搜索区间	最优解	收敛解
Sphere	$f_1(x) = \sum_{i=1}^{D} x_i^2$	$[-100,100]^D$	0	0.01
Rosenbrock	$f_2(x) = \sum_{i=1}^{D-1} \left[100\left(x_{i+1} - x_i^2\right)^2 + \left(x_i - 1\right)^2 \right]$	$[-2,2]^D$	0	100
Noisy Quadric	$f_3(x) = \sum_{i=1}^{D} i x_i^4 + \mathrm{random}[0,1)$	$[-1.28,1.28]^D$	0	0.05
Rotated Hyper-Ellipsoid	$f_4(x) = \sum_{i=1}^{D} \sum_{j=1}^{i} x_j^2$	$[-65,65]^D$	0	0.01
Powell	$f_5(x) = \sum_{i=1}^{D/4} \left[\left(x_{4i-3} + 10x_{4i-2}\right)^2 + 5\left(x_{4i-1} - x_{4i}\right)^2 + \left(x_{4i-2} - 2x_{4i-1}\right)^4 + 10\left(x_{4i-3} - x_{4i}\right)^4 \right]$	$[-4,5]^D$	0	0.01
Schwefel's problem 2.22	$f_6(x) = \sum_{i=1}^{D} |x_i| + \prod_{i=1}^{D} |x_i|$	$[-10,10]^D$	0	0.01
Griewank	$f_7(x) = \dfrac{1}{4\,000} \sum_{i=1}^{D} x_i^2 - \prod_{i=1}^{D} \cos\left(\dfrac{x_i}{\sqrt{i}}\right) + 1$	$[-600,600]^D$	0	0.05

续表

名　　称	函　　数	搜索区间	最优解	收敛解
Ackley	$f_8(x) = -20\exp\left(-0.2\sqrt{\dfrac{1}{D}\sum_{i=1}^{D}x_i^2}\right)$ $-\exp\left(\dfrac{1}{D}\sum_{i=1}^{D}\cos(2\pi x_i)\right)+20+e$	$[-32,32]^D$	0	0.01
Levy	$f_9(x) = \sin^2(\pi y_1) + \sum_{i=1}^{D-1}(y_i-1)^2\left[1+10\sin^2(\pi y_i+1)\right]$ $+(y_d-1)^2\left[1+\sin^2(2\pi y_D)\right]$ $y_i = 1+\dfrac{x_i-1}{4}, i=1,\cdots,D$	$[-10,10]^D$	0	1.00
Rastrigin	$f_{10}(x) = 10D + \sum_{i=1}^{D}\left[x_i^2-10\cos(2\pi x_i)\right]$	$[-5.12,5.12]^D$	0	100

基于以上测试函数，在假定优化问题维度是 2 的条件下，绘制了 Rosenbrock、Rastigin、Rotated Hyper-Ellipsoid、Schwefel's 2.22 四个多峰及单峰函数的图像，如图 1.4 所示。

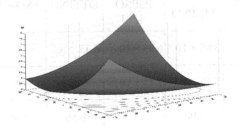
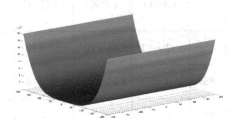

（a）Rotated Hyper-Ellipsoid　　　　　　　（b）Rosenbrock

图 1.4　部分标准测试函数三维图像

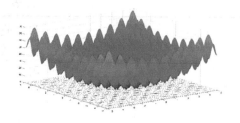

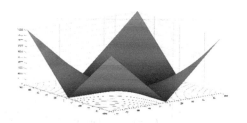

（c）Rastigin   （d）Schwefel's 2.22

图 1.4　部分标准测试函数三维图像（续）

针对基准测试函数，分别采用 PSO-FA 算法和其他 7 种改进的群智能优化算法进行数值实验，所有算法的通用求解参数设定为相同，即每个标准测试函数求解 100 次，群体规模设置为 200，最大迭代次数设置为 5 000，问题维度设置为 $D=100$。根据 7 种改进群智能优化算法的优化结果，将本章所提出的 PSO-FA 算法优化结果进行统计和汇总形成表 1.4。表 1.4 中列举了维度为 100 时的各种算法求解基准函数的最优值的均值（Mean）和标准差（Std）、求解成功率（SR）、达到收敛解的最小平均迭代次数（CS）以及依据最优值的平均值得到的算法性能排名（Rank）。

表 1.4　PSO-FA 与其他改进的群智能算法在维度为 $D=100$ 下
求解基准函数 $f_1 \sim f_{10}$ 优化结果对比

f		GPSO	LPSO	LFIPSO	PSOSA	COM-MCPSO	IGPSO	DTTPSO	PSO-FA
f_1	Mean	6.92×10^{-4}	7.36×10^{-2}	4.69×10^{-2}	32.5	3.89×10^{-5}	6.35×10^{-156}	6.35×10^{-6}	**0**
	Std	3.99	8.45×10^{-3}	1.23×10^{-2}	2.78	5.17×10^{-6}	7.11×10^{-156}	0.428	**0**
	SR	0.97	—	—	—	1.00	1.00	0.86	1.00
	CS	4 356	—	—	—	756	845	3 598	**13**
	Rank	5	6	7	8	4	2	3	**1**

f		GPSO	LPSO	LFIPSO	PSOSA	COM-MCPSO	IGPSO	DTTPSO	PSO-FA
f_2	Mean	4.23×10^4	67.81	87.4	3.32×10^2	6.25×10^2	3.34×10^{-2}	3.36×10^2	**6.99×10^{-2}**
	Std	6.78×10^4	2.96	6.31	16.5	21.5	4.25×10^{-2}	10.2	**1.23×10^{-11}**
	SR	—	0.76	0.47	0.46	0.52	1.00	0.85	1.00
	CS	—	3 698	3 923	4 215	865	4 325	4 881	**9**
	Rank	8	3	4	6	7	2	5	**1**
f_3	Mean	3.89×10^{-2}	3.89×10^{-2}	4.32×10^{-2}	3.65×10^{-2}	5.68×10^{-3}	9.65×10^{-4}	3.689×10^{-2}	**0**
	Std	1.34×10^{-3}	4.96×10^{-3}	1.98×10^{-3}	1.28×10^{-3}	3.78×10^{-4}	4.25×10^{-4}	9.25×10^{-3}	**0**
	SR	1.00	0.83	1.00	1.00	1.00	1.00	1.00	1.00
	CS	798	3 689	1 465	2 569	262	48	29	**16**
	Rank	5	8	6	7	3	2	4	**1**
f_4	Mean	3.89×10^{-2}	68.9	46.5	25.2	1.69×10^{-3}	6.32×10^{-2}	4.35×10^{-49}	**0**
	Std	1.56×10^{-2}	1.88	2.56	32.1	5.64×10^{-4}	2.64×10^{-48}	4.39×10^{-48}	**0**
	SR	—	—	—	—	1.00	0.67	0.85	1.00
	CS	—	—	—	—	2 321	1 998	3 875	**15**
	Rank	5	7	6	8	3	4	2	**1**
f_5	Mean	6.23×10^{-3}	3.65	1.89	3.28	1.98×10^{-3}	5.11×10^{-2}	6.98×10^{-6}	**0**
	Std	1.38×10^{-3}	0.198	2.65×10^{-2}	1.36	6.23×10^{-4}	0.236	3.65×10^{-6}	**0**
	SR	0.34	—	—	—	1.00	1.00	1.00	1.00
	CS	3 874	—	—	—	1 697	1 985	3 985	**35**
	Rank	4	7	6	8	3	5	2	**1**

续表

f		GPSO	LPSO	LFIPSO	PSOSA	COM-MCPSO	IGPSO	DTTPSO	PSO-FA
f_6	Mean	0.398	4.89	6.65	9.23	4.95×10^{-2}	**0**	0.498	**0**
	Std	0.236	0.245	0.284	0.345	3.21×10^{-3}	**0**	5.23	**0**
	SR	—	—	—	—	0.06	1.00	0.46	1.00
	CS	—	—	—	—	4 625	3 081	4 269	**56**
	Rank	3	6	5	7	2	**1**	4	**1**
f_7	Mean	3.65×10^{-2}	0.694	0.622	0.658	2.95×10^{-3}	**0**	3.02×10^{-2}	**0**
	Std	2.94×10^{-3}	3.46×10^{-2}	1.29×10^{-2}	3.28×10^{-2}	3.14×10^{-3}	**0**	0.152	**0**
	SR	1.00	—	—	—	1.00	1.00	1.00	1.00
	CS	985	—	—	—	795	1 256	2 586	**34**
	Rank	3	5	6	7	2	**1**	4	**1**
f_8	Mean	5.69	5.93	3.62	6.45	4.85	9.12×10^{-15}	3.65×10^{-15}	**0**
	Std	0.325	0.311	0.214	0.315	0.158	**0**	2.14×10^{-15}	**0**
	SR	—	—	—	—	—	1.00	1.00	1.00
	CS	—	—	—	—	—	1 426	105	**45**
	Rank	7	5	4	8	6	3	2	**1**
f_9	Mean	3.49	2.68	9.25	36.5	4.78	8.56	6.98	**0.625**
	Std	0.215	0.136	0.178	0.578	0.289	0.398	2.74	**2.38×10^{-10}**
	SR	—	—	—	—	—	—	0.20	1.00
	CS	—	—	—	—	—	—	—	**5**
	Rank	3	4	5	8	2	7	6	**1**

续表

f		GPSO	LPSO	LFIPSO	PSOSA	COM-MCPSO	IGPSO	DTTPSO	PSO-FA
f_{10}	Mean	23.9	36.5	65.8	27.8	49.8	**0**	62.5	**0**
	Std	1.87	24.5	5.23	4.56	3.25	**0**	27.8	**0**
	SR	1.00	0.75	0.98	1.00	1.00	1.00	0.76	1.00
	CS	65	4 421	3 265	1 078	165	842	4 623	**33**
	Rank	3	6	7	2	4	**1**	5	**1**
平均排名		4.6	5.7	5.6	6.9	3.6	2.8	3.7	1
最终排名		5	7	6	8	3	2	4	1

根据表 1.4 的结果和排名,可以得出以下结论:在优化问题维度为 100 时,PSO-FA 算法能够找到 8 个基准函数的全局最优解,展现出卓越的全局优化求解能力。相比于低维优化问题,高维优化问题更加复杂,存在更多的局部最优解,求解更加困难。PSO-FA 算法找到的 8 个最优解,在同类算法中排名靠前,而其他改进的群智能优化算法最多只能找到 3 个基准函数的最优解。这证明了 PSO-FA 算法对于多峰和单峰优化问题的全局求解能力要优于其他 7 种群智能算法的变形。PSO-FA 算法在 8 种算法中排名最高,其次是 IGPSO 和 COM-MCPSO 等,说明 PSO-FA 算法的求解精确性最好。观察各算法的最小平均迭代次数,可以发现 PSO-FA 算法能够通过较少的迭代次数达到收敛解,相比于其他改进的 PSO 算法,其收敛速度更快。PSO-FA 算法在优化结果的最优值均值和标准差、成功求解率以及最小平均迭代次数等方面表现最佳,证明其具有出色的综合优化性能。这些优势特点显示了 PSO-FA 算法在解决复杂最优化问题时的鲁棒性更好、收敛性更强、优化性能更全面。

为了客观比较 PSO-FA 算法和其他改进的群智能优化算法的求解精确性，我们使用 Friedman 非参数检验对表 1.4 中最优值的均值和标准差进行了分析。这样可以从数理统计的角度判断 PSO-FA 算法的优化性能是否与其他算法存在显著差异。具体的 Friedman（费里德曼）检验结果可以参考表 1.5。

表 1.5　基于表 1.4 中的最优值的均值和标准差的 PSO-FA 算法和其他改进群智能优化算法的 Friedman 检验结果（最佳排名用粗体标出）

		Mean	Std
检验结果	N	10	10
	Chisquare	44.85	38.52
	p-value	2.72×10^{-6}	3.46×10^{-6}
Friedman 检验值	**PSO-FA**	**1.16**	**1.23**
	GPSO	4.95	5.35
	LPSO	5.95	5.70
	LFIPSO	5.90	4.55
	PSOSA	7.15	6.60
	COM-MCPSO	4.10	4.45
	IGPSO	3.25	2.70
	DTTPSO	4.2	3.8

由表 1.5 的检验结果可知，Friedman 检验所得均值、方差的 p 值都小于显著性水平 $\alpha = 0.05$，说明 PSO-FA 算法和其余 7 种算法之间存在着显著性差异，且根据 PSO-FA 算法的检验值最小可以得出 PSO-FA 算法性能最优。为了进一步分析 8 种算法之间的性能差异，得出更加准确的结论，基于 Friedman 检验的结果开展了 Bonferroni-Dunn（邦费罗尼-邓恩）检验。Bonferroni-Dunn 检验可以非常直观地检测两种或多种算法之间的显著性差异。对于 Bonferroni-Dunn 检验，两种算法之间存在显著差异的判断条件是

它们的性能排名要大于临界差，Bonferroni-Dunn 检验的临界差值计算方法如公式（1.57）所示。

$$\mathrm{CD}_\alpha = q_\alpha \sqrt{\frac{N_i(N_i+1)}{6N_f}} \tag{1.57}$$

式中：N_i，N_f——算法和基准测试函数的数量；q_α——显著性水平为 α 时的临界值，不同显著性水平下的临界值如下：

$$q_{0.05}=2.77，q_{0.1}=2.54$$

根据算法与测试函数的值得到临界差值如下：

$$\mathrm{CD}_{0.05} = 3.04，\mathrm{CD}_{0.1} = 2.80$$

根据以上所得临界差和 Friedman 检验结果，绘制 PSO-FA 算法和其余 7 种算法的柱状图如图 1.5 所示，浅灰色水平实线表征最优算法 Friedman 检验结果，灰色水平实线表示 95% 显著性水平下的阈值，黑色水平虚线表示 90% 显著性水平下的阈值。

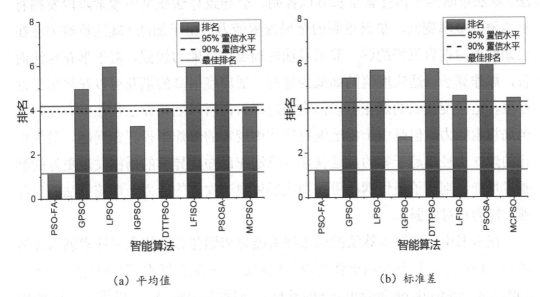

（a）平均值　　　　　　　　　　（b）标准差

图 1.5　基于表 1.5 的 8 种算法最优值的平均值和标准差的

Bonferroni-Dunn 检验结果柱状图

根据图 1.5（a）的结果，PSO-FA 算法在 90% 显著性水平下优于 COM-MCPSO、GPSO、LPSO、LFISO、PSOSA 和 DTTPSO。在 95% 显著性水平下优于 GPSO、LPSO、LFISO 和 PSOSA。这表明 PSO-FA 算法融合了三个

优化算子的正确性，并且在全局优化求解能力方面表现出色。从图 1.5（b）中我们可以看到，相较于其他改进的群智能优化算法，PSO-FA 算法具有更高的迭代求解精度、更快的收敛速度和更稳定的求解能力。通过与标准智能优化算法和改进智能优化算法进行比较，我们得出了 PSO-FA 算法在解决高维复杂优化问题方面的出色性能。PSO-FA 算法在求解精确性、鲁棒性和收敛速度等方面都表现出强大的竞争力，因此可以利用该算法来求解高维度复杂最优化模型。

1.4 混合算术 - 烟花算法

对于算术优化算法而言，算术优化算法在迭代初期侧重于执行乘法 / 除法策略，旨在增大搜索幅度，在可行域的不同区域进行探索搜索，但由于乘法 / 除法策略的个体搜索步长难以控制，会导致算法在全局搜索阶段发掘有价值解的概率变低，缺乏更强的全局搜索能力。由于加法 / 减法策略关注在已知解周围搜索更好的解，算术算法的局部挖掘能力较强。对于烟花算法而言，爆炸算子以适应度值的高低为导向，适应度值高的烟花可以在局部进行挖掘，适应度值低的烟花可以侧重全局探索，所以烟花算法往往具有更好的全局搜索能力。但是由于标准烟花算法中规定的爆炸半径存在问题，最优烟花的爆炸半径是趋于零的，这就导致算法在已知优异解的周围发现更好的解难度增加，削弱了最优烟花引导烟花群体快速收敛的能力，烟花算法的局部搜索能力相对较弱。

在本书中，将算术算法的局部搜索能力和烟花算法的全局搜索能力优势融合，提出了一种新型的群体智能优化算法——混合算术-烟花算法（hybrid arithmetic firework optimization algorithm，简称为 AFOA）。以算术算法的优化求解流程为主框架，提出一种周期算法加速器，将烟花算法的算子融合进算术算法中，针对爆炸半径计算中趋于 0 无限制的问题，提出了改进的爆炸算子，群体更新过程中形成了动态遴优机制，抛出群体中质量差的个体，取而代之补充由烟花算法计算产生的优秀个体，实现群体的动态遴优。融合后的算法在全局搜索能力和局部挖掘能力方面都有了显著提升。

1.4.1　可行性分析

为了论证将算术优化算法和烟花算法融合成为混合算术-烟花算法的可行性，从算术优化算法的执行过程出发，通过深入分析算术优化算法和烟花算法算子的优势与不足，给出如下可行性分析。由图 1.6 所示，单纯执行算术优化算法的情况下，个体位于点 1 的移动可能采取乘法/除法策略，也可能依据加法/减法策略，两种策略下个体会产生不同的移动路径，图中中部大范围虚线表示的是由加法/减法策略移动产生的等值范围，移动范围相对较小，灰色圆点表示采用加法/减法策略移动后可能到达的点（加法/减法策略等效点）；图中下部小范围虚线虚线表示由乘法/除法策略移动产生的等值范围，移动范围相对较大。假定个体从点 1 先进行加法/减法移动，而后进行加法/减法移动，则个体从点 1 移动到点 2 后，参照加法/减法策略等效点移动到点 3。此时点 3 已经在局部最优区域内了，个体变成了烟花，执行烟花爆炸算子，爆炸烟花可能向不同的方向进行探索，增加了算法跳出局部最优的概率，假设个体选择其中一个火花补充进原群体，个体移动到点 4。爆炸火花进一步执行变异操作，爆炸火花变成变异火花，个体由点 3 移动到点 5。而点 5 相较于未融合烟花算法之前的点 3 更加接近最优解，并且已经到了最优解的邻域范围内。

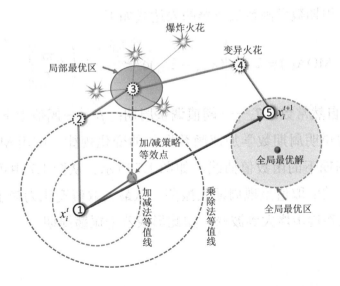

图 1.6　混合算术-烟花算法融合改进机理示意图

1.4.2　周期数学函数加速器

根据公式（1.12）可以得出，算术优化算法的迭代进程是由数学函数加速器决定的，分析数学函数加速器的表达式可以看出，在迭代初期，当次迭代数值与最大迭代次数的比值较小，数学函数加速器取值偏小。在较小的阈值界限下，根据公式（1.13）计算出的函数加速器取值会以较大的概率小于所产生的随机数 r_1，这就导致了在算法迭代初始阶段，乘法 / 除法策略占据了绝对主导地位。在迭代后期，随着迭代次数的不断增大，迭代次数与最大迭代次数的比值增大，数学函数加速器的取值增大。在相对较大的阈值界限下，随机数 r_1 的取值很难大于 $\mathrm{MOA}(t)$，即算法在迭代后期主要执行加法 / 减法策略。标准算术优化算法在数学函数加速器的作用下，将乘法 / 除法和加法 / 减法策略在不同迭代阶段进行了一定程度上的"割裂"，而算法在实际求解问题时不是单纯的"初始阶段大步长，后期小步长"搜索，更多情况下是勘探和开发融合进行的效果更好。如果在算法早期执着于较大步长的跳跃，很容易越过最优解区域，做一些无用搜索。基于以上分析，本书中提出了一种周期性的数学函数加速器，通过控制数学函数加速器的取值进行周期性变化，使得乘法 / 除法策略和加法 / 减法策略周期性地被选择与使用，在较大的步长进行可行域范围搜索的同时兼顾局部区域内的挖掘，提升算法求取最优解的效果。周期数学函数加速器的表达式如下：

$$\mathrm{MOA}(t) = \lambda_{\min} + \left| (\lambda_{\max} - \lambda_{\min}) \mathrm{e}^{\left(\frac{-\lambda_{\min} t}{\lambda_{\max} T_{\max}} \right)} \sin\left(\beta \frac{\pi t}{T_{\mathrm{c}}} \right) \right| \tag{1.58}$$

式中：e——自然常数；T_{c}——阈值调整周期；β——阈值上下限调节系数。

为了直观说明周期数学加速函数取值的变化规律，应用 MATLAB 软件绘制了中等周期下的函数值曲线，如图 1.7 所示。从图 1.7 中可以看出，周期数学加速函数的取值呈现周期性振荡，从最大取值变化为最小取值，再由最小取值的波谷逐步增大到波峰，如此形成若干振荡周期。

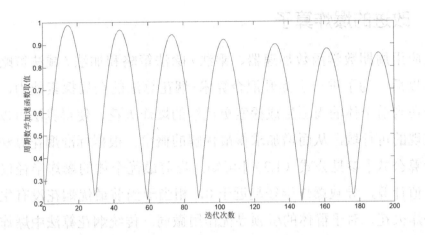

图 1.7　周期数学函数加速器取值变化

　　在一个周期内，MOA(t) 的取值先从小到大而后由大变小，当 MOA(t) 的取值较小时，算法会以更大的概率调动乘法 / 除法策略进行群体的更新，注重更广阔可行域内的搜索。当 MOA(t) 的取值较大时，加法 / 减法策略被频繁采用，侧重已知解局部范围内的挖掘。相较于单调下降的加速函数，这种周期性的数学加速函数增加了群体搜索周期，提高了乘法 / 除法策略和加法 / 减法策略的转换运用频率，使得算法对于可行解空间的勘察探索和局部深入搜索交替进行，兼顾了全局搜索和局部搜索能力，可以有效提升算法发现全局最优解的概率，在一定程度上提升了算法的求解效率。

　　此外，从图 1.7 中可以看出，MOA(t) 的多个波峰值随着迭代次数的增加是在不断减小的，波峰 MOA(t) 的减小说明算法在迭代中后期会适当增加一些乘法 / 除法策略，相较于传统的中后期迭代侧重局部挖掘而言，增加可行域内的广泛勘察次数会保持群体的多样性，避免陷入局部最优，是增大算法求得最优解概率的有效途径之一。

　　综上可以看出，通过改变数学加速器函数，调整算术优化算法的求解进程，用周期性数学加速器函数来控制群体的进化方向，使得算法相对均匀地使用乘法 / 除法策略以及加法 / 减法策略，同步提升了算法全局勘探和局部挖掘的能力。

1.4.3　改进的爆炸算子

在应用周期数学函数加速器、乘法／除法策略和加法／减法策略得到新的个体以后，为了进一步提升混合算术-烟花算法的全局探索能力，应用爆炸算子在当前个体的周围生成探索更优解的爆炸火花，使得算法可以探查到未被发现的可行域，从而增加求得最优解的概率。根据标准烟花算法的爆炸半径计算公式［参见公式（1.3）］可知，当前最优个体的爆炸半径仅靠固定的极小值计算，导致爆炸半径趋近于 0，相当于当前最优烟花没有生成有价值的爆炸火花，对于群体的引领寻优作用微弱。传统烟花算法中爆炸半径的计算公式限制了优秀烟花个体产生火花的多样性，为了弥补传统烟花算法中爆炸半径的不足，许多学者开展了研究，其中提升效果较为显著的是增强型烟花算法（EFWA）。EFWA 引入了最小爆炸半径检验机制。该机制规定，当爆炸半径小于特定阈值时，爆炸半径将设定为该阈值，并且随着迭代次数的增加逐渐减小。尽管增强型烟花算法提升了优秀烟花个体的爆炸火花质量，但确定爆炸半径的上下限较为复杂。针对不同优化问题，需要提出相应的上下限数值。对于本书所涉及的复杂约束下的油田集输系统布局重构优化问题，确定爆炸半径的边界值更加具挑战性。

为了解决爆炸半径的问题，转变传统的适应度值之差的比值为适应度值的比值，同时为了保留当前最优个体适应度值作为参照标尺的作用，提升优质的烟花个体对于劣质烟花个体的引导作用，设计了如公式（1.59）所示的爆炸半径计算表达式。在公式（1.59）中，高斯分布随机数 τ 可以在一定程度上增加爆炸半径的扰动性，使得质量好的烟花也可能有较大的半径，增加群体多样性，提升算法的全局搜索能力。

$$A_i = \left| \tau \bullet \hat{A} \cdot \frac{\alpha \left[f(x_i) - f_{\min} \right] + f_{\min} + \varepsilon}{\sum_{i=1}^{N} \left[\alpha (f(x_i) - f_{\min}) + f_{\min} \right] + \varepsilon} \right| \tag{1.59}$$

式中：$\alpha, \hat{A}$——爆炸半径的控制系数，$\alpha \in (0,1)$；$f(x_i)$——烟花个体当次迭代的适应度值；$f_{\min}$——烟花群体当次迭代的最优适应度值；τ——满足均值为 1、方差为 1 的高斯分布随机数。

在传统烟花算法中，每一次迭代产生的爆炸火花数量是固定的，这导致在迭代后期优质个体不能充分地进行局部挖掘，而相对劣质的个体也不能充分地探索整个解空间，导致求解效果不尽如人意。在本书中，增加了爆炸火花数量随迭代进行变化的控制参数，在迭代初期，爆炸火花的数量较少，通过相对少量爆炸烟花快速获取优化问题的有益信息；在迭代后期，爆炸火花的数量逐步增多，在适当牺牲计算效率的基础上加大全局探查和局部搜索的力度，同步增加算法勘探和开发的水平，提升算法找到全局最优解的概率。

$$s_i = M_e^{\frac{t}{T_{max}}} \cdot \frac{f_{max} - f(x_i) + \varepsilon}{\sum\limits_{i=1}^{N} (f_{max} - f(x_i)) + \varepsilon} \tag{1.60}$$

式中：f_{max}——烟花群体当次迭代的最差适应度值；M_e——控制爆炸火花数量的常数。

根据爆炸半径和爆炸算子，可以计算得到若干爆炸火花，将爆炸火花遴优选取融入到原群体中，爆炸火花被选择的轮盘赌概率如下所示：

$$p(x_i(t)) = \frac{f(x_i(t))}{\sum\limits_{i=1}^{m} f(x_i(t))} \tag{1.61}$$

式中：$p(x_i(t))$——第 i 个爆炸火花被选取进入下一代的概率；m——爆炸火花总数量。

通过以上改进的爆炸算子可知，调整爆炸半径为适宜的适应度值之比，既避免了爆炸半径为 0 的情况，又增加了爆炸半径的随机扰动性，使得群体中质量好和质量差的个体都有获得不同爆炸半径的机会，提升混合算术-烟花算法的多样性。通过改进爆炸火花数量的计算公式，将固定数量的爆炸火花改为不断增加的火花数量，通过爆炸火花的并行充分探索，实现全局最优解的高效找寻。以上算子对于混合算术-烟花算法的性能提升具有积极意义。

1.4.4　改进的变异算子

在传统烟花算法中，高斯变异算子的提出是为了增加群体的多样性。然而，实验结果显示，高斯算子结合映射准则后，导致大部分高斯火花聚集在零点周围，这也解释了 FWA 算法快速收敛到零点而对于零点优化问题适用性优异的原因。为了增强算法在处理非零最优解问题时的适应性，并保持变异算子对群体多样性的贡献，混合算术-烟花算法提出了一种新的变异算子。

在改进的变异算子中，主要包括两个运算阶段，第一个阶段是生成变异火花的过程，通过随机关联和随机生成变异方式生成一定数量的变异火花，作为备选进入烟花群体的变异火花集合。第二个阶段是依据轮盘赌原则，随机选取变异火花集合中的某个火花进入下一次迭代。

随机关联变异是指随机选取某个烟花个体，将所选取的烟花个体的若干维度信息，替换为随机选取的另外一个烟花个体的对应维度信息，通过随机选择与复制相应维度信息，将原烟花个体中的部分维度信息进行更新，激活烟花个体多样性，使得变异火花有接近最优解的可能，具体如公式（1.62）所示。随机生成算子是在选取了烟花个体的基础上，将该个体的若干维度信息进行随机生成，随机生成的过程中参考三方面的信息，一方面考虑维度信息取值的上下界，另外一方面保留烟花个体在当次迭代维度上原有的信息，再者叠加上一次迭代的维度信息，通过随机加权的方式将边界信息和原有信息进行有效组合，形成变异维度上新的可行维度值，具体如公式（1.63）所示：

$$x_{C,i,j}(t) = x_{l,j}(t) \qquad (1.62)$$

$$x_{G,i,j}(t) = \eta_1 x_{i,j}(t) + \eta_2 x_{i,j}(t-1) + \eta_3 \times (\mathrm{UB}_j - \mathrm{LB}_j) + \mathrm{LB}_j \qquad (1.63)$$

式中：$x_{i,j}(t)$——随机选取的与第 i 个体进行关联的第 i 个体的第 j 维度值；$x_{i,l}(t)$——随机选取的进行变异操作的第 i 个体的第 l 维度数值；η_1，η_2，η_3——[0,1] 之间的随机数。

在采用两种变异方式形成了备选变异火花集合后，需要在变异火花集合中选取一定数量的变异火花替换掉烟花群体中的等量烟花个体。选取的原则与改进的爆炸算子一样，同样采用轮盘赌策略。选取的原则为轮盘赌原则，在适应度值相对小的情况下被选取的概率也相应较低，在适应度值较高的情况下被选取的概率相对较高。轮盘赌的计算表达式如下：

$$p(x_i(t)) = \frac{f(x_i(t))}{\sum_{i=1}^{m_u} f(x_i(t))}$$

式中：$p(x_i(t))$ —— 第 i 个变异火花被选取进入下一代的概率；m_u —— 随机关联和随机生成两种变异方式产生的变异火花的总数量，其中变异火花的总数量计算参见公式（1.64）。

$$m_u = M_U \cdot \sin(\frac{\pi}{2} \cdot \frac{t}{T_{\max}}) \tag{1.64}$$

式中：M_U —— 变异火花数量的控制常数。

变异算子采用随机关联和随机生成两种方式进行变异，在部分保留原有烟花个体信息的基础上融合新的信息，使得变异后的烟花个体拥有更丰富的解信息，增加了群体的多样性，提升了群体局部挖掘和全局勘探的能力。

1.4.5 算法求解流程

基于以上三种算子，以算术优化算法的求解流程为主框架，在算法群体的进化过程中，采用动态遴优机制，在每次迭代过程中选取质量较差的个体执行爆炸算子，将爆炸算子产生的爆炸火花进行选取，替换掉原有的烟花个体，保持群体规模的稳定。在此基础上选取部分个体执行变异算子，替换掉原有的个体。具体的混合算法求解流程如下所示：

①初始化混合算术-烟花算法的群体规模、最大迭代次数，为混合算法的主要控制参数赋值，包括乘法/除法策略中的控制参数 μ、周期数学函数加速器中的阈值调整周期 T_c 和阈值上下限调节系数 β、改进爆炸算子中的爆炸半径控制系数 $\hat{A}$ 和爆炸火花数量控制参数 M_e 以及控制最小、最大爆炸火花数量的常数 a，b，读入并存储目标函数和约束条件。

②根据公式（1.11）生成初始混合算法-烟花算法群体，计算适应度函数值，存储群体最优个体和历史最优个体。

③采用公式（1.58）计算周期数学函数加速器 MOA(t) 值，给出随机数 r_1 的取值，判断 MOA(t) 与 r_1 取值的大小，若 MOA(t) $\geqslant r_1$，则转步骤④；若 MOA(t) $< r_1$，则转步骤⑤。

④生成随机数 r_2，若 $r_2 > 0.5$，则执行公式（1.13）中的加法运算；若 $r_2 \leqslant 0.5$，则执行加公式（1.13）中的减法运算。转步骤⑥。

⑤生成随机数r_3，若$r_3 > 0.5$，则执行公式（1.12）中的乘法运算；若$r_2 \leqslant 0.5$，则执行加公式（1.12）中的除法运算。转步骤⑥。

⑥判断进行加法 / 减法策略和乘法 / 除法策略更新后的所有个体是否满足约束条件，若是，则转步骤⑦；若否，则调整个体直至满足约束条件。转步骤7。

⑦计算适应度函数值，更新群体最优个体和历史最优个体。转步骤⑧。

⑧选取混合算术-烟花算法排名后 1/10 的个体，以这些排名靠后的个体为烟花个体，执行改进的爆炸算子，具体包括依据公式（1.59）计算所有烟花个体的爆炸半径，依据公式（1.60）计算所有烟花个体的爆炸火花数量，依据公式（1.5）限定调整爆炸火花的数量，依据公式（1.61）按照轮盘赌原则选取与烟花个体数量等量的爆炸火花，补充进入原群体。转步骤⑨。

⑨针对执行过爆炸算子的群体，随机选取群体规模 1/20 的个体作为烟花群体，针对每个个体 i 分别执行随机关联变异和随机生成变异，首先从群体中随机选择另外一个个体 1，随机选择个体 1 中的 n_m 个维度的维度值，基于公式（1.62）产生 $m_u/2$ 个变异火花；基于所选取的个体 i，基于公式（1.63）生成 $m_u/2$ 个变异火花。针对 m_u 个变异火花群体，基于公式（1.64）执行轮盘赌策略选取烟花群体等规模的个体补充进原群体。转步骤⑩。

⑩判断所有个体是否满足约束条件，若是，则转步骤⑪；若否，则调整个体直至满足约束条件。转步骤⑪。

⑪计算粒子群体的适应度函数值，更新历史最优个体 $x_{pb}(t)$ 和当前全局最优个体 $x_{gb}(t)$。转步骤⑫。

⑫判断是否满足最大迭代次数终止条件，若是，则转步骤⑬；若否，则转步骤③，进行下一次循环。

⑬输出最优解。

为了直观展示混合算术-烟花算法的迭代流程，绘制了算法的迭代流程图如图 1.8 所示。

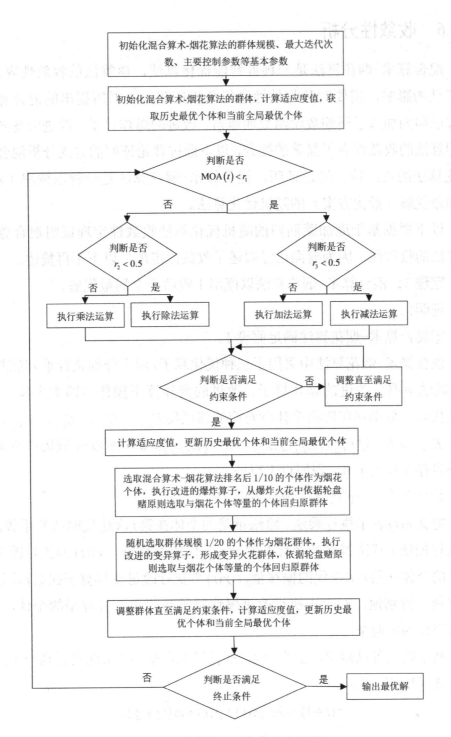

图 1.8 混合算术-烟花算法流程图

1.4.6　收敛性分析

混合算术-烟花算法是一种群智能优化算法,该算法的收敛性容易受到随机性的影响,需要对其收敛性进行分析证明。本书所提出的混合算术-烟花算法因为加入了周期数学函数加速器、改进的爆炸算子、改进的变异算子,使得算法的收敛性有了显著的提升,以下通过理论证明的方式分析混合算术-烟花算法的收敛性。经过证明,混合算术-烟花算法是一种以概率1收敛于全局最优解(最优方案)的随机优化算法。

以下根据基于庞加莱回归的随机优化算法收敛性定理证明混合算术-烟花算法的收敛性,因为前面已经叙述了收敛性定理,以下不再赘述。

定理3: 混合算术-烟花算法以概率1收敛于全局最优解。

证明:

①混合算术-烟花算法满足假设1。

混合算术-烟花算法中采用了三种优化算子,对于分别执行乘/除法策略、加/减法策略、改进的爆炸算子、改进的变异算子操作的四类个体,在第 t 次迭代时,分别存在四类个体所对应的邻域集 $E_{A,t}$,$E_{D,t}$,$E_{E,t}$,$E_{M,t}$,令邻域集 $E_{AW,t} = E_{A,t} \bigcup E_{D,t} \bigcup E_{E,t} \bigcup E_{M,t}$,则 $v(E_{AW,t}) > 0$,所以邻域集序列测度的下确界存在且大于0,则假设1得证。

②混合算术-烟花算法满足假设2。

定义 $\lambda(t)$ 表示执行乘法/除法策略的个体在第 t 次迭代的调节系数,$\gamma(t)$ 为执行加法/减法策略的个体在第 t 次迭代的偏移量,$\varpi(t)$ 为执行改进爆炸算子的个体在第 t 次迭代的偏移量,$\chi(t)$ 为执行改进变异算子在第 t 次迭代的偏移量。特别地,对于未执行改进爆炸算子和改进变异算子的个体,$\varpi(t)$、$\chi(t)$ 退化为零向量。

基于以上可以得出,混合算术-烟花算法在第 $t+1$ 次迭代得到产生的个体如公式(1.65)所示:

$$x(t+1) = \lambda(t)x(t) + \gamma(t) + \varpi(t) + \chi(t) \tag{1.65}$$

由公式(1.63),则上式可转化为

$$x(t+1) = \lambda(t)x(t) + wx(t-1) + \gamma(t) + \varpi(t) + \varphi(t) \tag{1.66}$$

式 中：　w　——　随 机 系 数，　$w=\dfrac{\eta_2}{\eta_1}$；　$\varphi(t)$　——　推 导 余 量；
$\varphi(t)=\eta_3\times(\mathrm{UB}_j-\mathrm{LB}_j)+\mathrm{LB}_j/\eta_1$。公式（1.66）构成了一个非奇次递推关系式，进而可以将上式写成：

$$\begin{bmatrix} x(t+1) \\ x(t) \\ 1 \end{bmatrix}=\begin{bmatrix} \lambda(t) & w & \gamma(t)+\varpi(t)+\varphi(t) \\ 1 & 0 & 0 \\ 0 & 0 & 1 \end{bmatrix}\begin{bmatrix} x(t) \\ x(t-1) \\ 1 \end{bmatrix} \tag{1.67}$$

求解式（1.67）的特征值多项式可得到

$$\alpha=\frac{\lambda(t)+\theta}{2} \tag{1.68}$$

$$\beta=\frac{\lambda(t)-\theta}{2} \tag{1.69}$$

$$\theta=\sqrt{\lambda(t)^2-4w} \tag{1.70}$$

公式（1.66）可以提升为位置和迭代次数的显式表达式：

$$x(t+1)=k_1+k_2\alpha^t+k_3\beta^t \tag{1.71}$$

式中：k_1，k_2，k_3——随机系数。

若想保持算法在 $t+l$（$l\geqslant 2$）次迭代和 t 次迭代产生的个体位置相同，可得

$$k_2\alpha^t(\alpha^l-1)+k_3\beta^t(\beta^l-1)=0 \tag{1.72}$$

由公式（1.72）可知，如果该式为 0，则有两种可能，一种是 $\alpha^l=\beta^l=1$，另一种是 $\alpha=\beta=0$，对于第一种情况下可以得到

$$\frac{\lambda(t)+\theta}{2}=1$$
$$\frac{\lambda(t)-\theta}{2}=1 \tag{1.73}$$

如若公式（1.73）成立，证明 $\lambda(t)=2$ 且 $\theta=0$，则有

$$\lambda(t)^2=4w \tag{1.74}$$

上式中，$\lambda(t)^2$ 和 $4w$ 均为随机变量，2 为常数，所以上式成立的概率为

$$P\left(\lambda(t)^2=4w\right)=0 \tag{1.75}$$

$$P\left(\lambda(t)^2 = 2\right) = 0 \qquad (1.76)$$

所以算法在 $t+1$ 次迭代和 t 次迭代产生的个体位置相同的概率为

$$P\left(x(t+l) = x(t)\right) = 0, \quad l = 2,3,\cdots \qquad (1.77)$$

因而算法在 $t+l$ 次迭代群体的邻域集 $E_{\mathrm{AW},t+l}$ 和 t 次迭代群体的邻域集 $E_{\mathrm{AW},t}$ 相同的概率为

$$P(E_{\mathrm{AW},t+l} = E_{\mathrm{AW},t}) = 0, \quad l = 2,3,\cdots \qquad (1.78)$$

故满足假设 2，证毕。

1.4.7　算法求解性能分析

1. AFOA 与标准智能算法性能对比

为了验证混合算术-烟花算法的求解性能，采用本书所提出的算术-烟花算法与算术算法和其他 6 种知名的标准智能优化算法进行数值试验计算，基于国际上统一应用的标准测试函数横向对比混合算术-烟花算法的优化求解性能。为了有效对比算术-烟花算法与其他算法的性能差异，选取了近三年提出的智能优化算法作为对比算法，分别是金豺优化算法（golden jackal optimization，GJO）是一种新的全局优化算法，该算法的灵感来自金豺的合作狩猎行为。该成果于 2022 年发表在知名 SCI 期刊 *Expert Systems with Applications* 上；野狗优化算法（dingo optimization algorithm，DOA）是于 2021 年提出的一种新型智能优化算法，该算法是根据澳大利亚野狗的社交行为设计的；牛顿-拉夫逊优化算法（Newton-Raphson-based optimizer，NBRO）是一种新型的智能优化算法，该成果于 2024 年 2 月发表在 *Engineering Applications of Artificial Intelligence* 期刊上；冠豪猪优化算法（crested porcupine optimizer，CPO）是一种新型的智能优化算法，该成果于 2024 年 1 月发表在 SCI 期刊 *Knowledge-Based Systems* 上。

应用标准测试函数进行不同算法求解性能的对比分析是检验算法全局优化求解能力的一般做法，在本数值测试中，采用 18 个标准差测试函数，标准测试函数如表 1.6 所示。分别应用混合算术-烟花算法（AFOA）、算术算

法（AOA）、金豺优化算法（GJO）、野狗优化算法（DOA）、牛顿-拉夫逊优化算法（NBRO）和冠豪猪优化算法（CPO）求解 18 个标准测试函数，所有算法的迭代次数是 1 000 次，各个问题的维度设置为 30 维（30 个变量），种群规模为 50，算法的实现平台为 MATLAB，计算所用计算机配置为 Core i7，2.02Hz，4G 内存，Windows 7 系统。混合算术-烟花算法的主控参数设置为阈值调整周期 $T_C = 2\pi$，阈值上下限调节系数 $\beta = 2$，每次迭代过程中选取适应度值排名后 5 名的个体执行爆炸算子，变异火花数量的控制常数 $M_U = 8$。每个测试函数分别求解 20 次，所求得的结果进行整理得到表 1.7。

表 1.6　18 个基准函数

方　　程	搜索范围	最优解
$f_1(x) = \sum\limits_{i=1}^{D} x_i^2$	$[-100,100]^D$	0
$f_2(x) = \sum\limits_{i=1}^{D} \lvert x_i \rvert + \prod\limits_{i=1}^{D} \lvert x_i \rvert$	$[-100,100]^D$	0
$f_3(x) = \sum\limits_{i=1}^{D} \sum\limits_{j=1}^{i} x_j^2$	$[-65.536,65.536]$	0
$f_4(x) = \max x_i \left\{ \lvert x_i \rvert \,\middle|\, 1 \leqslant x_i \leqslant D \right\}$	$[-100,100]^D$	0
$f_5(x) = \sum\limits_{i=1}^{D-1} \left[100\left(x_{i+1} - x_i^2\right)^2 + \left(x_i - 1\right)^2 \right]$	$[-5,10]^D$	0
$f_6(x) = \sum\limits_{i=1}^{D} \left(\lvert x_i + 0.5 \rvert \right)^2$	$[-100,100]^D$	0
$f_7(x) = \sum\limits_{i=1}^{D} i x_i^4 + \mathrm{rand}$	$[-1.28,1.28]^D$	0
$f_8(x) = \sum\limits_{i=1}^{D} -x_i \sin\sqrt{\lvert x_i \rvert}$	$[-500,500]^D$	$-12\,569.5$
$f_9(x) = \sum\limits_{i=1}^{D} x_i^2 - 10\cos\left(2\pi x_i\right) + 10$	$[-32,32]^D$	0

续表

方　程	搜索范围	最优解
$f_{10}(x) = -20\exp\left(-0.2\sqrt{\dfrac{1}{D}\sum\limits_{i=1}^{D}x_i^2}\right)$ $-\exp\left(\dfrac{1}{D}\sum\limits_{i=1}^{D}\cos(2\pi x_i)\right)+20+e$	$[-30,30]^D$	0
$f_{11}(x) = \dfrac{1}{4\,000}\sum\limits_{i=1}^{D}x_i^2 - \prod\limits_{i=1}^{D}\cos\left(\dfrac{x_i}{\sqrt{i}}\right)+1$	$[-600,600]^D$	0
$f_{12}(x) = \sin^2(\pi y_1) + \sum\limits_{i=1}^{D-1}(y_i-1)^2\left[1+10\sin^2(\pi y_i+1)\right]$ $+(y_d-1)^2\left[1+\sin^2(2\pi y_D)\right]$ $y_i = 1 + \dfrac{x_i-1}{4}, i=1,\cdots,D$	$[-10,10]^D$	0
$f_{13}(x) = 0.1\left\{\sin^2(3\pi x_1) + \sum\limits_{i=1}^{D-1}(x_i-1)^2\left[1+\sin^2(3\pi x_{i+1})\right]\right.$ $\left.+(x_n-1)\left[1+\sin^2(2\pi x_n)\right]\right\} + \sum\limits_{i=1}^{D}u(x_i,5,100,4)$	$[-50,50]^D$	0
$f_{14}(x) = \left[\dfrac{1}{500} + \sum\limits_{j=1}^{25}\dfrac{1}{j+\sum\limits_{i=1}^{2}(x_i-a_{ij})^6}\right]$	$[-65.536,65.536]^D$	1
$f_{15}(x) = \sum\limits_{i=1}^{D}x_i^2 + \left(\sum\limits_{i=1}^{D}0.5ix_i\right)^2 + \left(\sum\limits_{i=1}^{D}0.5ix_i\right)^4$	$[-5,10]^D$	0
$f_{16}(x) = 1 + \sum\limits_{i=1}^{D}8\sin^2\left[7(x_i-0.9)^2\right]$ $+6\sin^2\left[14(x_i-0.9)^2\right]+(x-0.9)^2$	$[-500,500]^D$	1
$f_{17}(x) = \sum\limits_{i=1}^{D}\left|x_i^5 - 3x_i^4 + 4x_i^3 + 2x_i^2 - 10x_i - 4\right|$	$[-10,10]^D$	0

续表

方　程	搜索范围	最优解
$f_{18}(x) = \left[\dfrac{1}{D} \displaystyle\sum_{i=1}^{D} \|x_i\| + \left(\displaystyle\prod_{i=1}^{D} \|x_i\| \right)^{\frac{1}{D}} \right]^2$	$[-10,10]^D$	0

表 1.7　PSO-FA 与其他标准智能算法在维度为 $D = 500$ 下
求解基准函数优化结果对比

f		GJO	DOA	GWO	AOA	CPO	NRBO	AFOA
f_1	平均值	$1.095\,8 \times 10^{-112}$	$5.493\,9 \times 10^{-186}$	$4.682\,6 \times 10^{-59}$	$4.742\,8 \times 10^{-16}$	$50.372\,4$	$1.095\,8 \times 10^{-112}$	0
	方差	$2.920\,3 \times 10^{-112}$	0	$6.235\,4 \times 10^{-59}$	$1.499\,8 \times 10^{-15}$	$95.017\,3$	0	0
	排名	3	2	4	5	6	3	**1**
f_2	平均值	1.449×10^{-122}	$2.871\,6 \times 10^{-92}$	$1.191\,8 \times 10^{-66}$	0	$0.385\,23$	1.449×10^{-122}	0
	方差	$1.744\,2 \times 10^{-122}$	$9.080\,7 \times 10^{-92}$	$1.674\,2 \times 10^{-66}$	0	$0.432\,59$	0	0
	排名	2	3	4	**1**	5	2	**1**
f_3	平均值	$2.784\,9 \times 10^{-117}$	$2.637\,3 \times 10^{-196}$	$2.182\,1 \times 10^{-51}$	0	19.827	$2.784\,9 \times 10^{-117}$	0
	方差	8.676×10^{-117}	0	$6.485\,9 \times 10^{-51}$	0	37.0	0	0
	排名	3	2	4	**1**	5	3	**1**

续表

f		GJO	DOA	GWO	AOA	CPO	NRBO	AFOA
f_4	平均值	8.7655×10^{-82}	9.1701×10^{-90}	1.8577×10^{-36}	0	0.983 05	8.7655×10^{-82}	0
	方差	2.7629×10^{-81}	2.8995×10^{-89}	5.7668×10^{-36}	0	1.137 5	0	0
	排名	3	2	4	**1**	5	3	**1**
f_5	平均值	7.090 4	8.861	6.410 8	6.109 7	5.625 1	7.090 4	0.538 01
	方差	8.860 9	0.236 33	0.528 01	0.133 92	67.527	0.288 14	0.133 37
	排名	5	6	4	3	2	5	**1**
f_6	平均值	0.190 87	0.789 38	2.0168×10^{-4}	4.114 5	0.190 87	1.6396×10^{-2}	9.0850×10^{-7}
	方差	0.156 321	0.441 13	1.238×10^{-4}	2.799 4	0.123 12	7.0933×10^{-3}	3.1384×10^{-7}
	排名	4	5	2	6	4	3	**1**
f_7	平均值	1.2660×10^{-4}	1.5064×10^{-4}	3.6331×10^{-4}	3.4906×10^{-5}	2.5145×10^{-2}	1.2660×10^{-4}	1.8948×10^{-5}
	方差	1.2215×10^{-4}	1.2578×10^{-4}	3.1521×10^{-4}	2.9396×10^{-5}	1.4846×10^{-2}	1.0345×10^{-4}	1.8960×10^{-5}
	排名	3	4	5	2	6	3	**1**
f_8	平均值	-2.2432×10^{3}	-2.7645×10^{3}	-2.7137×10^{3}	-2.9380×10^{3}	-2.4355×10^{3}	-2.2432×10^{3}	-3.1469×10^{3}
	方差	2.5442×10^{2}	1.7222×10^{2}	3.1932×10^{2}	2.7940×10^{2}	2.3206×10^{2}	3.1098×10^{2}	1.1313×10^{2}
	排名	6	3	4	2	5	6	**1**

f		GJO	DOA	GWO	AOA	CPO	NRBO	AFOA
f_9	平均值	0	0	0.511 37	0	0	19.921	0
	方差	0	0	1.108 0	0	0	19.391	0
	排名	**1**	**1**	2	**1**	**1**	3	**1**
f_{10}	平均值	$4.440\ 9 \times 10^{-15}$	$8.881\ 8 \times 10^{-16}$	$4.440\ 9 \times 10^{-15}$	$8.881\ 8 \times 10^{-16}$	0.889 02	$4.440\ 9 \times 10^{-15}$	$8.881\ 8 \times 10^{-16}$
	方差	0	0	0	0	0.856 46	0	0
	排名	2	**1**	2	**1**	3	2	**1**
f_{11}	平均值	0	0	$1.575\ 2 \times 10^{-2}$	$1.665\ 3 \times 10^{-16}$	0.553 40	$2.235\ 1 \times 10^{-15}$	0
	方差	0	0	$2.635\ 8 \times 10^{-2}$	$5.266\ 3 \times 10^{-16}$	0.486 72	$1.125\ 4 \times 10^{-15}$	0
	排名	**1**	**1**	4	2	5	3	**1**
f_{12}	平均值	$5.048\ 4 \times 10^{-2}$	0.127 9	$4.356\ 0 \times 10^{-3}$	$9.585\ 7 \times 10^{-3}$	0.473 86	$5.048\ 4 \times 10^{-2}$	$3.940\ 1 \times 10^{-3}$
	方差	$5.264\ 5 \times 10^{-2}$	0.127 1	$8.305\ 8 \times 10^{-3}$	5.461×10^{-3}	0.349 08	$2.667\ 1 \times 10^{-2}$	$2.595\ 5 \times 10^{-3}$
	排名	4	6	2	3	5	4	**1**
f_{13}	平均值	0.127 13	0.457 88	0.622 01	0.805 13	0.614 78	0.127 13	$9.970\ 6 \times 10^{-3}$
	方差	$9.234\ 9 \times 10^{-2}$	0.212 98	0.214 27	0.180 63	0.417 16	0.144 99	$3.152\ 5 \times 10^{-2}$
	排名	2	3	5	6	4	2	**1**

续表

f		GJO	DOA	GWO	AOA	CPO	NRBO	AFOA
f_{14}	平均值	5.301 1	1.988 5	4.522 8	8.032 5	1.456 4	5.301 1	1.097 4
	方差	4.741 9	1.398 3	4.392 5	4.234 8	0.481 64	0.627 43	0.314 33
	排名	5	3	4	6	2	5	**1**
f_{15}	平均值	$2.124\ 3\times10^{-19}$	$2.914\ 4\times10^{-121}$	$4.233\ 3\times10^{-7}$	0	0.984 36	$2.124\ 3\times10^{-19}$	0
	方差	$6.717\ 6\times10^{-19}$	$9.216\ 1\times10^{-121}$	$3.433\ 4\times10^{-7}$	0	1.374 6	0	0
	排名	3	2	4	**1**	5	3	**1**
f_{16}	平均值	**1**	1.022 4	**1**	1.582 0	1.001 5	**1**	**1**
	方差	$1.814\ 0\times10^{-7}$	$7.097\ 1\times10^{-2}$	$7.612\ 3\times10^{-9}$	0.437 18	$2.744\ 4\times10^{-3}$	$1.566\ 7\times10^{-12}$	0
	排名	**1**	3	**1**	4	2	**1**	**1**
f_{17}	平均值	4.000 0	3.302 0	0.802 10	1.487 6	0.319 99	4	$9.317\ 4\times10^{-2}$
	方差	$3.279\ 7\times10^{-5}$	1.491 0	1.685 4	0.995 24	0.260 31	2.065 6	$6.815\ 0\times10^{-2}$
	排名	6	5	3	4	2	6	**1**
f_{18}	平均值	$6.334\ 5\times10^{-138}$	$1.829\ 8\times10^{-161}$	$2.479\ 4\times10^{-73}$	0	$7.572\ 8\times10^{-4}$	$6.334\ 5\times10^{-138}$	0
	方差	$8.260\ 3\times10^{-138}$	$5.787\ 7\times10^{-161}$	$4.729\ 2\times10^{-73}$	0	$1.492\ 3\times10^{-3}$	0	0
	排名	3	2	4	**1**	5	3	**1**

续表

f	GJO	DOA	GWO	AOA	CPO	NRBO	AFOA
最终排名	3.267	3.133	3.333	2.867	3.733	3.467	**1**

根据表 1.7 的结果和排名，可以得出以下结论：本书所提出的 AFOA 算法在数值求解中表现最为出色，得到了 18 个标准测试函数中的 9 个多峰或单峰基准函数的全局最优解，可求得最优解的函数占总函数的 1/2。其他算法求得全局最优解的比例偏低，AOA 算法可以求得 6 个标准测试函数的最优解，占总函数的 1/3；DOA 和 GJO 算法可以求得 3 个标准测试函数的最优解，占总函数的 1/6；GWO、CPO、NRBO 算法仅可以求得 1 个标准测试函数的最优解。AFOA 算法所得最优值平均值和标准差优于其他 6 种算法，优化效果要显著优于 GWO、CPO、NRBO 算法，除了根据平均值进行排序得到 AFOA 算法排名第 1 之外，AFOA 算法的方差在 7 种算法中也是最小的，说明 AFOA 算法的鲁棒性良好，可以很好地适应不同类型的优化问题，可以作为求解油田集输系统布局重构优化模型的求解方法。混合算术-烟花算法的优异求解精度，说明了将算术算法和烟花算法优势融合的正确性，能够提升算法的全局搜索能力，有效跳出局部最优，找到全局最优解。为了进一步分析 AFOA 算法的收敛速度，选取 18 个测试函数中具有代表性的函数绘制 7 种算法的迭代下降曲线，形成图 1.9。

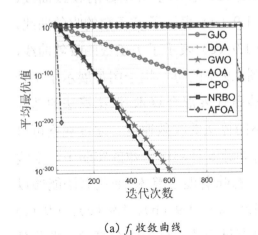
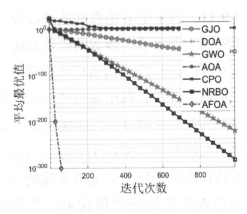

（a）f_1 收敛曲线　　　　　　　　（b）f_2 收敛曲线

图 1.9　AFOA 算法对于测试函数的收敛曲线

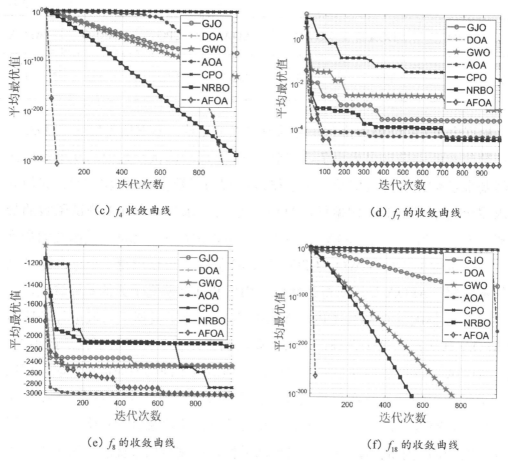

（c）f_4 收敛曲线 　　　　　　　　（d）f_7 的收敛曲线

（e）f_8 的收敛曲线 　　　　　　　（f）f_{18} 的收敛曲线

图 1.9　AFOA 算法对于测试函数的收敛曲线（续）

　　图 1.9 中共包括 6 个子图，其中图 1.9（a）表示了 f_1 函数的收敛曲线，图 1.9（b）表示了 f_2 函数的收敛曲线，图 1.9（c）表示了 f_4 函数的收敛曲线，图 1.9（d）表示了 f_7 函数的收敛曲线，图 1.9（e）表示了 f_8 函数的收敛曲线，图 1.9（f）表示了 f_{18} 函数的收敛曲线。图 1.9 中的每一幅子图都展示了 7 种算法的收敛速度，其中虚线菱形标识的线条代表混合算术-烟花算法的迭代曲线，其他算法均有不同的线型以区分不同算法的收敛速度。通过观察可以发现，在针对 f_1，f_2，f_4，f_7、f_8，f_{18} 共计 6 种测试函数的实验中，虚线菱形标识的线条位于其他 6 条线的下方，意味着混合算术-烟花算法能够以最少的迭代次数找到最优解，其中图 1.9（a）、1.9（b）、1.9（c）、1.9（f）中的虚线菱形线条在不到 200 次迭代就没有显示了，代表混合算术—烟花算

法在少于 200 次的迭代中就达到最优解，其收敛速度明显快于其他 6 种算法，并且所得到的最优值也明显优于其他算法。在 6 幅图中，图 1.9（e）中的混合算术-烟花算法的初始迭代下降速度不是最快的，0~600 次迭代中的慢于标准算术算法，在 600 次以后下降速度明显优于标准算术算法，这是因为算法中增加了改进的算子，使得算法能够跳出局部最优，拥有更好的全局搜索能力。图 1.9 中的收敛下降曲线，证明了混合算术-烟花算法中融合烟花算法和算术算法的正确性，同时也验证了所提出的优化算子的有效性。通过将算术算法和烟花算法的优势结合起来，混合算术-烟花算法显著提高了混合智能算法的全局和局部搜索能力，增强了群体的多样性，加快了算法的收敛速度。此外，引入了周期数学函数加速器、改进的爆炸算子、改进的变异算子，使质量较差的个体能够提升自身携带信息的质量，并增强在已发现当前最优解周围进行深入搜索的能力。通过实例证明，本书所提出的混合算术-烟花算法是求解复杂优化问题的有效算法，可以应用于本书后续的复杂非线性最优化模型求解中。

为了进一步确认所提出的混合算术-烟花算法是否与其他 6 种算法之间存在显著性差异，对 7 种算法所得的排名进行非参数检验，首先依据 Friedman 非参数检验对表 1.7 中最优值的均值和标准差进行了分析。这样可以从数理统计的角度判断混合算术-烟花算法的优化性能是否与其他算法存在显著差异。具体的 Friedman 检验结果可以参考表 1.8。

表 1.8　基于表 1.7 中的最优值的均值和标准差的混合算术-烟花算法和其他改进群智能优化算法的 Friedman 检验结果（最佳排名用粗体标出）

		Mean	Std
检验结果	N	18	18
	Chisquare	39.595	44.246
	p-value	10^{-6}	6.61×10^{-8}

续表

		Mean	Std
Friedman 检验值	GJO	4.25	4.14
	DOA	4	4.06
	GWO	4.75	5.19
	AOA	3.58	3.61
	CPO	5.42	5.83
	NRBO	4.56	3.44
	AFOA	**1.44**	**1.72**

由表 1.8 的检验结果可知，Friedman 检验所得均值的 p 值都小于显著性水平，说明混合算术-烟花算法和其余 6 种算法之间存在着显著性差异，且根据混合算术-烟花算法的检验值最小可以得出该算法在 7 种算法中性能最优。7 种算法的排名方差 Friedman 检验 p 值都小于显著性水平，其中混合算术-烟花算法的检验值最低，虽然混合算术-烟花算法对于 f_{17} 的方差排名第 2，但是统计检验显示混合算术-烟花与其他 6 种算法具有显著性差异。均值之间的显著性差异说明混合算术-烟花算法在 7 种算法中求解精度最佳，方差之间的显著性差异说明混合算术—烟花算法具有更佳的稳定性。

为了进一步分析 7 种算法之间的性能差异，得出更加准确的结论，基于 Friedman 检验的结果开展了 Bonferroni-Dunn 检验。对于 Bonferroni-Dunn 检验，两种算法之间存在显著差异的判断条件是它们的性能排名要大于临界差，基于公式（1.57），Bonferroni-Dunn 检验的临界差值计算结果如下：

$$\text{CD}_{0.05} = 1.98, \quad \text{CD}_{0.1} = 1.79$$

根据以上所得临界差和 Friedman 检验结果，绘制混合算术-烟花算法和其余 6 种算法的柱状图如图 1.10 所示，浅灰色水平实线表征最优算法 Friedman 检验结果，灰色水平实线表示 95% 显著性水平下的阈值，黑色水平虚线表示 90% 显著性水平下的阈值。

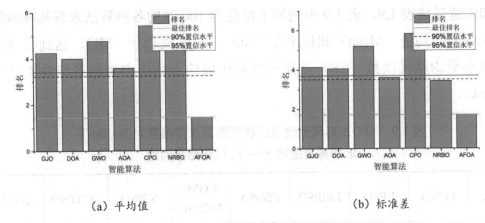

(a) 平均值　　　　　　　　　　　　(b) 标准差

图 1.10　基于表 1.9 的 7 种算法最优值的平均值和标准差的
Bonferroni-Dunn 检验结果柱状图

根据图 1.10（a）的结果，基于 18 个测试函数的平均值的排名，通过 Bonferroni-Dunn 检验的临界差可以看出，混合算术-烟花算法在 90% 显著性水平下优于 GJO、GWO、CPO 等 6 个算法。在 95% 显著性水平下同样优于其他 6 种算法，这说明混合算术-烟花算法在求解优化问题精度方面是与其他 6 种算法有显著性差异的。这表明混合算术-烟花算法融合了三个优化算子的正确性，并且在全局优化求解能力方面表现出色。从图 1.10（b）中我们可以看到，相较于其他改进的群智能优化算法，混合算术-烟花算法具有相对更好的鲁棒性，在 90% 和 95% 置信水平下混合算术-烟花算法优于 GJO、DOA、GWO、AOA、CPO 等 5 种算法。说明混合算术-烟花算法在求解优化问题时算法的稳定性能显著性优于 GJO、DOA、GWO、AOA、CPO 5 种算法。NRBO 算法的鲁棒性也较好，所以在 Bonferroni-Dunn 检验中，混合算术-烟花算法没有显著性优于 NRBO 算法。

2. AFOA 与改进智能算法性能对比

针对表 1.3 中的基准测试函数，分别采用混合算术-烟花算法和其他 7 种改进的群智能优化算法进行数值实验，所有算法的通用求解参数设定与 1.3.7 小节中相同，即每个标准测试函数求解 100 次，群体规模设置为 200，最大迭代次数设置为 5 000，问题维度设置为 $D = 100$。根据 1.3.7 小节中 7 种改进群智能优化算法的优化结果，将本书所提出的 AFOA 算法优化结果进行统计和汇总形成表 1.9。表 1.9 中列举了维度为 100 时的各种算法求解基准函数的最优值的均值（Mean）和标准差（Std）、求解成功率（SR）、达到收敛解的最小平均迭代次数（CS）以及依据最优值的平均值得到的算法性能排名（Rank）。

表 1.9 AFOA 与其他改进的群智能算法在维度为 D=100 下
求解基准函数 $f_1 \sim f_{10}$ 优化结果对比

f		GPSO	LPSO	LFIPSO	PSOSA	COM-MCPSO	IGPSO	DTTPSO	AFOA
f_1	Mean	6.92×10^{-4}	7.36×10^{-2}	4.69×10^{-2}	32.5	3.89×10^{-5}	6.35×10^{-156}	6.35×10^{-6}	**0**
	Std	3.99	8.45×10^{-3}	1.23×10^{-2}	2.78	5.17×10^{-6}	7.11×10^{-156}	0.428	**0**
	SR	0.97	—	—	—	1.00	1.00	0.86	1.00
	CS	4 356	—	—	—	756	845	3 598	**8**
	Rank	5	6	7	8	4	2	3	**1**
f_2	Mean	4.23×10^4	67.8	87.4	3.32×10^2	6.25×10^2	3.34×10^{-2}	3.36×10^2	**3.71×10^{-2}**
	Std	6.78×10^3	2.96	6.31	16.5	21.5	4.25×10^{-2}	10.2	**1.76×10^{-2}**
	SR	—	0.76	0.47	0.46	0.52	1.00	0.85	1.00
	CS	—	3 698	3 923	4 215	865	4 325	4 881	**964**
	Rank	8	3	4	6	7	2	5	**1**

f		GPSO	LPSO	LFIPSO	PSOSA	COM-MCPSO	IGPSO	DTTPSO	AFOA
	Mean	3.89×10^{-2}	3.89×10^{-2}	4.32×10^{-2}	3.65×10^{-2}	5.68×10^{-3}	9.65×10^{-4}	3.689×10^{-2}	$\mathbf{6.02 \times 10^{-7}}$
	Std	1.34×10^{-3}	4.96×10^{-3}	1.98×10^{-3}	1.28×10^{-3}	3.78×10^{-4}	4.25×10^{-4}	9.25×10^{-3}	$\mathbf{3.25 \times 10^{-7}}$
f_3	SR	1.00	0.83	1.00	1.00	1.00	1.00	1.00	1.00
	CS	798	3 689	1 465	2 569	262	48	29	**268**
	Rank	5	8	6	7	3	2	4	**1**
	Mean	3.89×10^{-2}	68.9	46.5	25.2	1.69×10^{-3}	6.32×10^{-2}	4.35×10^{-49}	**0**
	Std	1.56×10^{-2}	1.88	2.56	32.1	5.64×10^{-4}	2.64×10^{-48}	4.39×10^{-48}	**0**
f_4	SR	—	—	—	—	1.00	0.67	0.85	1.00
	CS	—	—	—	—	2 321	1 998	3 875	**26**
	Rank	5	7	6	8	3	4	2	**1**
	Mean	6.23×10^{-3}	3.65	1.89	3.28	1.98×10^{-3}	5.11×10^{-2}	6.98×10^{-6}	**0**
	Std	1.38×10^{-3}	0.198	2.65×10^{-2}	1.36	6.23×10^{-4}	0.236	3.65×10^{-6}	**0**
f_5	SR	0.34	—	—	—	1.00	1.00	1.00	1.00
	CS	3 874	—	—	—	1 697	1 985	3 985	**14**
	Rank	4	7	6	8	3	5	2	**1**

续表

f		GPSO	LPSO	LFIPSO	PSOSA	COM-MCPSO	IGPSO	DTTPSO	AFOA
f_6	Mean	0.398	4.89	6.65	9.23	4.95×10^{-2}	**0**	0.498	**0**
	Std	0.236	0.245	0.284	0.345	3.21×10^{-3}	**0**	5.23	**0**
	SR	—	—	—	—	0.06	0	0.46	1.00
	CS	—	—	—	—	4 625	3 081	4 269	**33**
	Rank	3	6	5	7	2	**1**	4	**1**
f_7	Mean	3.65×10^{-2}	0.694	0.622	0.658	2.95×10^{-3}	**0**	3.02×10^{-2}	**0**
	Std	2.94×10^{-3}	3.46×10^{-2}	1.29×10^{-2}	3.28×10^{-2}	3.14×10^{-3}	**0**	0.152	**0**
	SR	1.00	—	—	—	1.00	1.00	1.00	1.00
	CS	985	—	—	—	795	1 256	2 586	**29**
	Rank	3	5	6	7	2	**1**	4	**1**
f_8	Mean	5.69	5.93	3.62	6.45	4.85	9.12×10^{-15}	3.65×10^{-15}	**0**
	Std	0.325	0.311	0.214	0.315	0.158	**0**	2.14×10^{-15}	**0**
	SR	—	—	—	—	—	1.00	1.00	1.00
	CS	—	—	—	—	—	1 426	105	**41**
	Rank	7	5	4	8	6	3	2	**1**

续表

f		GPSO	LPSO	LFIPSO	PSOSA	COM-MCPSO	IGPSO	DTTPSO	AFOA
f_9	Mean	3.49	2.68	9.25	36.5	4.78	8.56	6.98	**$3.89×10^{-4}$**
	Std	0.215	0.136	0.178	5.78	0.289	0.398	2.74	**$4.44×10^{-4}$**
	SR	—	—	—	—	—	0.20	1.00	
	CS	—	—	—	—	—			**25**
	Rank	3	4	5	8	2	7	6	**1**
f_{10}	Mean	23.9	36.5	65.8	27.8	49.8	**0**	62.5	**0**
	Std	1.87	24.5	5.23	4.56	3.25	**0**	27.8	**0**
	SR	1.00	0.75	0.98	1.00	1.00	1.00	0.76	1.00
	CS	65	4 421	3 265	1 078	165	842	4 623	**36**
	Rank	3	6	7	2	4	**1**	5	**1**
平均排名		4.6	5.7	5.6	6.9	3.6	2.8	3.7	1
最终排名		5	7	6	8	3	2	4	1

根据表 1.9 的结果和排名可以得出：在优化问题维度为 100 时，PSO-FA 算法能够找到 7 个基准函数的全局最优解，展现出优异的全局优化求解能力。因为此数值测试中采用的维度是 100 维，属于高维优化问题，因此存在着更多的局部最优解，求解难度更大。混合算术-烟花算法找到 7 个最优解，在同类算法中排名靠前，而其他改进的群智能优化算法最多只能找到 3 个基准

函数的最优解。这证明了混合算术-烟花算法在多峰和单峰优化问题的全局求解能力要优于其他 7 种群智能算法的变形。混合算术-烟花算法在 8 种算法中排名最高，其次是 IGPSO 和 COM-MCPSO 等，说明混合算术-烟花算法的求解精确性最好。观察各算法的最小平均迭代次数，可以发现 PSO-FA 算法能够通过较少的迭代次数达到收敛解，相比于其他改进的智能优化算法，其收敛速度更快。混合算术-烟花算法在优化结果的最优值均值和标准差、成功求解率以及最小平均迭代次数等方面表现最佳，证明其具有出色的综合优化性能。这些优势特点显示了混合算术-烟花算法在解决复杂最优化问题时的鲁棒性更好、收敛性更强、优化性能更全面。

为了客观比较混合算术-烟花算法和其他改进的群智能优化算法的求解精确性，我们使用 Friedman 非参数检验对表 1.9 中最优值的均值和标准差进行了分析。这样可以从数理统计的角度判断 PSO-FA 算法的优化性能是否与其他算法存在显著差异。具体的 Friedman 检验结果可以参考表 1.10。

表 1.10　AFOA 算法和其他改进群智能优化算法的 Friedman 检验结果
（最佳排名用粗体标出）

		Mean	Std
检验结果	N	10	10
	Chisquare	44.85	38.52
	p-value	2.72×10^{-6}	3.46×10^{-6}
Friedman 检验值	**AFOA**	**1.16**	**1.23**
	GPSO	4.95	5.35
	LPSO	5.95	5.70
	LFIPSO	5.90	4.55
	PSOSA	7.15	6.60

续表

		Mean	Std
Friedman 检验值	COM-MCPSO	4.10	4.45
	IGPSO	3.25	2.70
	DTTPSO	4.2	3.8

由表 1.10 的检验结果可知，Friedman 检验所得均值、方差的 p 值都小于显著性水平，说明混合算术-烟花算法和其余 7 种算法之间存在着显著性差异，且根据混合算术-烟花算法的检验值最小可以得出，本书所提出的混合算术-烟花算法优化求解性能最佳。为了进一步分析 8 种算法之间的性能差异，得出更加准确的结论，基于 Friedman 检验的结果开展了 Bonferroni-Dunn 检验。Bonferroni-Dunn 检验的临界差值计算结果如下所示：

$$CD_{0.05} = 3.04 ，\quad CD_{0.1} = 2.80$$

根据以上所得临界差值和 Friedman 检验结果，绘制混合算术-烟花和其余 7 种算法的柱状图如图 1.11 所示，不同颜色水平线所代表的含义与前面小节中保持一致。

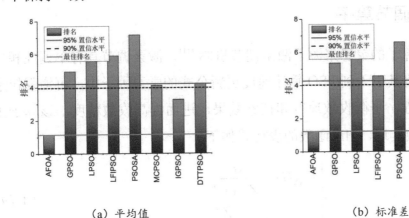

（a）平均值　　　　　　　（b）标准差

图 1.11　基于表 1.10 的 8 种算法最优值的平均值和标准差的
Bonferroni-Dunn 检验结果柱状图

根据图 1.11（a）的结果，混合算术-烟花算法在 90% 显著性水平下优于 COM-MCPSO、GPSO、LPSO、LFISO、PSOSA 和 DTTPSO。在 95% 显著

性水平下优于 GPSO、LPSO、LFISO 和 PSOSA。这表明混合算术-烟花算法融合算术算法和烟花算法的正确性，这个实例说明了该算法的全局优化求解能力相对出色。从图 1.11(b) 中可以看到，相较于其他改进的群智能优化算法，混合算术-烟花算法具有更高的迭代求解精度、更快的收敛速度和更稳定的求解能力。通过与标准智能优化算法和改进智能优化算法进行比较，验证了混合算术-烟花算法解决高维复杂优化问题方面的出色性能。混合算术-烟花算法在求解精确性、鲁棒性和收敛速度等方面都表现出强大的竞争力，因此可以利用该算法来求解布局优化模型。

1.5 基于激素调节的改进型粒子群算法

本章提出的基于激素调节的改进型粒子群算法通过激素调节算子、邻域勘察算子和遗传变异算子，对 PSO 算法的速度更新公式和位置更新公式加以改进，得到激素调节粒子群算法（hormone regulation particle swarm optimization algorithm，HRPSO）。3 种算子的加入可提高 PSO 算法的计算精度，下面对改进策略进行详细描述。

1.5.1 激素调节算子

激素调节算子的灵感来源于激素调节机制[11]，激素调节具有单调性和非负性的特点，将其引入到 PSO 算法速度更新公式的学习因子中，可增强粒子群体间的互动性，平衡收敛速度和搜索效果，进而提高收敛精度。该算子主要通过 Hill 函数实现，Hill 函数的表达式如下：

$$\begin{cases} F_{\text{up}}(G) = \dfrac{G^n}{Z^n + G^n} \\ F_{\text{down}}(G) = \dfrac{Z^n}{Z^n + G^n} \end{cases} \tag{1.79}$$

式中：$F_{\text{up}}(G)$ ——上升调节函数；$F_{\text{down}}(G)$ ——下降调节函数；G ——函数自变量；Z ——阈值，$Z > 0$；n ——Hill 函数的系数，$n \geqslant 1$。

假设激素 y 受到激素 x 的调控，那么激素 y 的分泌速率的表达式如下：

$$\begin{cases} S_{y1} = \rho \cdot F_{\mathrm{up}}(G) + S_{y0} \\ S_{y2} = \rho \cdot F_{\mathrm{down}}(G) + S_{y0} \end{cases} \tag{1.80}$$

式中：S_{y1}，S_{y2}——激素 y 的分泌速率，其中，S_{y1} 表示激素 y 的分泌速率与激素 x 的分泌速率呈正相关，S_{y2} 表示激素 y 的分泌速率与激素 x 的分泌速率呈负相关；G——激素 x 的分泌速率，为自变量；ρ——常量系数，应根据实际问题进行调整；S_{y0}——激素 y 的基础分泌速率。

通过迭代次数来调控粒子群的搜索速度，将迭代次数作为 Hill 函数的自变量，将公式（1.79）与（1.80）进行整合，得到激素调节算子的表达式如下：

$$\begin{cases} V_{\mathrm{up}}(t) = \rho \cdot F_{\mathrm{up}}(t) + S_{y0} \\ V_{\mathrm{down}}(t) = \rho \cdot F_{\mathrm{down}}(t) + S_{y0} \end{cases} \tag{1.81}$$

式中：$V_{\mathrm{up}}(t)$——上升调节速率；$V_{\mathrm{down}}(t)$——下降调节速率。

由于 PSO 算法在搜索前期侧重于对解的空间进行全面搜索，而在搜索后期侧重于对局部空间进行精细搜索，因此，将上升调节速率引入到个体学习因子中，将下降调节速率引入到社会学习因子中，得到公式（1.82）。

$$\begin{cases} c_1(t) = c_{1,\mathrm{start}} \cdot V_{\mathrm{up}}(t) \\ c_2(t) = c_{2,\mathrm{start}t} \cdot V_{\mathrm{down}}(t) \end{cases} \tag{1.82}$$

式中：$c_{1,\mathrm{start}}$——初始化的个体学习因子；$c_{2,\mathrm{start}}$——初始化的社会学习因子。

执行激素调节算子的 PSO 算法的速度更新公式如公式（1.83）所示：

$$v_{id}^{t+1} = w \cdot v_{id}^t + c_{1,\mathrm{start}} \cdot \left(\rho \cdot \frac{Z^n}{Z^n + t^n} + S_{y0} \right) \cdot r_1 \cdot \left(p_{\mathrm{best}_{id}^t} - x_{id}^t \right)$$

$$+ c_{2,\mathrm{start}} \cdot \left(\rho \cdot \frac{t^n}{Z^n + t^n} + S_{y0} \right) \cdot r_2 \cdot \left(g_{\mathrm{best}_{id}^t} - x_{id}^t \right) \tag{1.83}$$

1.5.2　变异算子

本书采用遗传算法中的变异算子对粒子的位置信息进行基本位突变，从而增加种群多样性，增强 PSO 算法的局部搜索能力。PSO 算法迭代计算的过程中会产生一个取值范围在 [0,1] 之间的随机数 r_m^t，将 r_m^t 与预设变异概率 P_m 进行比较：当 $r_m^t < P_m$ 时，变异算子将会作用于粒子位置向量中的每一个位

置信息，使粒子群的位置向量发生全局变化（全部维度）；当 $r_m^t > P_m$ 时，变异算子将随机作用于粒子位置向量中的某些位置信息，使粒子群的位置向量发生局部变化（某些维度）。变异算子的表达式如下：

$$\begin{cases} m^t = 2 \cdot \text{rand}(1, D) \cdot r_m^t - r_m^t \\ x_{\text{id}}^{t'} = x_{id}^t + v_{id}^{t+1} + m^t \end{cases} \tag{1.84}$$

式中：m^t——第 t 次迭代时的粒子的变异量；$\text{rand}(1, D)$——维度为 D 的一组取值范围为 [0,1] 的随机向量。

1.5.3 邻域勘察算子

针对 PSO 算法易陷入局部最优的缺点，创建了邻域勘察算子，对 PSO 算法的位置更新公式加以改进。

在算法开始迭代计算时，邻域勘察算子会检查迭代次数 t 是否为邻域勘察维度 T 的倍数，若是，执行邻域勘察算子，同时采用精英策略比较迭代次数为 t 时的粒子 i 的适应度值和 $t+T$、$t-T$ 两个方向粒子的适应度值，选出精英粒子（适应度值最优的粒子）替换原有的全局最优粒子；若否，则邻域勘察算子不参与此次迭代计算。邻域勘察算子的勘察维度 T 越小，算法求解精度越高，算法越容易跳出局部最优，但计算量会成倍增加；邻域勘察算子的勘察维度 T 越大，算法求解精度越低，计算速度加快。因此，根据问题的不同选取合适的邻域勘察维度尤为重要。邻域勘察算子的表达式见公式(1.85)。

$$\begin{cases} \boldsymbol{x}_{\alpha,id}^{t'} = \boldsymbol{x}_{\text{id}}^{t'} + T \\ \boldsymbol{x}_{\beta,id}^{t'} = \boldsymbol{x}_{\text{id}}^{t'} - T \\ y_{id}^{t'} = \min\left\{ f\left(\boldsymbol{x}_{\text{id}}^{t'}\right), f\left(\boldsymbol{x}_{\alpha,id}^{t'}\right), f\left(\boldsymbol{x}_{\beta,id}^{t'}\right) \right\} \\ \boldsymbol{x}_{\text{id}}^{t''} = f^{-1}\left(y_{id}^{t'}\right) \end{cases} \tag{1.85}$$

式中：$\boldsymbol{x}_{\alpha,id}^{t'}$——第 t' 次迭代时第 i 个粒子的第 d 维度在方向 α 的位置向量；$\boldsymbol{x}_{\beta,id}^{t'}$——第 t' 次迭代时第 i 个粒子的第 d 维度在方向 β 的位置向量；$y_{id}^{t'}$——第 t' 次迭代时第 i 个精英粒子的适应度值；$\boldsymbol{x}_{id}^{t''}$——第 t'' 次迭代时第 i 个精英粒子的适应度值对应的位置向量。

1.5.4　算法求解流程

基于激素调节的改进型粒子群算法的求解流程如下：

①算法参数初始化。包括粒子群体规模、粒子维度、最大迭代次数、惯性权重和学习因子等基础参数；激素调节算子的阈值、Hill 函数的系数、常量系数和基础分泌速率；变异算子的变异概率；邻域勘察算子的勘察维度。

②位置与速度初始化。初始化粒子的个体最优位置、群体最优位置、个体最优解和全局最优解。

③位置与速度更新。基于激素调节的改进型粒子群算法的迭代更新如公式（1.86）所示。

④评估粒子适应度值。

⑤更新粒子的个体最优位置、群体最优位置、个体最优解和全局最优解。

⑥更新粒子其他参数，例如迭代次数、惯性权重和学习因子等等。

$$
\begin{cases}
v_{\mathrm{id}}^{t+1} = w \cdot v_{\mathrm{id}}^{t} + c_{1,\mathrm{start}} \cdot \left(\rho \cdot \dfrac{Z^n}{Z^n + t^n} + S_{y0} \right) \cdot r_1 \cdot \left(p_{\mathrm{best}_{\mathrm{id}}^{t}} - x_{\mathrm{id}}^{t} \right) \\
\qquad + c_{2,\mathrm{start}} \cdot \left(\rho \cdot \dfrac{t^n}{Z^n + t^n} + S_{y0} \right) \cdot r_2 \cdot \left(g_{\mathrm{best}_d^{t}} - x_{\mathrm{id}}^{t} \right) \\
m^t = 2 \cdot \mathrm{rand}(1, D) \cdot r_m^t - r_m^t \\
x_{\mathrm{id}}^{t} = x_{\mathrm{id}}^{t} + v_{\mathrm{id}}^{t+1} + m^t \\
x_{\alpha,\mathrm{id}}^{t} = x_{\mathrm{id}}^{t} + T \\
x_{\beta,\mathrm{id}}^{t} = x_{\mathrm{id}}^{t} - T \\
y_{\mathrm{id}}^{t} = \min\left\{ f\left(x_{\mathrm{id}}^{t} \right), f\left(x_{\alpha,\mathrm{id}}^{t} \right), f\left(x_{\beta,\mathrm{id}}^{t} \right) \right\} \\
x_{\mathrm{id}}^{t'} = f^{-1}\left(y_{\mathrm{id}}^{t} \right) \\
x_{\mathrm{id}}^{t+1} = x_{\mathrm{id}}^{t'} + v_{\mathrm{id}}^{t+1}
\end{cases}
\tag{1.86}
$$

⑦判断是否满足算法停止准则。若满足准则，则算法停止优化，输出最优解；若不满足准则，则返回步骤③，继续优化。

以下是基于激素调节的改进型粒子群算法的求解流程图。

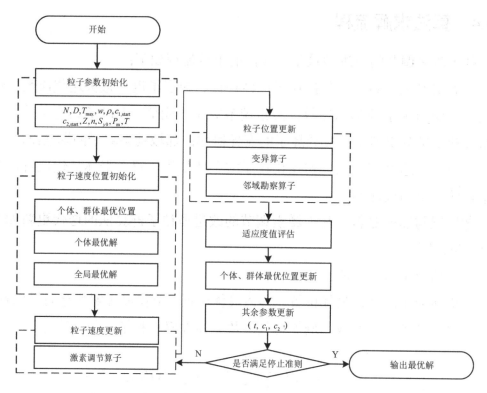

图 1.12　基于激素调节的改进型粒子群算法计算流程图

1.5.5　收敛性分析

基于激素调节的改进型粒子群算法以 PSO 算法为主干框架，是一种随机优化算法，其收敛性容易受到随机性的影响，因此有必要对该算法的收敛性进行分析，采用基于庞加莱回归的随机优化算法收敛性定理，对算法进行全局收敛证明。

定理 4：基于激素调节的改进型粒子群算法以概率 1 收敛于全局最优解。

证明：

①基于激素调节的改进型粒子群算法满足假设 1。

该算法中采用了三种优化算子，对于分别执行基于激素调节的学习因子、变异算子和邻域勘察算子的三类个体，在第 t 次迭代时，分别存在三类粒子所对应的邻域集 $E_{HR,t}$，$E_{VO,t}$，$E_{AE,t}$，令邻域集 $E_{G,t} = E_{HR,t} \bigcup E_{VO,t} \bigcup E_{AE,t}$，则 $v[E_{G,t}] > 0$，所以邻域集序列测度的下确界存在且大于 0，则假设 1 得证。

②基于激素调节的改进型粒子群算法满足假设 2。

令 $c_1 r_1(t) = \mu_1(t)$，$c_2 r_2(t) = \mu_2(t)$，定义 $\lambda(t)$ 表示执行激素调节算子的个体在第 t 次迭代的调节系数，$\gamma(t)$ 为执行变异算子的个体在第 t 次迭代的变异偏移量，$\varpi(t)$ 为执行邻域勘察算子的个体在第 t 次迭代的勘察偏移量，特别地，对于未执行上述三种算子的标准个体，$\gamma(t)$，$\varpi(t)$ 退化为零向量，$\lambda(t)$ 退化为与个体等维度的单位矩阵。

基于激素调节的改进型粒子群算法在第 $t+1$ 次迭代得到产生的个体位置如式（1.87）所示：

$$x(t+1) = \left[1 - \lambda(t)\mu_1(t) - \lambda(t)\mu_2(t)\right]x(t) + \lambda(t)\mu_1 \text{pb}(t)$$
$$+ \lambda(t)\mu_2 \text{gb}(t) + wv(t) + \gamma(t) + \varpi(t) \tag{1.87}$$

由 $v(t) = x(t) - x(t-1)$，则上式可转化为

$$x(t+1) = \left[1 - \lambda(t)\mu_1(t) - \lambda(t)\mu_2(t) + w\right]x(t) - wx(t-1)4$$
$$+ \lambda(t)\mu_1(t)\text{pb}(t) + \lambda(t)\mu_2(t)\text{gb}(t) + \gamma(t) + \varpi(t) \tag{1.88}$$

式（1.88）构成了一个非奇次递推关系式，进而可以将上式写成：

$$\begin{bmatrix} x(t+1) \\ x(t) \\ 1 \end{bmatrix} = \begin{bmatrix} 1+w-\lambda(t)\mu_1(t) & -w & \lambda(t)\mu_1(t)\text{pb}(t) + \lambda(t)\mu_2(t)\text{gb}(t) \\ -\lambda(t)\mu_2(t)] & & +\gamma(t)+\varpi(t) \\ 1 & 0 & 0 \\ 0 & 0 & 1 \end{bmatrix} \begin{bmatrix} x(t) \\ x(t-1) \\ 1 \end{bmatrix}$$
$$\tag{1.89}$$

求解式（1.89）的特征值多项式可得到

$$\alpha = \frac{\left[1+w-\lambda(t)\mu_1(t)-\lambda(t)\mu_2(t)\right]+\theta}{2} \tag{1.90}$$

$$\beta = \frac{\left[1+w-\lambda(t)\mu_1(t)-\lambda(t)\mu_2(t)\right]-\theta}{2} \tag{1.91}$$

$$\theta = \sqrt{\left[1+w-\lambda(t)\mu_1(t)-\lambda(t)\mu_2(t)\right]-4w} \tag{1.92}$$

公式可以提升为位置和迭代次数的显式表达式：

$$x(t+1) = k_1 + k_2\alpha^t + k_3\beta^t \tag{1.93}$$

式中：

$$k_1 = \frac{\lambda(t)\mu_1(t)\mathrm{pb}(t) + \lambda(t)\mu_2(t)\mathrm{gb}(t)}{\lambda(t)\mu_1(t) + \lambda(t)\mu_2(t)} \tag{1.94}$$

$$k_2 = \frac{\beta(x_0 - x_1) - x_1 + x_2}{l(\alpha - 1)} \tag{1.95}$$

$$k_3 = \frac{\alpha(x_1 - x_0) + x_1 - x_2}{l(\beta - 1)} \tag{1.96}$$

假设 $x(t+1) = x(t)$，求得

$$\frac{k_2(1-\alpha)}{k_3(\beta-1)} = \left(\frac{\beta}{\alpha}\right)^t \tag{1.97}$$

代入式（1.94）和式（1.95）得到

$$\frac{\beta(x_1 - x_0) + x_1 - x_2}{\alpha(x_1 - x_0) + x_1 - x_2} = \left(\frac{\beta}{\alpha}\right)^t \tag{1.98}$$

若想保持算法在 $t+l$ $(l \geqslant 2)$ 次迭代和 t 次迭代产生的个体位置相同，可得到 $\alpha = \beta$，由式（1.90）、（1.92）知，$\theta = 0$，即得

$$\lambda(t)\mu_1(t) + \lambda(t)\mu_2(t) = 1 + w \pm 2\sqrt{w}$$

$$\tag{1.99}$$

令 $\mu(t) = \lambda(t)\mu_1(t) + \lambda(t)\mu_2(t) - 1 - w$，则有

$$\mu(t)^2 = 4w \tag{1.100}$$

式中：$\mu(t)^2$ 为连续型随机变量，$4w$ 为常数，所以上式成立的概率为

$$P\left[\mu(t)^2 = 4w\right] = 0 \tag{1.101}$$

所以算法在 $t+l$ 次迭代和 t 次迭代产生的个体位置相同的概率为

$$P\left[x(t+l) = x(t)\right] = 0, \quad l = 2, 3, \cdots \tag{1.102}$$

因而算法在 $t+l$ 次迭代群体的邻域集 $E_{\mathrm{G},t+l}$ 和 t 次迭代群体的邻域集 $E_{\mathrm{G},t}$ 相同的概率为

$$P(E_{\mathrm{G},t+l} = E_{\mathrm{G},t}) = 0, \quad l = 2, 3, \cdots \tag{1.103}$$

故存在正整数 $l \geqslant 2$，满足假设 2，证毕。

1.5.6 算法求解性能分析

为评估基于激素调节的改进型粒子群算法的性能，将该算法与 4 种 PSO 算法：PSO 算法、PHSPSO 算法（分层简化粒子群优化算法）、MeanPSO 算法（均值粒子群算法）和 LDWPSO 算法（线性权重递减粒子群算法）进行比较，通过 10 个包含单峰函数和多峰函数的标准测试函数对 5 种算法进行测试，其中，单峰函数用来测试算法的局部搜索能力，多峰函数用来测试算法的全局搜索能力。标准测试函数及其最优解和搜索范围见表 1.11。

表 1.11　标准测试函数

f	名称	表达式	搜索范围	最优解
f_1	Sphere	$f_1(x) = \sum_{i=1}^{D} x_i^2$	$[-100,100]^D$	0
f_2	Griewank	$f_2(x) = \dfrac{1}{4\,000} \sum_{i=1}^{D} x_i^2 - \prod_{i=1}^{D} \cos\left(\dfrac{x_i}{\sqrt{i}}\right) + 1$	$[-600,600]^D$	0
f_3	Rosenbrock	$f_3(x) = \sum_{i=1}^{D-1} \left[100\left(x_{i+1} - x_i^2\right)^2 + \left(x_i - 1\right)^2 \right]$	$[-5,10]^D$	0
f_4	Rastigin	$f_4(x) = 10D + \sum_{i=1}^{D} \left[x_i^2 - 10\cos\left(2\pi x_i\right) \right]$	$[-5.12,5.12]^D$	0
f_5	Rotated Hyper-Ellipsoid	$f_5(x) = \sum_{i=1}^{D} \sum_{j=1}^{i} x_j^2$	$[-65\,536,65\,536]^D$	0
f_6	Schwefel's 2.21	$f_6(x) = \max_i \left\{ \lvert x_i \rvert \, 1 \leqslant i \leqslant 30 \right\}$	$[-100,100]^D$	0
f_7	Schwefel'z 2.22	$f_7(x) = \sum_{i=1}^{D} \lvert x_i \rvert + \prod_{j=1}^{D} \lvert x_j \rvert$	$[-10,10]^D$	0
f_8	Six-Hump Camel-Back Function	$f_8(x) = 4x_1^2 - 2.1x_1^4 + \dfrac{1}{3} x_1^6 + x_1 x_2 - 4x_2^2 + 4x_2^4$	$[-5,5]^D$	-1.031 628 5
f_9	Goldstein-Price Function	$f_9(x) = \left[1 + (x_1 + x_2 + 1)^2 \left(19 - 14x_1 + 3x_1^2 - 14x_2 + 6x_1 x_2 + 3x_2^2\right) \right]$ $\times \left[30 + \left(2x_1 - 3x_2\right)^2 \times \left(18 - 32x_1 + 12x_1^2 + 48x_2 - 36x_1 x_2 + 27x_2^2\right) \right]$	$[-2,2]^D$	3
f_{10}	Hartman's Family	$f_{10}(x) = -\sum_{i=1}^{4} c_i \exp\left[-\sum_{j=1}^{n} a_{ij}\left(x_j - p_{ij}\right)^2 \right]$	$[0,1]^D$	-3.86

本实验采用 MATLAB R2020b 软件进行测试，实验设备为 i7 处理器、3.00GHz 主频、16G 内存和 Windows 11 操作系统的计算机，绘制的 10 个测试函数的三维图像如图 1.13 所示。

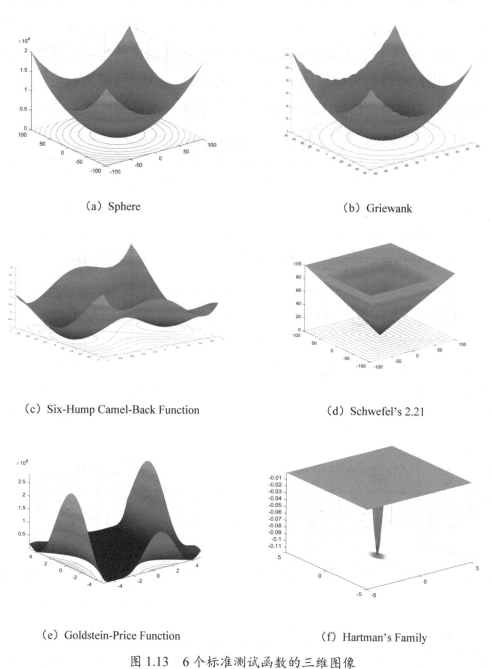

（a）Sphere

（b）Griewank

（c）Six-Hump Camel-Back Function

（d）Schwefel's 2.21

（e）Goldstein-Price Function

（f）Hartman's Family

图 1.13　6 个标准测试函数的三维图像

为保证结果的科学性，5 种算法主控参数的取值保持一致，详细的取值情况见表 1.12。

表 1.12　5 种算法的参数设置

算法	主控参数设置
PSO	$w = 0.95, c_1 = c_2 = 1.45$
MPSO	$w = 0.95, c_1 = c_2 = 1.45$
PHSPSO	$w = 0.95, c_1 = c_2 = c_3 = 1.45, \mathrm{pc}_1 = 0.6, \mathrm{pc}_2 = 0.9$
SS-MOPSO	$w = 0.95, c_1 = c_2 = 1.45, \mathrm{radius} = 25$
本书算法	$w = 0.95, c_{1,\mathrm{start}} = c_{2,\mathrm{start}} = 1.45, Z = 2, n = 1, \rho = 2, P_\mathrm{m} = 0.5, T = 30, S_{y0} = 0$

统一设置 5 种 PSO 算法测试的迭代次数为 1 000 次，种群规模为 100，标准测试函数的搜索维度 $D = 30$，记录 5 种 PSO 算法在 20 次独立测试中获得解的平均值（Mean）和标准差（Std），并依据对 5 种算法进行综合排名（Rank），测试结果见表 1.13。

表 1.13　5 种算法的测试结果及排名

f	D		PSO	MPSO	SS-MOPSO	PHSPSO	HRPSO
f_1	30	Mean	0.185 9	$1.615\ 97 \times 10^{-7}$	$1.619\ 7 \times 10^{-23}$	$1.508\ 78 \times 10^{-22}$	0
		Std	0.293 17	$3.484\ 52 \times 10^{-7}$	$2.198\ 86 \times 10^{-23}$	$2.870\ 68 \times 10^{-22}$	0
		Rank	5	4	2	3	1
f_2	30	Mean	0.140 06	$5.021\ 54 \times 10^{-7}$	0	$1.003\ 09 \times 10^{-14}$	0
		Std	0.093 13	$6.890\ 21 \times 10^{-7}$	0	$1.036\ 71 \times 10^{-14}$	0
		Rank	4	3	1	2	1
f_3	30	Mean	$1.084\ 1 \times 10^{2}$	28.633	15.356 223 11	$8.213\ 5 \times 10^{2}$	$0.963\ 3 \times 10^{-7}$
		Std	$2.172\ 9 \times 10^{2}$	2.257	10.249 411 66	$1.164\ 7 \times 10^{3}$	$4.305\ 6 \times 10^{-7}$
		Rank	4	3	2	5	1

续表

f	D		PSO	MPSO	SS-MOPSO	PHSPSO	本书算法
f_4	30	Mean	72.064	$3.298\ 67 \times 10^{-7}$	0	44.533	0
		Std	20.390	$8.430\ 77 \times 10^{-7}$	0	27.607	0
		Rank	5	3	1	4	1
f_5	30	Mean	$1.074\ 7 \times 10^{8}$	$7.089\ 8 \times 10^{-5}$	$5.653\ 44 \times 10^{-17}$	$2.482\ 1 \times 10^{9}$	$8.273\ 42 \times 10^{-30}$
		Std	$4.805\ 0 \times 10^{8}$	$6.341\ 13 \times 10^{-5}$	$7.747\ 74 \times 10^{-17}$	$2.029\ 1 \times 10^{9}$	$3.607\ 27 \times 10^{-29}$
		Rank	4	3	2	5	1
f_6	30	Mean	$4.047\ 577 \times 10^{-5}$	$3.861\ 88 \times 10^{-15}$	$1.772\ 221 \times 10^{-13}$	$2.291\ 94 \times 10^{-8}$	0
		Std	$4.101\ 56 \times 10^{-5}$	$7.170\ 55 \times 10^{-15}$	$2.664\ 039 \times 10^{-13}$	$3.236\ 1 \times 10^{-8}$	0
		Rank	5	2	3	4	1
f_7	30	Mean	$6.479\ 4 \times 10^{-5}$	$1.267\ 41 \times 10^{-6}$	0	$3.412\ 69 \times 10^{-15}$	0
		Std	$9.600\ 807\ 5 \times 10^{-5}$	$3.468\ 52 \times 10^{-6}$	0	$3.645\ 21 \times 10^{-15}$	0
		Rank	4	3	1	2	1
f_8	30	Mean	-1	$-1.031\ 622\ 471$	$-1.031\ 608\ 93$	$-1.031\ 268\ 764$	$-1.031\ 6$
		Std	$3.980\ 9 \times 10^{-10}$	$7.595\ 7 \times 10^{-6}$	$2.008\ 39 \times 10^{-5}$	$0.000\ 293\ 187$	0
		Rank	5	3	2	4	1
f_9	30	Mean	$3.111\ 258\ 7$	$3.100\ 002$	$2.999\ 999$	$3.029\ 991\ 235$	3
		Std	$2.642\ 4 \times 10^{-6}$	$1.623\ 72 \times 10^{-15}$	$1.836\ 7 \times 10^{-17}$	$0.023\ 089\ 631$	0
		Rank	5	4	2	3	1
f_{10}	30	Mean	$-3.838\ 227\ 7$	-3.861	$-3.834\ 8$	$-3.863\ 28$	-3.86
		Std	$0.032\ 080\ 036$	$2.257\ 5 \times 10^{-15}$	$2.729\ 86 \times 10^{-7}$	3.9×10^{-6}	0
		Rank	5	2	4	3	1

从表 1.13 中的计算结果可以看出，本书提出的基于激素调节的改进型粒子群算法在求解 10 个标准测试函数时的平均值和标准差均优于其他 4 种 PSO 算法，其中，在求解 f_1、f_2、f_4、f_6、f_7、f_8、f_9 和 f_{10} 时均得到了全

局最优解，比例为 4/5，在求解全域最小值为非零点的函数 f_3 时，与最优解已十分接近。

为了对 5 种 PSO 算法的求解精确度进行客观比较，对表 1.13 中 5 种算法的平均值和标准差进行 Friedman 非参数性检验，检验结果见表 1.14。

表 1.14　Friedman 非参数性检验结果

		Mean	Std
检验结果	N	10	10
	Chisquare	32.40	27.35
	p-value	1.58×10^{-6}	1.69×10^{-5}
Friedman 检验值	PSO	4.80	4.20
	MPSO	3.20	3.10
	SS-MOPSO	2.20	2.35
	PHSPSO	3.70	4.20
	HRPSO	1.10	1.15

由表 1.14 的检验结果可知，最优值的均值和标准差的 p 值都小于显著性水平 $\alpha = 0.05$，说明 5 种 PSO 算法的优化结果存在显著性差异，由于本书算法的检验值最小，说明本书算法在 5 种优化算法中性能最优。为了更加精确地比较本书算法和其他 4 种 PSO 算法之间的性能高低，基于表 1.14 的 Friedman 检验结果，对 5 种 PSO 算法进行了 Bonferroni-Dunn 检验，其中临界差的计算值为：$CD_{0.05} = 1.77$，$CD_{0.1} = 1.58$。

结合两个临界差，绘制 5 种 PSO 算法的平均值和标准差的排名柱状图如图 1.14 所示，其中浅灰色水平实线表示最优算法的 Friedman 检验排名数值，灰色水平实线表示显著性水平 $\alpha = 0.05$ 下的阈值，黑色水平虚线代表显著性水平 $\alpha = 0.1$ 下的阈值。

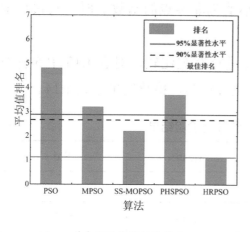

(a) BD 检验平均值

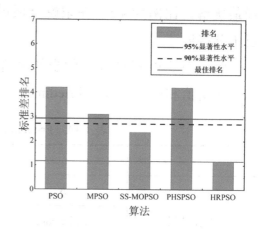

(b) BD 检验方差

图 1.14　基于表 1.14 的本书算法与其他 4 种 PSO 算法变量的最优值的平均值
和标准差的 Bonferroni-Dunn 检验结果柱状图

根据图 1.14 可知，本书算法的优化性能在 $\alpha = 0.1$ 和 $\alpha = 0.05$ 显著性水平下要优于 PSO、MPSO 和 PHSPSO，证明了本书算法中融合了三个优化算子的正确性，反映了本书算法的全局优化求解能力，从图 1.14（b）中可以看出，本书算法相对于其他 4 种 PSO 算法的求解效果更加稳定，具有强大的竞争力。

将 5 种算法在 20 次独立测试中获得的最优解绘制成迭代曲线图，如图 1.15 所示。从图中可以看出，本书提出的基于激素调节的改进型粒子群算法相比于其他 4 种 PSO 算法的收敛速度更快，其中，本书算法在求解测试函数 f_2 时，在第 196 代达到了最优解，在求解测试函数 f_4 时，在第 179 代达到了最优解，因此本书算法的测试函数迭代曲线在求出最优解的迭代次数时便停止绘制。综上所述，证明了本书算法具有优异的全局优化求解能力，说明了引入 3 种算子对于改进原始 PSO 算法的正确性。

基于以上测试，说明了本书算法在求解高维度优化问题时的优异求解能力，因此，可采取本书提出的算法：基于激素调节的改进型粒子群算法对布局重构优化模型进行求解。

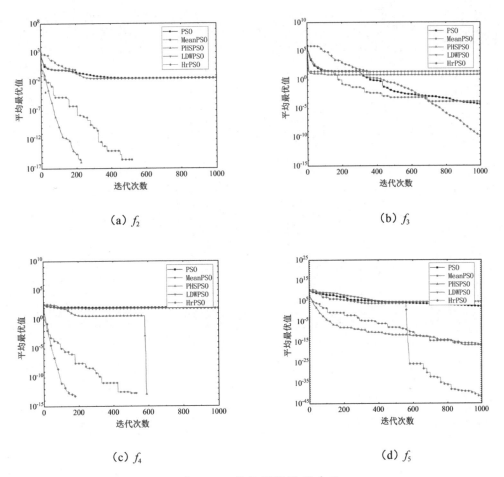

图 1.15　函数测试迭代曲线

第 2 章
数据驱动的经济布局重构边界表征方法

在油田集输系统的布局重构中，一个影响布局重构决策质量和决策智能化的关键问题是布局重构的边界难以确定。目前油田集输系统决策者主要依赖人工经验[12]判断是否需要布局重构，布局重构的时间边界和空间边界是模糊的，容易导致油田集输系统布局重构的经济性和系统整体的协调性不佳。针对欠缺油田集输系统布局重构边界表征方法的现状，将布局重构的边界与油田集输系统生产运行的历史数据相结合，应用激素调节粒子群算法优化径向基神经网络，据此对油田集输系统的可靠度、负荷率、能耗边界进行表征，建立布局重构经济时间边界表征方法。综合站场关停适用性评价和管道改线综合评价，构建布局重构经济空间边界表征方法。数据驱动的经济布局重构边界表征方法能够综合油田集输系统的当前运行状态，依据数据规律给出适宜开展布局重构的时间和空间范围，为布局重构优化提供了动态的优化边界。

2.1 基于优化径向基神经网络的预测方法

2.1.1 径向基神经网络方法

1. 径向基函数

RBF 神经网络名称来源于它的激活函数，即径向基函数（radial basis function，RBF）。径向基函数的特点是其值只取决于任意一个点到原点或者选取

的中心点的欧几里得距离，且距离都是径向同性的，即满足 $\varphi(x,c) = \varphi(\|x-c\|)$（欧几里得范数）的函数都称为径向基函数。常见的径向基函数有：

（1）高斯（Gauss）函数

$$\varphi(r) = \exp\left(-\frac{r^2}{2\sigma^2}\right) \tag{2.1}$$

（2）反常 S 型（reflected sigmoidal）函数

$$\varphi(r) = \frac{1}{1 + \exp\left(\dfrac{r^2}{\sigma^2}\right)} \tag{2.2}$$

（3）柯西（Cauchy）函数

$$\varphi(r) = \frac{1}{1 + \dfrac{r^2}{\sigma^2}} \tag{2.3}$$

（4）多二次（multiquadrics）函数

$$\varphi(r) = \sqrt{1 + \frac{r^2}{\sigma^2}} \tag{2.4}$$

（5）拟多二次（inverse multiquadrics）函数

$$\varphi(r) = \frac{1}{\sqrt{1 + \dfrac{r^2}{\sigma^2}}} \tag{2.5}$$

式中：r 为输入向量与选取的中心点的欧几里得距离，等价于 $\|x-c\|$，σ 表示隐含层神经元的基宽。$\varphi(x)$ 在中心点取得最大值，随着输入向量与中心点的距离增大，函数值迅速衰减至零，基宽决定了一个样本中能够引起该中心点响应的范围。σ 越大，图像越平滑，能被此中心点"选中"的输入向量就越多；而 $\sigma=2$ 越小，则只有距离中心点很近的样本数据才能有响应，因此选择性也越强。在目前的研究或者应用中，使用最多的径向基函数为高斯函数，因此本书中选用高斯核函数。

2. RBF 神经网络结构

ANN（artificial neural network，人工神经网络）结构包括三个基础组成部分：数据接收部分（输入层）、数据处理部分（隐含层）和结果输出部分（输出层）。输入层为网络最前列的一层结构，它仅接收数据。同理，只用来输出最终计算结果的输出层为网络最末端的一层结构，二者之间的结构只用来处理数据不与外界直接相连，因此称为隐含层。每一层的神经元是并行结构，彼此互不相连，只同上一层或下一层的神经元通过权值相连，而输入输出层的节点数也由实际应用场景决定。神经网络的运作机制为输入节点将数据传输到隐含层，通过激活函数的作用，把隐含层的信息传递给输出层。除了输入层外，每一层神经元的信息都为前一层各节点信息和权值相乘结果之和。原始数据经过每一层计算和前向传播，最终结果会通过输出层输出。

RBF 神经网络是一种浅层神经网络结构，如图 2.1 所示。不同于最常见的 BP（back propagation，反向传播）神经网络，它的隐含层数固定为单层，加上输入层和输出层一共三层结构。

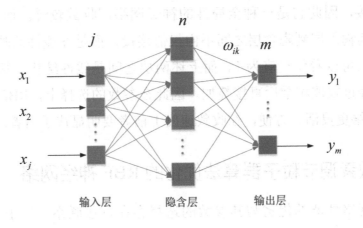

图 2.1　RBF 神经网络结构图

输入层主要负责接收数据和传递数据，不涉及计算，其节点个数取决于实际问题和样本的维度。通常将输入表示为一维列向量的形式，即 $\boldsymbol{x} = \left(x_1, x_2, \cdots, x_j\right)^{\mathrm{T}}$。

隐含层与输入层由激活函数相连，在该神经网络中通常选用高斯函数，它将每个低维输入向量映射到高维空间，转变为线性可解问题。同时高斯函

数也是一类局部响应函数，因此对样本具有选择性。每个隐含层神经元的输出为输入向量到该中心点的距离，计算式子为

$$h_i(x) = \varphi\left(-\frac{\|x - c_i\|}{\sigma_i}\right), i = 1, 2, \cdots, n \tag{2.6}$$

式中：$h_i(x)$ 和 c_i ——隐含层第 i 个神经元的输出结果和中心位置；σ_i ——第 i 个神经元的基宽；$\|\cdot\|$ ——欧几里得距离；$\varphi(\cdot)$ ——激活函数；n ——隐含层神经元个数。

隐含层的计算结果会传递给输出层，其映射函数为线性函数。假设输出层有 n 个节点，则每个节点的输出结果为

$$y_k = \sum_i^n \omega_{ik} h_i(x), k = 1, 2, \cdots, m \tag{2.7}$$

式中：ω_{ik} ——第 i 个神经元到第 k 个输出层节点的连接权值。

结构简单使得 RBF 神经网络训练和收敛速度较快，同时隐含层可以选取多个神经元来保证结果的精度。BP 神经网络每一个神经元之间都通过权值参数连接，因此它是一种全局性的神经网络，收敛较慢。而 RBF 神经网络特殊在其输入层到隐含层之间不由权值连接，而是非线性的映射关系，在结构表示上可以看作权值为 1。而上述两层之间是线性结构，每个神经元响应的结果经过权值相乘后直接叠加。因此在参数的选择上，RBF 神经网络比 BP 神经网络更灵活、方便，在收敛速度上前者要明显快于后者。

2.1.2 激素调节粒子群算法优化的 RBF 神经网络

神经网络性能的优劣与其参数的选择存在直接联系。对于 RBF 神经网络而言，相比其他网络，它的参数要少一些，主要包括中心点的选取、核函数的基宽和隐含层中神经元的数量，这些参数的选择会直接影响模型的训练速度和精确度。其中，中心点是最重要的参数之一，因为神经网络的分类结果会直接受到中心点的影响。中心点的选择通常不是随机的，而是依据某种算法或原则进行调参。常见的方法包括使用聚类算法，如 *K*-means 算法，来确定中心点的位置。此外，核函数的基宽也是一个重要的参数，基宽的选择

会影响模型的拟合能力和泛化能力。较大的基宽会导致模型过于平滑，而较小的基宽可能会导致过拟合。另外，隐含层中神经元的数量也是需要考虑的参数之一，增加神经元的数量可以增强模型的表达能力，但也会增加训练的复杂度和计算成本。

1. RBF 神经网络中心点确定

对于径向基神经网络基函数中心点的选取，传统方法有随机给定和正交最小二乘法。随机给定方法是从训练样本中随机选取若干组数据作为中心点，中心点选取后不再更新。随机给定方法虽然逻辑简单，对于数据特征明显的样本数据效果尚佳，但对于数据区分度不大的样本数据则效果较差；正交最小二乘法是将中心点的选取以及隐含层权值的确定一并处理，通过建立最小二乘模型及求解模型，确定最佳的中心点，但是随着最小二乘模型中的决策变量参数的增多，计算量也会随之增加，从而减慢收敛速度，这种算法在参数较多的情况下很容易陷入局部极值。为解决中心点选取问题，本书中提出一种自适应不同数据类型的模糊 C 均值聚类算法，通过数据自身的聚合分类，找到适宜该组数据的中心点。

模糊 C 均值聚类是一种常用的聚类算法，用于将一组数据点分成多个模糊的、重叠的聚类。与传统的硬聚类方法不同，模糊 C 均值聚类允许每个数据点以一定的隶属度属于不同的聚类。在模糊 C 均值聚类中，每个数据点通过向量表示，而每个聚类由一个中心向量表示。算法的目标是通过最小化聚类中心与数据点之间的距离来优化聚类结果。模糊 C 均值聚类引入了隶属度矩阵，用于表示每个数据点对于每个聚类的隶属度。模糊 C 均值聚类的核心思想是通过迭代优化聚类中心和隶属度矩阵，直到达到收敛条件。在每次迭代中，根据当前的聚类中心和隶属度矩阵，更新聚类中心和隶属度，直到达到预定的停止条件。模糊 C 均值聚类的优点是能够处理数据点可能属于多个聚类的情况，并且对于噪声和异常值具有一定的鲁棒性。

模糊 C 均值聚类算法因算法简单收敛速度快且能处理大数据集、解决问题范围广、易于应用计算机实现等特点受到了越来越多人的关注，并应用于各个领域。

模糊 C 均值聚类的价值函数（或目标函数）就是式（2.8）的一般化形式：

$$J\left(U,c_1,\cdots,c_c\right)=\sum_{i=1}^{C}J_i=\sum_{i=1}^{C}\sum_{j}^{n}u_{ij}^{m}d_{ij}^{2} \tag{2.8}$$

式中：$J\left(U,c_1,\cdots,c_c\right)$——模糊聚类的价值函数；$C$——聚类中心的数量，也就是径向基神经网络基函数中的中心点数量；u_{ij}——第 i 个聚类中心与第 j 个数据点间的权重，取值介于[0,1]间；c_i——模糊组 i 的聚类中心；d_{ij}——第 i 个聚类中心与第 j 个数据点间的欧几里得距离，$d_{ij}=\parallel c_i-x_j\parallel$；$m$——一个加权指数，$m\in\left[1,\infty\right)$。

构造如下新的目标函数，可求得使式（2.8）达到最小值的必要条件：

$$\overline{J}\left(U,c_1,\cdots,c_c,\lambda_1,\cdots,\lambda_n\right)=J\left(U,c_1,\cdots,c_c\right)+\sum_{j=1}^{n}\lambda_j\left(\sum_{i=1}^{C}u_{ij}-1\right)$$

$$=\sum_{i=1}^{C}\sum_{j}^{n}u_{ij}^{m}d_{ij}^{2}+\sum_{j=1}^{n}\lambda_j\left(\sum_{i=1}^{C}u_{ij}-1\right) \tag{2.9}$$

式中：

$$c_i=\frac{\sum_{j=1}^{n}u_{ij}^{m}x_j}{\sum_{j=1}^{n}u_{ij}^{m}} \tag{2.10}$$

$$u_{ij}=\frac{1}{\sum_{k=1}^{C}\left(\dfrac{d_{ij}}{d_{kj}}\right)^{\frac{2}{m-1}}} \tag{2.11}$$

式中：λ_j——第 j 个不定乘子。

可采用梯度法求解以上模型，待中心点确定后，基宽的值可由下式确定：

$$\sigma=\frac{\sum_{i=1}^{C}\sum_{j=i+1}^{C}d_{C,i,j}}{C} \tag{2.12}$$

式中：$d_{C,i,j}$——第 i 个中心点和第 j 个中心点之间的距离。

2. RBF 神经网络隐含层宽度与权重的优化

径向基神经网络的中心点确定以后，需要对神经网络隐含层的宽度（神经元数量）和权重进行优化，传统的隐含层宽度与权重采用经验给定的方式，不能保证神经网络有良好的泛化能力，导致径向基神经网络的预测误差较大。本书中对于隐含层宽度及权重的选取以极小化计算输出值与真值之间的误差建立无约束优化模型，继而应用第 1 章所提出的激素调节改进粒子群算法求解该优化模型，确定最佳的 RBF 神经网络隐含层宽度和权重。输出层误差优化模型如公式（2.13）所示：

$$\min \ f(n, \boldsymbol{\omega}) = \sum_{k=1}^{m} \left(\widehat{y}_k - \sum_{i}^{n} \omega_{ik} h_i(x) \right) \tag{2.13}$$

式中：$\boldsymbol{\omega}$——隐含层神经元到输出层节点的连接权值向量；f——输出层总误差；$\widehat{y}_k$——第 k 个输出层节点的真实值。

考虑到 RBF 神经网络隐含层宽度和权重需要在一定范围内，所以得到如下约束条件。

① RBF 神经网络隐含层的宽度不能无限大，也不能过小，所以隐含层的神经网络宽度应该在一定范围内。

$$m_{\min} \leqslant m \leqslant m_{\max} \tag{2.14}$$

式中：$m_{\min}$，$m_{\max}$——隐含层神经元数量可选取的最小值和最大值。

②隐含层的权重值应该在一定范围内，以避免过拟合和泛化能力不佳的情况发生，具体的约束条件如下所示：

$$m_{\min} \leqslant m \leqslant m_{\max} \tag{2.15}$$

式中：$m_{\min}$，$m_{\max}$——隐含层神经元数量可选取的最小值和最大值。

以上优化模型中的决策变量是 $\boldsymbol{\omega}$ 和 n，也就是神经网络的权值以及神经元数量。考虑到该优化模型是无约束神经网络，可以应用第 1 章所提出的智能优化算法进行求解，在第 1 章的三种优化算法中，激素调节改进粒子群算法的机理简明、实现容易，可以与径向基神经网络进行很好的融合，所以选取激素调节改进粒子群算法求解该模型。

应用激素调节改进粒子群算法求解该优化模型的步骤如下。

①初始化基础数据：将公式（2.13）～（2.15）程序化，设定激素调节改进粒子群算法的控制参数，具体包括惯性权重ω，学习因子$c_{1,start}$和$c_{2,start}$，阈值Z，系数n和ρ，变异概率P_m及激素初始分泌速率S_{y0}。初始化改进粒子群算法的群体，群体中粒子的编码采用整数编码和实数编码相结合的方式，对于隐含层神经元的数量采用整数编码，对于隐含层神经元的权重采用实数编码。个体的编码形式如公式（2.16）所示。

$$e_i = (n_i; \omega_{1,1}, \omega_{1,2}, \cdots, \omega_{1,m}, \omega_{2,1}, \omega_{2,2}, \cdots, \omega_{2,m}, \cdots, \omega_{n,1}, \omega_{n,2}, \cdots, \omega_{n,m}) \qquad (2.16)$$

式中：e_i——激素调节改进粒子群算法中的第i个粒子的编码；n_i——第i个粒子的神经元数量编码，取值为整数；$\omega_{l,h}$——第i个粒子中第1个隐含层神经元中第h个输出层节点的权重，取值为实数。

②计算输出误差，得到适应度函数值，更新群体中的历史最优粒子和全局最优粒子。

③基于激素调节算子，更新群体中每个粒子的位置和速度。

④选取粒子的一定维度执行变异算子，更新整个群体。

⑤执行邻域勘察算子，更新整个群体。

⑥判断是否满足约束条件，若是，则执行下一步，否则修改粒子取值直至满足约束条件后执行下一步。

⑦判断是否满足终止条件，若是则转步骤⑧，否则转步骤②执行下一轮迭代，直至满足终止条件为止。

⑧输出最优解，包括隐含层神经元的数量和权重。

为了直观展现激素调节改进粒子群算法求解径向基神经网络待定参数的流程，绘制了算法求解流程图，如图2.2所示。

激素调节改进粒子群算法求解径向基神经网络隐含层宽度和权重，其主要流程与激素调节改进粒子群的算法流程一致，通过将优化模型内置于算法程序中，以输出层误差最小为目标，逐步迭代求得最优解。在以上流程中，虽然仅用适应度值计算来表征整个求适应度值的过程，但实际运行过程中是需要将每个粒子的取值方案赋值给神经网络，通过神经网络的实际验算来得到适应度值的，因此整个求解过程需要耗费一定量的计算资源。针对计算资源的优化有待继续深入研究。

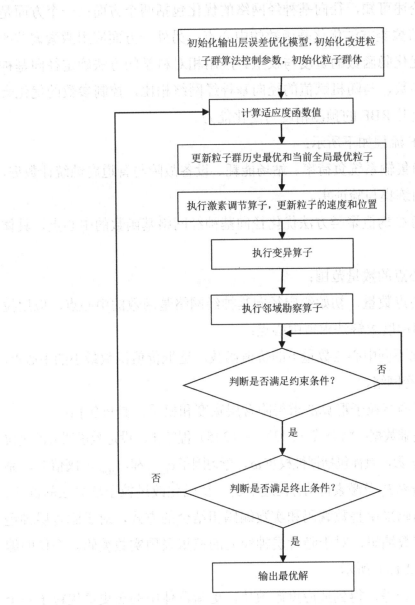

图 2.2 激素调节改进粒子群算法求解权重和宽度流程图

2.1.3 优化径向基神经网络方法

基于以上论述可知，径向基神经网络的优化包括两个方面：一个方面是应用模糊 C 均值聚类方法优化基函数的中心点；另外一方面应用激素调节改进粒子群算法优化隐函数的宽度与权重。应用相对科学的方法确定径向基神经网络的主控参数，与随机赋值的径向基神经网络相比，控制参数的优化会加速收敛，可提升 RBF 的预测精度与泛化能力。

优化的 RBF 流程如下所示：

①导入油田集输系统负荷率、站场能耗、设备故障与管道腐蚀统计数据，将数据划分为训练集与验证集。

②应用模糊 C 均值聚类方法优化径向基神经网络基函数的中心点，具体操作流程包括：

A. 限定中心点的数量范围；

B. 基于中心点数量，初始给定径向基神经网络基函数的中心点，应用拉格朗日乘子法和梯度求解法求得中心点；

C. 通过对比不同中心点数量下的价值函数，选取价值函数最小的中心点，传值给径向基神经网络。

③应用激素调节粒子群算法求得隐含层宽度和权重，具体包括：

A. 初始化基础数据：将公式（2.13）～（2.15）程序化，设定激素调节改进粒子群算法的控制参数，具体包括惯性权重 ω，学习因子 $c_{1,\text{start}}$ 和 $c_{2,\text{start}}$，阈值 Z，系数 n 和 ρ，变异概率 P_m 及激素初始分泌速率 S_{y0}。初始化改进粒子群算法的群体，群体中粒子的编码采用整数编码和实数编码相结合的方式，对于隐含层神经元的数量采用整数编码，对于隐含层神经元的权重采用实数编码。个体的编码形式如公式（2.16）所示。

B. 计算输出误差，得到适应度函数值，更新群体中的历史最优粒子和全局最优粒子。

C. 基于激素调节算子，更新群体中每个粒子的位置和速度。

D. 选取粒子的一定维度执行变异算子，更新整个群体。

E. 执行邻域勘察算子，更新整个群体。

F. 判断是否满足约束条件，若是，则执行下一步，否则修改粒子取值直至满足约束条件后执行下一步。

G. 判断是否满足终止条件，若是则转步骤 H，否则转步骤 B 执行下一轮迭代，直至满足终止条件为止。

H. 输出最优解，包括隐含层神经元的数量和权重。将宽度和权值传值给径向基神经网络。

④综合训练及验证数据，优化所得基函数中心点，优化所得隐含层宽度及权重初值，建立径向基神经网络模型，对数据进行训练直至收敛。具体包括：

A. 基于基函数中心点和隐含层宽度及权重，确定输入层、隐含层、输出层节点数量，建立径向基神经网络预测模型。

B. 应用训练集数据对径向基神经网络模型进行训练，计算训练误差，判断是否满足终止条件，若是则转步骤 D，若否则转步骤 C。

C. 更新权重值，计算训练误差，转步骤 B。

D. 基于训练所得权重值及当前径向基神经网络模型，应用验证集数据对径向基神经网络模型进行进一步完善，调整权值。

E. 将优化完善的径向基神经网络模型应用于实例预测，评价预测效果与误差。

为了进一步直观地展示优化的径向基神经网络预测方法，本书绘制了径向基神经网络模型预测流程图如图 2.3 所示。

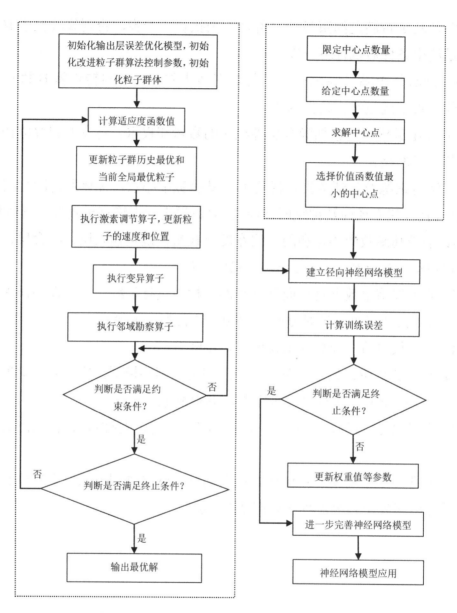

图 2.3 优化径向基神经网络模型预测流程图

2.1.4 应用示例

应用本小节提出的优化的径向基神经网络对某油田集输系统的转油站输油量、典型油井的井口回压进行预测，选取的数据是 2020 年 1 月 1 日至 2023 年 12 月 31 日的生产运行数据。为了验证所提出的优化的径向基神经网络预测方法（HRPSO-RBFNN）的准确性，对比了标准径向基神经网络模型（RBFNN）和 BP 神经网络模型（BPNN），通过编制程序测算对比，发现 RBFNN 误差最小，预测结果与真实值最贴近，分别绘制了本书所提方法及对比方法预测输油量结果图如图 2.4 所示，本书所提方法预测输油量误差图如图 2.5 和 2.6 所示，本书所提方法及对比方法预测井口回压结果图如图 2.7 所示，本书所提方法预测井口回压对角线误差图如图 2.8 所示。

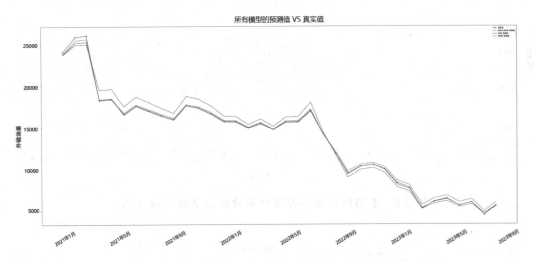

图 2.4　本书所提方法及对比方法预测转油站输油量结果图

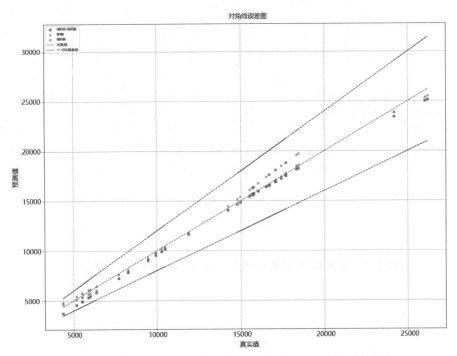

图 2.5　本书所提方法预测转油站输油量对角线误差图

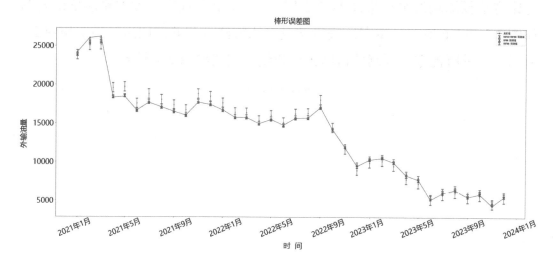

图 2.6　本书所提方法预测转油站输油量棒形误差图

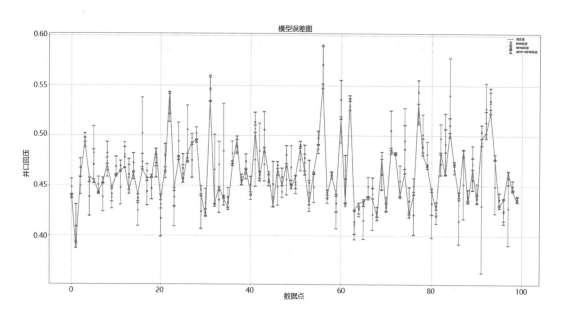

图 2.7　本书所提方法及对比方法预测井口回压结果图

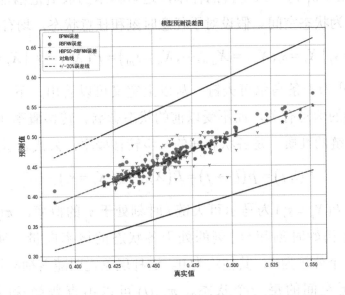

图 2.8　本书所提方法预测井口回压对角线误差图

2.2　经济布局重构时间边界表征方法

2.2.1　可靠度边界经济表征方法

可靠度是评估油田集输系统是否平稳安全运行的关键指标，在实际生产中可靠度的高低由系统的故障频率决定，而系统的故障频率又由站场设备的故障频率、管道的泄漏频率和腐蚀对于设备及管道的持续破坏程度综合决定。在实际生产的数据管理中，有关于站场设备和管道的故障、泄漏数据很少，是典型的小样本，这就容易导致采用神经网络方法进行可靠度预测时与真实值偏差较大。为了解决这一问题，需要对优化的径向基神经网络做进一步的完善。在本书中，采用马尔可夫链蒙特卡罗方法（MCMC）修正径向基神经网络中的基宽，以使得 HRPSO-RBFNN 能够更好地预测小样本数据规律。

假定基函数的基宽选取是随机的，将可能的基宽取值视为随机样本，采用 MCMC 产生多条马尔可夫链，进而得到抽样样本，最后根据这些样本开展蒙特卡罗模拟 [13]，得到基宽的估计值。

定义 $\{X_t : t > 0\}$ 为一组随机的样本，这些样本的取值范围形成一个集合记为 S，定义为状态空间。假设对于任意时刻和任意状态，均有：

$$P\left(X_{t+1} = s_j \mid X_t = s_i, X_{i-1} = X_{it-1}, \cdots, X_0 = s_{i0}\right) = P\left(X_{t+1} = s_j \mid X_t = s_i\right) \quad (2.17)$$

则称 $\{X_t : t > 0\}$ 为一条马尔可夫链。从以上定义可以看出，下一时刻的状态只与当前时刻的信息有关，而不受以前的状态影响。转移概率（转移核）决定着马尔可夫链的性质，是各状态间的一步转移概率，公式表示如下：

$$P(i, j) = p(i \to j) = P\left(X_{t+1} = s_j \mid X_t = s_i\right) \quad (2.18)$$

令 $\pi_j(t) = P(X_t = s_j)$ 为马尔可夫链 t 时刻处于 s_j 的概率，$\pi(0)$，$\pi(t)$ 为马尔可夫链在初始时刻和 t 时刻的处于各状态的概率向量。通常状况下，$\pi(0)$ 中除了一个分量为 1，其他均为 0。这种现象说明随着抽样过程的进行，马氏链会遍历空间的每一个状态。$\pi_{j+1}(t)$ 可以由查普曼-科尔莫戈罗夫（Chapman-Kolmogorov）方程给出：

$$\pi_{j+1}(t) = P\left(X_{t+1} = s_j\right) = \sum_k P\left(X_{t+1} = s_j \mid X_t = s_k\right)$$
$$= \sum_k P(k \to j) \pi_k(t) = \sum_k P(k, j) \pi_k \quad (2.19)$$

定义一个转移概率矩阵 $\boldsymbol{P}$，其元素 $P(i, j)$ 表示状态 i 到状态 j 的转移概率，其满足如下条件：

$$\begin{cases} P(i, j) \geqslant 0 \\ \sum_j P(i, j) = 1 \end{cases} \quad (2.20)$$

则 Chapman-Kolomogrov 方程可以写为矩阵形式：

$$\pi(t+1) = \pi(t)\boldsymbol{P} \quad (2.21)$$

基于公式（2.21），经过变换可以得到：

$$\pi(t) = \pi(t-1)\boldsymbol{P} = (\pi(t-2)\boldsymbol{P})\boldsymbol{P} = \pi(t-2)\boldsymbol{P}^2 \cdots \pi(0)\boldsymbol{P}^t \quad (2.22)$$

定义马尔可夫链从 i 状态到 j 状态的经过 n 步变换，其转移概率为 P_{ij}^n：

$$P_{ij}^n = P(X_{t+n} = s_j \mid X_t = s_i) \quad (2.23)$$

经过一定时间的状态转移，一个非周期性的马尔可夫链可以达到一个稳定分布，该分布不受初始时刻的概率值影响，由下式进行表示：

$$\pi^* = \pi^* P \tag{2.24}$$

式中：π^*——达到平稳细致分布后马尔可夫链处于各状态的概率向量。其对应的各状态即为所要产生的随机样本。则其基本思路可以描述为：

①在随机变量的取值范围内，生成以 $P(\cdot,\cdot)$ 为转移概率矩阵，以 π^* 为平稳分布概率向量的马尔可夫链；

②根据马尔可夫链，将平稳时的各状态数值作为平稳分布的抽样样本序列；

③针对所得到的样本序列开展概率统计分析，得出待求问题的解。

由基本思路可以得到，转移概率矩阵决定着马尔可夫链的产生，应用较为广泛的用马尔可夫链产生方法有 Metropolis-Hastings（梅特罗波利斯-黑斯廷斯）和 Gibbs（吉布斯）采样法。这里采用 Metropolis-Hastings 方法构造 MCMC 方法的马尔可夫链。

Metropolis-Hastings 方法的核心是构建一个建议概率分布函数 $q(\cdot,\cdot)$ 和一个函数 $a(x)$，使得：

$$p(x,y) = p(x \to y) = q(x,y)a(x,y) \tag{2.25}$$

式中：$p(x,y)$——转移核。

Metropolis-Hastings 方法的基本思路为：定义马氏链在 t 时刻的状态为 x，则有 $X^{(t)} = x$。在确定下一时刻马尔可夫链的状态时，首先根据 $q(\cdot,\cdot)$ 生成一个潜在转移方向 $x \to y$。然后根据函数 $a(x,y)$ 判断是否转移到下一时刻的状态，具体的判断方法为：在产生了潜在转移状态 y 后，在区间 $[0,1]$ 内产生一个均匀分布随机数，公式如下：

$$X^{(t+1)} = \begin{cases} y, u \leqslant a(x,y) \\ x, u \geqslant a(x,y) \end{cases} \tag{2.26}$$

上式可以理解为，每一次转移状态的发生以 $a(x,y)$ 的概率接受转移，以 $1 - a(x,y)$ 的概率拒绝转移。$a(x,y)$ 的一般函数构造如下：

$$a(x,y) = \min\left\{1, \frac{\pi(y)q(y,x)}{\pi(x)q(x,y)}\right\} \tag{2.27}$$

则 $p(x,y)$ 可以写成

$$p(x,y) = \begin{cases} q(x,y), & \pi(y)q(y\,|\,x) \geqslant \pi(x)q(x\,|\,y) \\ q(x,y)\dfrac{\pi(y)}{\pi(x)}, & \pi(y)q(y\,|\,x) \leqslant \pi(x)q(x\,|\,y) \end{cases} \tag{2.28}$$

在进行问题求解时，通常将建议分布取为对称分布，即 $q(x,y)=q(y,x)$，则 $a(x,y)$ 表示为

$$a(x,y) = \min\left\{1, \frac{\pi(y)}{\pi(x)}\right\} \tag{2.29}$$

基于以上经过一定时间的抽样运算即可得到马尔可夫链随机样本，操作步骤简述为：

①初始化马尔可夫链的状态为 $X^{(0)}=x_0$；

②根据马尔可夫链在 t 时刻的状态 $X^{(t)}=x$，由 $q(x,y)$ 生成一个尝试转移状态 y；

③产生满足 $U(0,1)$ 的随机数 u，判断是否 $u \leqslant a(x,y)$，如果是则接受状态 y，$X^{(t+1)}=y$；否则，$X^{(t+1)}=x$；

④重复步骤②、③，逐次生成马尔可夫链的各个状态。

基于以上所生成的马尔可夫链的各个状态来表征不同的样本数据，统计样本数据的均值得到径向基神经网络的基函数基宽的具体数值。将所得基宽代入 2.1 小节中的径向基神经网络模型中，应用于可靠度的预测中。

对于油田集输系统进行可靠度评价，需要明确评价对象。考虑到可靠度是系统层面的指标，所以选取联合站以及所辖的站场、管道作为评价对象。联合站管辖着转油站、计量间、集输管道，构成一个相对独立的系统，针对此系统建立可靠度经济评价方法具有参考意义。

根据国家标准《设备可靠性和维修数据的采集与交换》（GB/T 20172—2006）和 *API 581 Risk-Based Inspection Methodology* 的定义，给出油田集输系统可靠度的定义如公式（2.30）所示：

$$R = 1 - P_{LE} \tag{2.30}$$

式中：R ——油田集输系统的可靠度；P_{LE} ——集输系统的综合失效概率。其中综合概率是指站场内设备的故障率、管道的泄漏率以及设备及管道的潜

在损害度，设备及管道的潜在损害度是指在腐蚀存在情况下的潜在失效概率。综合失效概率可以由如下公式进行表示：

$$P_{LE} = a_1 P_f + a_2 P_e + (1 - a_1 - a_2) P_p = a_1 \frac{m_f}{M_f} + a_2 \frac{m_e}{M_e} + (1 - a_1 - a_2) \frac{m_p}{M_p} \quad (2.31)$$

式中：P_f——集输系统站场设备的故障率；P_e——集输系统管道的泄漏率；P_p——集输系统潜在失效率；m_f——集输系统站场设备的故障次数；m_e——集输系统管道的泄漏次数；m_p——集输系统管道腐蚀速率；M_f——集输系统站场设备的预设故障次数；M_e——集输系统管道的预设泄漏次数；M_p——集输系统管道腐预设蚀速率；a_1，a_2——0～1 之间的小数。

基于油田集输系统的历史记录数据，采用优化的径向基神经网络方法预测集输系统站场设备故障次数、管道泄漏次数、管道腐蚀速率，通过与根据统计数据和经验确定的预设设备故障次数、管道泄漏次数、管道腐蚀速率相除，可以得到油田集输系统的可靠度。定义油田集输系统低可靠度模糊集为 A_f，用来衡量油田集输系统可靠度的大小。模糊集的定义需要同步确定隶属度函数，低可靠度模糊集的隶属度函数如公式（2.32）所示：

$$\mu_f(t) = b_1 \left(1 - e^{3m_f(t)/M_{f,max}}\right) + b_2 \left(1 - e^{3m_e(t)/M_{e,max}}\right) + (1 - b_1 - b_2)_2 \left(1 - e^{3m_p(t)/M_{p,max}}\right)$$
$$(2.32)$$

式中：$\mu_f(t)$——第 t 年低可靠度模糊集的隶属度；$m_f(t)$——第 t 年集输系统站场设备的故障次数；$m_e(t)$——第 t 年集输系统管道的泄漏次数；$m_p(t)$——第 t 年集输系统管道腐蚀速率；$M_{f,max}$——集输系统站场的极限设备年均故障次数；$M_{e,max}$——集输系统的极限管道年均泄漏次数；$M_{f,max}$——集输系统管道的极限年均腐蚀速率；b_1，b_2——0～1 之间的小数。

模糊集表征油田集输系统的可靠度隶属于低可靠度这一评价结论的程度，隶属度值就是这一程度的度量值。隶属度越高代表着当前油田集输系统的可靠度越低，整个系统发生故障、泄漏的概率越大，相应造成的维修和停工损失越大。隶属度越低则代表着当前油田集输系统的运行状态相对良好，设备发生故障和管道发生泄漏的概率较低，维修及停工损失相对较小。通过油田集输系统可靠度模糊集及隶属度函数的表征，使得油田集输系统可靠度有了量化的表征方法。

为探寻油田集输系统进行布局重构经济的边界，基于低可靠度模糊集的隶属度函数，采用 λ 截集法将模糊集转化为非模糊集 $\tilde{A}_f$，则 $\tilde{A}_f$ 中包含的是一系列很低的集输系统可靠度，对于地面集输系统而言，$\tilde{A}_f$ 中的元素即表示当前集输系统应该进行布局重构且此时段进行重构是经济的，而不同的置信水平 λ 所得到的 $\tilde{A}_f$ 代表着决策者对于低可靠度运行状态的容忍程度，低置信水平所对应的 $\tilde{A}_f$ 则代表着决策者对于当前集输系统的布局重构工程较为慎重，希望继续维持生产一段时间。由此可知，当集输系统的可靠度小于 λ 所对应的可靠度后，则应该选取当前年份为时间边界，进行布局重构。

2.2.2 负荷率边界经济边界表征方法

油田集输站场负荷率的变动反映了油田的开发阶段与产量衰减程度，也指示了当前集输系统的运行状态。集输站场作为集输系统的核心，其负荷率的高低是系统是否需要进行布局重构的标志。集输站场负荷率高，说明油田处于开发前期，集输站场及系统运行状态良好；反之，若集输站场负荷率低，则说明当前油田处于开发中后期，集输系统站内设备的高设计处理量与实际处理量严重脱节，设备位于低效区运行，可以考虑进行管网的布局重构。由于集输站场的负荷率不仅反映了当前集输系统的程度，而且由于集输工艺中站场对于其所连接的管道具有管辖作用，所以集输站场负荷率又能决定布局改造的空间边界，具体见 2.3 小节。因此，精准把握集输站场负荷率的变化规律以及集输站场负荷率的变化范围对于判别经济的时间-空间布局改造边界具有重要价值。通过 HRPSO 算法优化的径向基神经网络可以预测得到集输站场的负荷率，但由于历史生产数据的统计误差、神经网络方法的预测误差，所得到的负荷率与实际负荷率存在着一定偏差，从而导致集输站场负荷率的预测不够准确。因此，本书中建立了集输站场低负荷率模糊集，用以衡量集输站场负荷率的大小。

集输站场低负荷率模糊集是指某一时间段末负荷率距离最小集输站场负荷率的相近程度的模糊集，定义为 A_{RL}，以下给出集输站场运行第 t 时间段末的最小集输站场负荷率模糊集的隶属度函数：

$$\mu_{RL}(t) = e^{-3(RL(t)-RL_{min})} \tag{2.33}$$

式中：$\mu_{RL}(t)$——集输站场运行第 t 时间段末的集输站场负荷率对于 t 时间段末的低负荷率率模糊集的隶属度；RL_{min}——极限生产条件下第 t 时间段末的集输站场负荷率，$RL(t)$——第 t 时间段末的集输站场负荷率。

通过集输站场低负荷率模糊集的定义和隶属度函数可知，通过该模糊集的隶属度函数可以量化评价当前集输系统运行状态的好坏，隶属度值越大，负荷率越接近最小负荷率，则当前集输系统老化程度越严重，需要进行管网布局重构的依据越充分；反之，隶属度值越小，说明集输站场负荷率越远离最小负荷率，表征当前集输系统的运行状态良好，均处于较为良好高负荷率运转状态，则相对不需要进行布局重构。

进一步解读集输站场低负荷率模糊集，若采用 λ-截集法将模糊集转化为非模糊集 $\tilde{A}_{RL}^{\lambda}$，则 $\tilde{A}_{RL}^{\lambda}$ 中包含的是一系列极低的集输站场负荷率，对于地面集输系统而言，$\tilde{A}_{RL}^{\lambda}$ 中的元素即表示当前集输系统应该进行布局重构且此时段进行重构是经济的，而不同的置信水平 λ 所得到的 $\tilde{A}_{RL}^{\lambda}$ 代表着决策者对于低负荷率运行状态的接受程度，低置信水平所对应的 $\tilde{A}_{RL}^{\lambda}$ 则代表着决策者暂时不想进行布局重构。由此可知，当集输站场负荷率小于 λ 所对应的负荷率后，则应该选取当前开发时段为时间边界。

2.2.3 能耗经济边界表征方法

能耗是油田集输系统生产管理者最为关注的指标之一，油田集输系统的能耗占整个油田地面工程能耗的 40% 左右，是油田的耗能大户，能耗的高低直接反映了油田集输系统的运行状态，低能耗是油田集输系统运行状态良好的标志之一。选取联合站、转油站为评价对象，建立油田集输站场的能耗经济边界表征方法。

采用模糊数学的方法表征能耗边界，定义油田集输站场高能耗模糊集为 A_E，用以评估油田集输站场能耗的高低。对于高能耗模糊集，其隶属度函数如公式（2.34）所示：

$$\mu_E(t) = 1 - e^{3m_E(t)/M_{E,max}} \tag{2.34}$$

式中：$\mu_E(t)$——第 t 时间段高能耗模糊集的隶属度；$m_E(t)$——第 t 时段集输站场的能耗；$M_{E,max}$——集输站场的最高能耗。

基于以上模糊集定义，隶属度越高代表着当前油田集输站场的能耗越高，站场浪费的无效能耗越高，站场生产运行越不经济。隶属度越低则代表着当前油田集输站场的运行状态相对良好，站内主要耗能设备的运行效率较高，无效能损情况较少，负荷率也相对较高。通过油田集输站场能耗模糊集及隶属度函数的表征，使得油田集输站场的能耗边界有了量化的表征方法。

为探寻油田集输系统进行布局重构经济的时间边界，基于集输站场高能耗模糊集的隶属度函数，采用 λ 截集法将模糊集转化为非模糊集 $\tilde{A}_E$，则 $\tilde{A}_E$ 中包含的是一系列能耗很高的集输站场，对于地面集输系统而言，$\tilde{A}_E$ 中的元素即表示当前集输系统在此时间段进行布局重构是相对经济的。不同的置信水平 λ 所得到的 $\tilde{A}_E$ 代表着决策者对于高能耗运行状态的包容程度，低置信水平所对应的 $\tilde{A}_E$ 则代表着决策者对于当前集输系统运行状态能够接受，暂时不需要开展布局重构。由此可知，当集输站场的能耗小于 λ 所对应的能耗后，则应该选取当前时段为时间边界，进行布局重构。

2.2.4　布局重构经济时间边界表征方法

基于以上分析可知，油田集输系统的经济时间边界可以从可靠度、负荷率、能耗三个方面去表征，但是三个指标的模糊集及隶属度函数各不相同，决策者对于三个指标的容忍程度也不尽相同，而在实际生产管理中，需要统一决策、统一管理，如何将三种边界融合成为一体化的油田集输系统布局重构经济时间边界是需要研究的问题。

从管理者决策的角度分析，管理者达成一致决策需要考量全部决策因素，认为所有决策因素全部满足的情况下才可以得到满意的方案。从油田集输系统的生产运行角度出发，在某一时间段虽然可靠度较差，频繁发生设备故障、管道泄漏等事件，但是在负荷率和能耗还没有达到不可接受的边界时，油田仍然会继续沿用当前的集输系统进行生产。因此可以得到如下结论：

油田集输系统的经济布局重构边界需要满足可靠度、负荷率、能耗三个边界的限制。

决策者对于可靠度、负荷率、能耗有不同的决策偏好，只有不同的决策偏好全部满足才可能形成统一决策意见。

基于以上结论，建立油田集输系统经济布局重构时间边界表征方法，具体的经济时间边界见公式（2.35）。

$$t_{\text{opti}} = \max \left\{ t\left(\tilde{A}_{\text{f}}\right), t\left(\tilde{A}_{\text{RL}}\right), t\left(\tilde{A}_{\text{E}}\right) \right\} \tag{2.35}$$

式中：t_{opti}——开展油田集输系统布局重构的最佳时间段；$t\left(\tilde{A}_{\text{f}}\right)$——由集输系统可靠度边界确定的经济重构时间；$t\left(\tilde{A}_{\text{RL}}\right)$——由集输系统负荷率边界确定的经济重构时间；$t\left(\tilde{A}_{\text{E}}\right)$——由集输系统能耗边界确定的经济重构时间；

由以上边界可知，油田集输系统进行布局重构的最佳时间是满足可靠度、负荷率、能耗边界时间段范围的最早的时间，此时开展油田集输系统的布局重构是最经济的。

2.3　经济布局重构空间边界表征方法

2.3.1　现役站场关停适用性评价方法

1. 评价指标

油田集输系统中的站场是整个系统的关键组成部分，站场的可靠性对于集输系统的稳定运行至关重要，通过对站场进行可靠性分析，可以评估站场的故障次数、维修时间和恢复能力，以提前预防故障、减少停工时间，并确保集输系统的持续运营；通过经济性分析，可以评估对站场的投资情况，有助于降低站场运行成本，提高效益，确保在经济可行的前提下实现系统的可持续发展；由于站场需要适应不断变化的产量需求，通过生产适应性分析，可评估站场应对变化的能力，以满足未来的产量变化和行业发展需求。

综合考虑开发中后期油田集输系统的站场故障次数和站场运行能耗等因素，建立现役站场关停适用性评价指标体系，其中：u_{11} 为失效概率；u_{21} 为失效修理费用，u_{22} 为用工成本；u_{23} 为运行成本；u_{24} 为设备折旧费用；u_{31} 为主要设备平均效率；u_{32} 为站场负荷率。后续现役站场关停适用性评价方法中均由这些符号代替。

（1）失效概率指标

集输站场内有油气计量、油气分离、脱水、加热等设备，这些设备在长时间的运行下会有一定的概率发生各类故障[14]，随着站场投产时间和设备使用年限的增加，失效概率会有一定增长，设备失效会增加维修费用、增加管理难度，失效概率越大，也就意味着该站场越应该关停。站场内各类设备的失效概率各不相同，为了表征站场的综合失效概率，选取站内设备的最大失效概率作为站场的失效概率。

参考 *API 581 Risk-Based Inspection Methodology* 中的通用失效概率模型，给出站场失效概率的计算公式：

$$P = F_{\mathrm{G}} \cdot F_{\mathrm{E}} \cdot F_{\mathrm{M}} \qquad (2.36)$$

式中：P——站场失效概率；F_{G}——通用失效概率，根据设备的出厂数据和行业统计数据给出，取所有失效概率的最大值为站场失效概率；F_{E}——设备修正系数，根据待评价站场的实际设备失效次数对通用失效概率进行修正，形成系数；F_{M}——管理修正系数，主要用于考虑管理系统对设备有影响的部分。

1）设备修正系数

设备修正系数表示设备的通用失效概率和实际失效概率之间的偏离程度，通过预测站场中主要设备的未来失效次数，从而形成设备修正系数，使计算得出的失效概率更接近于实际失效概率。可应用优化的径向基神经网络模型进行预测。将预测所得故障次数转换为设备修正系数，转换公式如下式所示：

$$F_{\mathrm{E}} = \frac{S}{S_{\mathrm{e}}} \qquad (2.37)$$

式中：S——站场预测故障总次数；S_{e}——预设站场故障总次数，$S_{\mathrm{e}} \geqslant S$。

2）管理修正系数

管理修正系数取决于站场的管理能力水平，同一站场下管理修正系数的数值固定，不受设备影响。根据 *API 581 Risk-Based Inspection Methodology* 中的管理系统工作手册，各个评估对象及其分值见表2.1。

表 2.1 站场管理情况打分表

评估对象	满分
领导与管理	70
工艺安全信息	80
工艺危害性分析	100
变更管理	80
操作规程	80
安全生产实践规程	80
员工培训	100
机械完整性	120
预启动安全审查	60
应急响应	70
事件调查	75
承包商	45
管理系统评估	40
总分	1 000

基于表 2.2 对站场的管理能力进行打分,评估分数的转换方式如式(2.38)所示:

$$F_{\mathrm{M}} = \frac{1\ 000 - \mathrm{score}}{1\ 000} \tag{2.38}$$

式中: score ——所有评估对象得分的总分值。

(2)经济性指标

油田集输系统出现了油井产液量减少、站场运行成本高以及日常维修管理费用高等问题。因此,选取经济性指标 u_2 有助于分析站场的能耗情况,从而优化井站布局结构,关停低效站场,使开发中后期的油田集输系统实现降本增效的目的。选取失效修理费用 u_{21}、用工成本 u_{22}、运行成本 u_{23} 和设备折旧费用 u_{24} 作为经济性指标。

1）失效修理费用

失效修理费用的计算公式如下式所示：

$$u_{21} = \sum_{i=1}^{s} (f_{1,i} + f_{2,i} + f_{3,i}) \tag{2.39}$$

式中：s——失效设备数量；$f_{1,i}$——第 i 个设备的人工检修费用；$f_{2,i}$——第 i 个设备的采购费用；$f_{3,i}$——更换第 i 个设备后的检测费用。

2）用工成本

用工成本包括职工基本工资与各项福利费用。用工成本的计算公式如下式所示：

$$u_{22} = \sum_{i=1}^{n} ai + b \tag{2.40}$$

式中：n——员工数量；a——员工基础工资；b——员工福利。

3）运行成本

运行成本的计算公式如下式所示：

$$u_{23} = f_{31} + f_{32} + f_{33} \tag{2.41}$$

式中：f_{31}——基础材料和化学药剂等材料的购置费；f_{32}——燃料费；f_{33}——动力费。

4）设备折旧费用

折旧费用指企业拥有的固定资产按照使用情况产生的资产价值的下降，进而发生的折旧费用。不考虑净残值的情况下，计算公式如下式所示：

$$u_{24} = \frac{f_4'}{f_n} \tag{2.42}$$

式中：u_{24}——设备的年折旧额；f_4'——设备应计折旧额；f_n——设备预计使用年限。

（3）生产适应性指标

随着油田进入开发中后期，部分油井产液量降低，站场存在着实际生产与运行成本不匹配的问题，站场负荷率低、能耗高，制约着油田集输系统的可持续发展。因此，需要针对油田集输系统的生产特点建立生产适应性指标，对站场进行适应性评价，从而提高站场运行效率。选取主要设备平均效率 u_{31} 和站场负荷率 u_{32} 作为生产适应性指标。

1）主要设备平均效率

站场主要设备的平均效率计算公式如下式所示：

$$u_{31} = \frac{\sum_{i=1}^{n} \eta_i}{n} \times 100 \tag{2.43}$$

式中：η_i——第 i 个设备的平均效率，%；n——主要设备的数量。

2）站场负荷率

油田集输系统的站场负荷率需要在额定范围内。负荷率为在统计时间内，站场的实际平均处理量与设计最大处理量的比值，计算公式如下式所示：

$$u_{32} = \frac{\overline{X}}{X_{\max}} \times 100 \tag{2.44}$$

式中：$\overline{X}$——实际平均处理量，$\overline{X} = \frac{1}{T} \sum_{t=1}^{T} X_t$，%，其中，$T$ 为统计总天数，X_t 为当天处理量，$10^4 \, \mathrm{Nm^3/d}$ [①]；$X_{\max}$——设计最大处理量，$10^4 \, \mathrm{Nm^3/d}$。

2. 评价流程

（1）建立因素集

根据评价指标的选取情况，建立现役站场关停适用性模糊综合方法的因素集，如下式所示：

$$U_1 = \{u_{11}, u_{21}, u_{22}, u_{23}, u_{24}, u_{31}, u_{32}\} \tag{2.45}$$

式中：u_{11}——失效概率；u_{21}——失效修理费用；u_{22}——用工成本；u_{23}——运行成本；u_{24}——设备折旧费用；u_{31}——主要设备平均效率；u_{32}——站场负荷率。

---

① $\mathrm{Nm^3}$：标准立方米。

（2）建立评价集

建立现役站场关停适用性模糊综合评价方法的评价集，如下式所示：

$$V_1 = \{v_{11}, v_{12}, v_{13}, v_{14}\} \tag{2.46}$$

式中：v_{11}——"建议留用"模糊集；v_{12}——"可留用"模糊集；v_{13}——"可关停"模糊集；v_{14}——"建议关停"模糊集。

（3）确定因素隶属度

将 7 个评价指标的计算值代入到对应的隶属函数中，得到因素的隶属度，构造现役站场关停适用性模糊综合评价矩阵如下所示：

$$R_1 = \begin{bmatrix} v_{11-11} & v_{12-11} & v_{13-11} & v_{14-11} \\ v_{11-21} & v_{12-21} & v_{13-21} & v_{14-21} \\ v_{11-22} & v_{12-22} & v_{13-22} & v_{14-22} \\ v_{11-23} & v_{12-23} & v_{13-23} & v_{14-23} \\ v_{11-24} & v_{12-24} & v_{13-24} & v_{14-24} \\ v_{11-31} & v_{12-31} & v_{13-31} & v_{14-31} \\ v_{11-32} & v_{12-32} & v_{13-32} & v_{14-32} \end{bmatrix} \tag{2.47}$$

式中：v_{11-j}——评价指标 j 对于"建议留用"模糊集的隶属程度；v_{12-j}——评价指标 j 对于"可留用"模糊集的隶属程度；v_{13-j}——评价指标 j 对于"可关停"模糊集的隶属程度；v_{14-j}——评价指标 j 对于"建议关停"模糊集的隶属程度。

（4）确定因素权重

根据开发中后期油田集输系统中站场的特点，计算得出现役站场关停适用性综合评价中各个评价指标所占权重，并形成权重集，即

$$W_1 = \{\omega_{11}, \omega_{21}, \omega_{22}, \omega_{23}, \omega_{24}, \omega_{31}, \omega_{32}\} \tag{2.48}$$

式中：ω_{11}——失效概率的权重；ω_{21}——失效修理费用的权重；ω_{22}——用工成本的权重；ω_{23}——运行成本的权重；ω_{24}——设备折旧费用的权重；ω_{31}——主要设备平均效率的权重；ω_{32}——站场负荷率的权重。

（5）进行模糊综合评价

将计算得出的权重集 W_1 与模糊综合评价矩阵 $\boldsymbol{R}_1$ 进行模糊计算，采用"积-和"模糊算子 $M(\cdot,\oplus)$ 进行计算，得出现役站场关停适用性的模糊综合评价集 C_1。

$$C_1 = W_1 \circ \boldsymbol{R}_1 \tag{2.49}$$

（6）得出模糊综合评价结果

根据最大隶属度原则，在模糊综合评价集 C_1 中取最大隶属度值 c_k 对应于评价集 V_1 中的评价指标 $v_{1k}(1 \leqslant k \leqslant 4)$，得到现役站场关停适用性的最终评价结果，如公式 2.28 所示：

$$v_s = \left\{ v_k \mid v_k \to \max_{k=1}^{4} (C_1) \right\} \tag{2.50}$$

在模糊综合评价集 C_1 中取最大隶属度值 c_k 对应于评价集 V_1 中的评价指标，即为最终的评价结果。

3. 指标权重

邀请 5 位专家对现役站场关停适用性评价指标的重要程度进行打分，分值越高，代表该指标在现役站场关停适用性评价方法中的地位越高，形成的原始数据见表 2.2。

表 2.2　评价得分汇总表

	u_{11}	u_{21}	u_{22}	u_{23}	u_{24}	u_{31}	u_{32}
专家 1	60	45	65	94	66	60	90
专家 2	66	65	76	87	68	78	88
专家 3	79	70	61	86	69	50	89
专家 4	76	77	20	85	15	61	90
专家 5	64	30	60	97	71	60	98

将 7 个评价指标分为正向指标和负向指标,其中,正向指标的值越大,评价结果越好;负向指标的值越小,评价结果越好。现役站场关停适用性综合评价中的评价指标属性见表 2.3。

表 2.3　现役站场关停适用性综合评价中的评价指标属性

	u_{11}	u_{21}	u_{22}	u_{23}	u_{24}	u_{31}	u_{32}
属性	负向	负向	负向	负向	负向	正向	正向

由于失效概率 u_{11} 越小,失效修理费用 u_{21}、用工成本 u_{22}、运行成本 u_{23} 和设备折旧费用 u_{24} 越少,站场留用的可能性越大,因此属于负向指标,负向指标的标准化处理公式如下:

$$y_{ij} = \frac{\max(X_j) - x_{ij}}{\max(X_j) - \min(X_j)} \tag{2.51}$$

式中: x_{ij} ——第 i 个评价对象中第 j 个负向指标的值; $\min(X_j)$ ——第 i 个评价对象中第 j 个负向指标的最小值; $\max(X_j)$ ——第 i 个评价对象中第 j 个负向指标的最大值。

主要设备平均效率 u_{31} 和站场负荷率 u_{32} 越高,站场留用的可能性越大,因此属于正向指标,正向指标的标准化处理如下:

$$y_{ij} = \frac{x_{ij} - \min(X_j)}{\max(X_j) - \min(X_j)} \tag{2.52}$$

式中: x_{ij} ——第 i 个评价对象中第 j 个正向指标的值; $\min(X_j)$ ——第 i 个评价对象中第 j 个正向指标的最小值; $\max(X_j)$ ——第 i 个评价对象中第 j 个正向指标的最大值。

将 7 个指标的得分结果进行标准化处理,得到的标准化数据见表 2.4。

表 2.4　标准化数据汇总表

	u_{11}	u_{21}	u_{22}	u_{23}	u_{24}	u_{31}	u_{32}
专家 1	0	0.319 1	0.803 6	0.75	0.910 7	0.357 1	0.2
专家 2	0.315 8	0.744 7	1	0.166 7	0.946 4	1	0

续表

	u_{11}	u_{21}	u_{22}	u_{23}	u_{24}	u_{31}	u_{32}
专家 3	1	0.851 1	0.732 1	0.083 3	0.964 3	0	0.1
专家 4	0.842 1	1	0	0	0	0.392 9	0.2
专家 5	0.210 5	0	0.714 3	1	1	0.357 1	1

熵权法是一种用于多指标决策的方法，它通过计算每个指标的熵值来确定每个指标的权重，从而对某个具有多指标的评价对象进行综合评价并做出决策。采用熵权法对现役站场进行综合评价，将标准化数据代入公式（2.53）和公式（2.54），得到各个指标的信息熵，将熵值代入公式（2.33），得到 7 个指标的熵权。

$$p_{ij} = \frac{y_{ij}}{\sum_{i=1}^{n} y_{ij}} \tag{2.53}$$

式中：p_{ij} ——第 i 个站场中的第 j 个指标占所有站场下该指标的权重；y_{ij} ——第 i 个站场中第 j 个指标的标准化数据；n ——评价对象的数量。

$$E_j = -\frac{1}{\ln(n)} \sum_{i=1}^{n} p_{ij} \ln(p_{ij}) \tag{2.54}$$

式中：E_j ——第 j 个指标的信息熵。

$$W_j = \frac{1-E_j}{\sum_{j=1}^{7} (1-E_j)} \tag{2.55}$$

式中：W_j ——现役站场关停适用性评价方法中第 j 个指标所占权重。

将计算出的油田集输系统站场关停适用性中 7 个指标的权重进行汇总，汇总结果见表 2.5。

表 2.5 熵值及熵权汇总表

	u_{11}	u_{21}	u_{22}	u_{23}	u_{24}	u_{31}	u_{32}
E	0.755 2	0.818 5	0.855 5	0.654 8	0.861	0.788 2	0.614
ω	14.81%	10.98%	8.74%	20.89%	8.41%	12.82%	23.36%

4. 隶属函数

隶属函数能够描述元素对某一模糊集合的隶属关系，取值范围为 [0,1]。隶属度值越小，该元素对模糊集合的隶属程度越小；值越大，该元素对模糊集合的隶属程度越大。用隶属函数来表征元素对模糊集合的隶属程度，形成模糊综合评价矩阵，即

$$R = \begin{bmatrix} v_{1-1} & v_{1-2} & \cdots & v_{1-n} \\ v_{2-1} & v_{2-2} & \cdots & v_{2-n} \\ \vdots & \vdots & \vdots & \vdots \\ v_{m-1} & v_{m-2} & \cdots & v_{m-n} \end{bmatrix} \tag{2.56}$$

式中：v_{i-j}——因素 u_j 对模糊集合 v_i 的隶属程度。

隶属函数的确定方法有 3 种，分别为模糊统计法、主观经验法和指派法，以下为详细介绍。

（1）模糊统计法

模糊统计法通过模糊统计试验确定某一元素 x 属于模糊子集 A 的程度，在 y 次实验中，x 对 A 的隶属程度用频率表示为

$$x\text{对}A\text{的隶属度} = \frac{x \in A^{*}\text{的次数}}{y} \tag{2.57}$$

式中：A^{*}——一个可变动的普通集合。

（2）主观经验法

主观经验法是根据主观认识或个人经验，给出隶属度数值的一种方法。

（3）指派法

指派法用来确定定量指标的隶属度，分为偏小型、中间型和偏大型。对于偏小型模糊集合，真实数值越小，隶属度值越大；对于中间型模糊集合，真实数值越处于取值范围的中间时，隶属度值越大；对于偏大型模糊集合，真实数值越大，隶属度值越大。

采用指派法中的梯形函数，对现役站场关停适用性综合评价方法的评价指标进行量化。现役站场关停适用性模糊综合评价中，负向评价指标的隶属函数如下所示：

$$A(v_{11})' = \begin{cases} 1, x < P_{11}' \\ \dfrac{P_{12}' - x}{P_{12}' - P_{11}'}, P_{11}' \leqslant x < P_{12}' \\ 0, x \geqslant P_{12}' \end{cases} \qquad A(v_{12})' = \begin{cases} 0, x < P_{11}' \\ \dfrac{x - P_{11}'}{P_{12}' - P_{11}'}, P_{11}' \leqslant x < P_{12}' \\ \dfrac{P_{13}' - x}{P_{13}' - P_{12}'}, P_{12}' \leqslant x < P_{13}' \\ 0, x \geqslant P_{13}' \end{cases}$$

式中：$A(v_{11})'$、$A(v_{12})'$、$A(v_{13})'$ 和 $A(v_{14})'$ 分别为负向评价指标对于现役站场关停适用性模糊综合评价体系中 4 个评价模糊集：v_{11}，v_{12}，v_{13} 和 v_{14} 的隶属函数；P_{11}'，P_{12}'，P_{13}' 和 P_{14}' 分别为负向评价指标在现役站场关停适用性模糊综合评价体系中的界限值，$P_{11}' < P_{12}' < P_{13}' < P_{14}'$，可根据不同油田集输系统的特点对负向评价指标选取合适的界限值，见表 2.6。

表 2.6 负向评价指标的界限值选取情况

	P_{11}'	P_{12}'	P_{13}'	P_{14}'
u_{11}	$P_{11\text{-}11}$	$P_{12\text{-}11}$	$P_{13\text{-}11}$	$P_{14\text{-}11}$
u_{21}	$P_{11\text{-}21}$	$P_{12\text{-}21}$	$P_{13\text{-}21}$	$P_{14\text{-}21}$
u_{22}	$P_{11\text{-}22}$	$P_{12\text{-}22}$	$P_{13\text{-}22}$	$P_{14\text{-}22}$
u_{23}	$P_{11\text{-}23}$	$P_{12\text{-}23}$	$P_{13\text{-}23}$	$P_{14\text{-}23}$
u_{24}	$P_{11\text{-}24}$	$P_{12\text{-}24}$	$P_{13\text{-}24}$	$P_{14\text{-}24}$

表 2.6 中，P_{11-j} 为评价指标 u_j 对应于评价模糊集 v_{11} 的界限值；P_{12-j} 为评价指标 u_j 对应于评价模糊集 v_{12} 的界限值；P_{13-j} 为评价指标 u_j 对应于评价模糊集 v_{13} 的界限值；P_{14-j} 为评价指标 u_j 对应于评价模糊集 v_{14} 的界限值，正向指标同理。

现役站场关停适用性模糊综合评价体系中，正向评价指标的隶属函数如下所示：

$$A(v_{11}) = \begin{cases} 0, x < P_{12} \\ \dfrac{x - P_{12}}{P_{11} - P_{12}}, P_{12} \leqslant x < P_{11} \\ 1, x \geqslant P_{11} \end{cases}$$

$$A(v_{12}) = \begin{cases} 0, x < P_{13} \\ \dfrac{x - P_{13}}{P_{12} - P_{13}}, P_{13} \leqslant x < P_{12} \\ \dfrac{P_{11} - x}{P_{11} - P_{12}}, P_{12} \leqslant x < P_{11} \\ 0, x \geqslant P_{11} \end{cases}$$

$$A(v_{13}) = \begin{cases} 0, x < P_{14} \\ \dfrac{x - P_{14}}{P_{13} - P_{14}}, P_{14} \leqslant x < P_{13} \\ \dfrac{P_{12} - x}{P_{12} - P_{13}}, P_{13} \leqslant x < P_{12} \\ 0, x \geqslant P_{12} \end{cases}$$

$$A(v_{14}) = \begin{cases} 1, x < P_{14} \\ \dfrac{P_{13} - x}{P_{13} - P_{14}}, P_{14} \leqslant x < P_{13} \\ 0, x \geqslant P_{13} \end{cases}$$

式中：$A(v_{11})$、$A(v_{12})$、$A(v_{13})$ 和 $A(v_{14})$ 分别为正向评价指标对于现役站场关停适用性模糊综合评价体系中 4 个评价模糊集：v_{11}，v_{12}，v_{13} 和 v_{14} 的隶属函数；P_{11}，P_{12}，P_{13} 和 P_{14} 分别为正向评价指标在现役站场关停适用性模糊综合评价体系中的界限值，$P_{11} > P_{12} > P_{13} > P_{14}$，可根据不同油田集输系统的特点对正向评价指标选取合适的界限值，见表 2.7。

表 2.7　正向评价指标的界限值选取情况

	P_{11}	P_{12}	P_{13}	P_{14}
u_{31}	P_{11-31}	P_{12-31}	P_{13-31}	P_{14-31}
u_{32}	P_{11-32}	P_{12-32}	P_{13-32}	P_{14-32}

将 7 个评价指标的计算值 x 代入各自对应范围的 4 个隶属函数中，得到各自的隶属度，将 7 个评价指标对于评价模糊集的隶属度以表格形式体现，见表 2.8。

表 2.8　7 个评价指标对于评价模糊集的隶属度

	v_{11}	v_{12}	v_{13}	v_{14}
u_{11}	v_{11-11}	v_{12-11}	v_{13-11}	v_{14-11}
u_{21}	v_{11-21}	v_{12-21}	v_{13-21}	v_{14-21}
u_{22}	v_{11-22}	v_{12-22}	v_{13-22}	v_{14-22}
u_{23}	v_{11-23}	v_{12-23}	v_{13-23}	v_{14-23}
u_{24}	v_{11-24}	v_{12-24}	v_{13-24}	v_{14-24}
u_{31}	v_{11-31}	v_{12-31}	v_{13-31}	v_{14-31}
u_{32}	v_{11-32}	v_{12-32}	v_{13-32}	v_{14-32}

表 2.8 中，v_{11-j} 为评价指标 u_j 对于"建议留用"模糊集的隶属程度；v_{12-j} 为评价指标 u_j 对于"可留用"模糊集的隶属程度；v_{13-j} 为评价指标 u_j 对于"可关停"模糊集的隶属程度；v_{14-j} 为评价指标 u_j 对于"建议关停"模糊集的隶属程度。

2.3.2　现役管道建议改线评价方法

1. 评价指标

油田集输管道在使用年限增长后会产生各类缺陷，缺陷严重的管道会引起泄漏事故，发生泄漏的管道一般情况下是被建议考虑更换的。除了考虑管道本体完好性方面存在的问题，还需要考虑管道潜在可能会发生泄漏的可能，也就是关注管道所受到的主要危害。本节以管道本体完好性、管道主要危害性两类指标作为现役管道改线评价方法的指标。具体包括：u_{41} 为泄漏指数；u_{42} 为管道缺陷；u_{51} 为土壤腐蚀；u_{52} 为地质灾害；u_{53} 为占压；u_{54} 为人口密度。本节中的评价指标均由现役管道建议改线评价指标中的符号代替。

（1）管道本体完好性指标

1）泄漏指数

管道泄漏可能使其周边公众的人身安全或财产安全遭到严重影响，因此评价现役管道需考虑泄漏指数因素。泄漏指数为每年实际发生的泄漏次数与预设发生的泄漏次数之比，计算公式如公式（2.58）所示：

$$u_{41} = \frac{\beta_i F_n}{S_n} \tag{2.58}$$

式中：β_i——调整因子，首次进行泄漏事故安全评估时 β_i 取 1，之后可按需调节；F_n——每年泄漏事故实际发生的次数；S_n——预设发生的泄漏次数。

2）管道缺陷

管道缺陷包括焊接缺陷、腐蚀缺陷、裂纹缺陷和管道制造缺陷，不同类型的缺陷、缺陷尺寸和缺陷位置均可能对管道的完整性产生不同程度的影响，这里依据缺陷的数量将管道缺陷划分等级。

（2）管道主要危害性指标

1）土壤腐蚀

由于管道采用埋地方式敷设，因此需要考虑土壤腐蚀对管道的影响，其中对于管道影响较大的因素包括杂散电流干扰、阴极保护系统完好性和土壤电阻率。针对具体集输管道，则管道的腐蚀等级取各类因素中腐蚀等级最高者，由此得到土壤腐蚀等级见表 2.9。

表 2.9　土壤腐蚀等级

杂散电流干扰	不存在直流／交流杂散电流干扰	存在直流／交流杂散电流干扰，并且设置排流装置	存在直流／交流杂散电流干扰，并且未设置排流装置
阴极保护系统完好性	良好	一般	差
土壤电阻率／（Ω·m）	>50	[20,50]	<20
腐蚀等级	弱	中	强

2）地质灾害

地质灾害是对管道工程建设、管道输送系统安全和运营环境造成危害的地质作用或与地质环境有关的灾害，例如滑坡、崩塌、泥石流、强降雨和地面塌陷等受外力导致的土体移动。考虑到管道失效可能性越大，管道建议更换程度越高，因此需考虑地质灾害指标。地质灾害评价方法如公式（2.59）所示，分级标准见表 2.10。

$$u_{52} = H \cdot (1 - H') \cdot S \cdot V \cdot (1 - V') \tag{2.59}$$

式中：u_{52}——风险概率指数；H——已采取的灾害防治措施能完全阻止灾害发生的概率的指数，取值范围为（0,1）；H'——自然条件下灾害发生的概率的指数，取值范围为（0,1）；S——灾害发生影响到管道的概率指数，取值范围为（0,1）；V——没有任何防护措施的管道受到灾害作用后发生破坏的概率的指数，取值范围为（0,1）；V'——管道防护措施能完全防止管道破坏的概率的指数，取值范围为（0,1）。

表 2.10　地质灾害风险分级标准

u_{52}	（0, 0.05）	[0.05, 0.1）	[0.1, 0.2）	[0.2, 0.4）	[0.4, 1]
等级	低风险	较低风险	中风险	较高风险	高风险

3）占压

在油田集输管道的运营过程中，若规划建设方案不合理和监管不到位，会引起管道被占压，进而导致管道变形和泄漏，对社会和环境造成不利影响，因此需考虑占压指标。占压的类型包括各类建筑物占压、深根植物占压和堆积物占压等等，占压等级见表 2.11。

表 2.11　占压等级

占压等级	一级占压	二级占压	三级占压
说明	管道区段上基本无占压现象	管道区段上存在占压管道现象（1~4 处）	管道区段上占压现象严重（5 处及以上）

4）人口密度

对现役管道进行建议改线评价时，需要考虑人类活动因素。将人类活动按照人口密度进行划分，根据管道所通过地区的沿线居民户数的密集程度划分地区等级，见表 2.12。

表 2.12 地区等级

地区等级	一级一类地区	一级二类地区	二级地区	三级地区	四级地区
说明	不经常有人活动及无永久性人员居住的区段	户数在 15 户及以下的区段	户数在 15 户以上、100 户以下的区段	户数在 100 户及以上的区段	四层及四层以上楼房普遍集中、交通频繁、地下设施多的区段

2. 评价流程

（1）建立因素集

根据评价指标的选取情况，建立现役管道建议改线模糊综合评价方法的因素集，如公式（2.60）所示：

$$U_2 = \{u_{41}, u_{42}, u_{51}, u_{52}, u_{53}, u_{54}\} \tag{2.60}$$

式中：u_{41} ——泄漏指数；u_{42} ——管道缺陷；u_{51} ——土壤腐蚀；u_{52} ——地质灾害；u_{53} ——占压；u_{54} ——人口密度。

（2）建立评价集

建立现役管道建议改线模糊综合评价体系的评价模糊集，如公式（2.61）所示：

$$V_2 = \{v_{21}, v_{22}, v_{23}, v_{24}\} \tag{2.61}$$

式中：v_{21} ——"建议留用"模糊集；v_{22} ——"可留用"模糊集；v_{23} ——"可改线"模糊集；v_{24} ——"建议改线"模糊集。

（3）确定因素隶属度

将 6 个评价指标的计算值代入到对应的隶属函数中，得到因素的隶属度，构造现役管道建议改线模糊综合评价矩阵 R_2。

$$R_2 = \begin{bmatrix} v_{21-41} & v_{22-41} & v_{23-41} & v_{24-41} \\ v_{21-42} & v_{22-42} & v_{23-42} & v_{24-42} \\ v_{21-51} & v_{22-51} & v_{23-51} & v_{24-51} \\ v_{21-52} & v_{22-52} & v_{23-52} & v_{24-52} \\ v_{21-53} & v_{22-53} & v_{23-53} & v_{24-53} \\ v_{21-54} & v_{22-54} & v_{23-54} & v_{24-54} \end{bmatrix} \tag{2.62}$$

式中：v_{21-j}——评价指标 j 对于"建议留用"模糊集的隶属程度；v_{22-j}——评价指标 j 对于"可留用"模糊集的隶属程度；v_{23-j}——评价指标 j 对于"可更换"模糊集的隶属程度；v_{24-j}——评价指标 j 对于"建议更换"模糊集的隶属程度。

（4）确定因素权重

根据开发中后期油田集输系统中现役管道的特点，计算得出现役管道建议更换评价方法中各个评价指标所占权重，并形成权重集，即

$$W_2 = \left\{ \omega_{41}, \omega_{42}, \omega_{51}, \omega_{52}, \omega_{53}, \omega_{54} \right\} \tag{2.63}$$

式中：ω_{41}——泄漏指数的权重；ω_{42}——管道缺陷的权重；ω_{51}——土壤腐蚀的权重；ω_{52}——地质灾害的权重；ω_{53}——占压的权重；ω_{54}——人口密度的权重。

（5）进行模糊综合评价

将计算得出的权重集 W_2 与模糊综合评价矩阵 R_2 进行模糊计算，采用"积-和"模糊算子 $M(\cdot, \oplus)$ 进行计算，得出模糊综合评价集 C_2。

$$C_2 = W_2 \circ R_2 \tag{2.64}$$

（6）得出模糊综合评价结果

依据最大隶属度原则，得出现役管道建议更换的最终评价结果。

3. 指标权重

邀请 5 位专家对现役管道建议更换评价指标的重要程度进行打分，分值越高，代表该指标在现役管道建议更换评价方法中的地位越高，形成的原始数据见表 2.13。

表 2.13　现役管道建议更换评价指标评分汇总

	u_{41}	u_{42}	u_{51}	u_{52}	u_{53}	u_{54}
专家 1	98	89	60	67	45	59
专家 2	87	87	66	68	65	78
专家 3	88	88	79	69	70	50
专家 4	90	85	76	12	75	61
专家 5	89	97	65	70	30	60

将 6 个评价指标分为正向指标和负向指标，现役管道建议更换模糊综合评价方法中的评价指标属性见表 2.14。

表 2.14　现役管道建议更换模糊综合评价中的评价指标属性

	u_{41}	u_{42}	u_{51}	u_{52}	u_{53}	u_{54}
属性	负向	负向	正向	负向	负向	负向

由于泄漏指数 u_{41} 越小、管道缺陷 u_{42} 越少、地质灾害指数 u_{52} 越小、占压 u_{53} 越少、人口密度 u_{54} 越小，现役管道留用的可能性越大，因此它们属于负向指标，采用式（2.29）进行标准化处理。

由于土壤腐蚀（土壤电阻率）u_{51} 越高，土壤腐蚀等级越弱，现役管道留用的可能性越大，因此土壤腐蚀（土壤电阻率）u_{51} 属于正向指标，采用式（2.30）进行标准化处理。

将 6 个评价指标的得分结果进行标准化处理，得到的标准化数据见表 2.15。

表 2.15　现役管道建议更换评价指标的标准化数据

	u_{41}	u_{42}	u_{51}	u_{52}	u_{53}	u_{54}
专家 1	0.333 3	0	1	0.321 4	0.333 3	0.948 3
专家 2	0.166 7	0.315 8	0	1	0.777 8	0.965 5
专家 3	0.25	1	0.090 9	0	0.888 9	0.982 8
专家 4	0	0.842 1	0.272 7	0.392 9	1	0
专家 5	1	0.263 2	0.181 8	0.357 1	0	1

采用熵权法对现役管道评价指标的权重进行计算，将数据标准化，得到各个指标的信息熵，将熵值代入公式（2.65），得到 6 个指标的熵权。

$$W_j = \frac{1-E_j}{\sum\limits_{j=1}^{6}(1-E_j)} \tag{2.65}$$

式中：W_j ——现役管道建议更换评价方法中第 j 个指标所占权重。

将计算出的现役管道建议更换评价方法中 6 个指标的权重进行汇总，汇总结果见表 2.16。

表 2.16　熵值及熵权汇总表

	u_{41}	u_{42}	u_{51}	u_{52}	u_{53}	u_{54}
E	0.706 8	0.770 1	0.625 2	0.782 3	0.820 6	0.861 2
ω	20.45%	16.03%	26.14%	15.18%	12.51%	9.68%

4. 隶属函数

判断现役管道是否更换的评价指标大多有各自的等级规范，但不能直接作为现役管道建议更换评价方法中隶属函数的界限值。例如，以保证管道周围建筑物及人身安全为目的，以管道自身强度满足生产需求为原则，确定了不同地区等级下的管道强度设计系数，而本节以评价现役管道是否改线为目的，从而确定各个建议更换评价指标的隶属函数，7 个建议更换评价指标共同影响着最终的评价结果。因此，评价指标中的等级标准仅供参考。

采用主观经验法和指派法中的梯形函数，将现役管道建议改线评价指标进行量化。现役管道建议更换模糊综合评价方法中，负向指标的隶属函数如下所示：

$$A(v_{21})' = \begin{cases} 1, x < P_{21}' \\ \dfrac{P_{22}' - x}{P_{22}' - P_{21}'}, P_{21}' \leqslant x < P_{22}' \\ 0, x \geqslant P_{22}' \end{cases} \quad A(v_{22})' = \begin{cases} 0, x < P_{21}' \\ \dfrac{x - P_{21}'}{P_{22}' - P_{21}'}, P_{21}' \leqslant x < P_{22}' \\ \dfrac{P_{23}' - x}{P_{23}' - P_{22}'}, P_{22}' \leqslant x < P_{23}' \\ 0, x \geqslant P_{23}' \end{cases}$$

$$A(v_{23})' = \begin{cases} 0, x < P_{22}' \\ \dfrac{x - P_{22}'}{P_{23}' - P_{22}'}, P_{22}' \leqslant x < P_{23}' \\ \dfrac{P_{24}' - x}{P_{24}' - P_{23}'}, P_{23}' \leqslant x < P_{24}' \\ 0, x \geqslant P_{24}' \end{cases} \quad A(v_{24})' = \begin{cases} 0, x < P_{23}' \\ \dfrac{x - P_{23}'}{P_{24}' - P_{23}'}, P_{23}' \leqslant x < P_{24}' \\ 1, x \geqslant P_{24}' \end{cases}$$

式中：$A(v_{21})'$、$A(v_{22})'$、$A(v_{23})'$ 和 $A(v_{24})'$ 分别为负向评价指标对于现役管道建议改线模糊综合评价方法中的 4 个评价模糊集：v_{21}，v_{22}，v_{23} 和 v_{24} 的隶属函数；P_{21}'，P_{22}'，P_{23}' 和 P_{24}' 分别为负向评价指标在现役管道建议改线模糊综合评价方法中的界限值，$P_{21}' < P_{22}' < P_{23}' < P_{24}'$，可根据不同油田集输系统的特点对负向评价指标选取合适的界限值，见表 2.17。

表 2.17　现役管道建议改线综合评价中负向评价指标的界限值

	P_{21}'	P_{22}'	P_{23}'	P_{24}'
u_{41}	P_{21-41}	P_{22-41}	P_{23-41}	P_{24-41}
u_{42}	P_{21-42}	P_{22-42}	P_{23-42}	P_{24-42}
u_{51}	P_{21-51}	P_{22-51}	P_{23-51}	P_{24-51}
u_{52}	P_{21-52}	P_{22-52}	P_{23-52}	P_{24-52}
u_{54}	P_{21-54}	P_{22-54}	P_{23-54}	P_{24-54}

表 3.9 中，P_{21-j} 为评价指标 u_j 对应于评价模糊集 v_{21} 的界限值；P_{22-j} 为评价指标 u_j 对应于评价模糊集 v_{22} 的界限值；P_{23-j} 为评价指标 u_j 对应于评价模糊集 v_{23} 的界限值；P_{24-j} 为评价指标 u_j 对应于评价模糊集 v_{24} 的界限值，正向指标同理。

现役管道建议改线模糊综合评价方法中，正向评价指标的隶属函数如下所示：

$$A(v_{21}) = \begin{cases} 0, x < P_{22} \\ \dfrac{x - P_{22}}{P_{21} - P_{22}}, P_{22} \leqslant x < P_{21} \\ 1, x \geqslant P_{21} \end{cases} \qquad A(v_{22}) = \begin{cases} 0, x < P_{23} \\ \dfrac{x - P_{23}}{P_{22} - P_{23}}, P_{23} \leqslant x < P_{22} \\ \dfrac{P_{21} - x}{P_{21} - P_{22}}, P_{22} \leqslant x < P_{21} \\ 0, x \geqslant P_{21} \end{cases}$$

$$A(v_{23}) = \begin{cases} 0, x < P_{22} \\ \dfrac{x - P_{22}}{P_{23} - P_{22}}, P_{22} \leqslant x < P_{23} \\ \dfrac{P_{24} - x}{P_{24} - P_{23}}, P_{23} \leqslant x < P_{24} \\ 0, x \geqslant P_{24} \end{cases} \qquad A(v_{24}) = \begin{cases} 1, x < P_{24} \\ \dfrac{P_{23} - x}{P_{23} - P_{24}}, P_{24} \leqslant x < P_{23} \\ 0, x \geqslant P_{23} \end{cases}$$

式中：$A(v_{21})$、$A(v_{22})$、$A(v_{23})$ 和 $A(v_{24})$ 分别为正向评价指标对于现役管道建议改线模糊综合评价方法中 4 个评价模糊集：v_{21}，v_{22}，v_{23} 和 v_{24} 的隶属函数；P_{21}，P_{22}，P_{23} 和 P_{24} 分别为正向评价指标在现役管道建议改线模糊综合评价方法中的界限值，$P_{21} > P_{22} > P_{23} > P_{24}$，可根据不同油田集输系统的特点对正向评价指标选取合适的界限值，见表 2.18。

表 2.18　正向评价指标的界限值选取情况

	P_{21}	P_{22}	P_{23}	P_{24}
u_{53}	P_{21-53}	P_{22-53}	P_{23-53}	P_{24-53}

将 6 个评价指标的计算值 x 代入各自对应范围的 4 个隶属函数中，得到各自的隶属度，将 6 个评价指标对于现役管道建议改线评价模糊集的隶属度以表格形式体现，见表 2.19。

表2.19 6个评价指标对于评价模糊集的隶属度

	v_{21}	v_{22}	v_{23}	v_{24}
u_{41}	v_{21-41}	v_{22-41}	v_{23-41}	v_{24-41}
u_{42}	v_{21-42}	v_{22-42}	v_{23-42}	v_{24-42}
u_{51}	v_{21-51}	v_{22-51}	v_{23-51}	v_{24-51}
u_{52}	v_{21-52}	v_{22-52}	v_{23-52}	v_{24-52}
u_{53}	v_{21-53}	v_{22-53}	v_{23-53}	v_{24-53}
u_{54}	v_{21-54}	v_{22-54}	v_{23-54}	v_{24-54}

表2.19中，v_{21-j}为评价指标u_j对于"建议留用"模糊集的隶属程度；v_{22-j}为评价指标u_j对于"可留用"模糊集的隶属程度；v_{23-j}为评价指标u_j对于"可改线"模糊集的隶属程度；v_{24-j}为评价指标u_j对于"建议改线"模糊集的隶属程度。

2.3.3 区域管网可重构度计算

为了有效评估油田集输系统中的具体某个区域是否应该进行布局重构，本书中提出了区域管网可重构度的概念及计算方法，利用区域管网可重构度即可识别出适宜布局重构的管网区域。油田集输系统区域管网可重构度是指被评价的区域管网可以进行布局重构的程度：可重构度越大说明区域管网越适宜进行布局的调整改造；相反，可重构度越低则越不适宜进行布局重构。由于油田集输系统是以站场为轴心的网络，进行区域管网可重构度的计算就是在探究网络中适宜进行布局重构的子网络。因此，区域管网可重构度的计算应统筹考虑站场和管道，计算模型应该简单易用。

基于以上分析，油田集输系统区域管网可重构度的计算模型如（2.66）所示：

$$\lambda = \alpha \frac{\sum_{i=1}^{N}\sum_{j=1}^{m_i} S_{\mathrm{R},i,j}}{N m_i} + \beta \frac{\sum_{i=1}^{N}\sum_{j=1}^{m_i}\sum_{k=1}^{m_{i-1}} \gamma_{i,j,k} P_{\mathrm{R},i,j,k}}{\sum_{i=1}^{N}\sum_{j=1}^{m_i}\sum_{k=1}^{m_{i-1}} \gamma_{i,j,k}} \tag{2.66}$$

式中：λ——油田集输系统区域管网可重构度；N——区域管网中的最高站场级别；m_i——第 i 级站场中的站场数量；$S_{R,i,j}$——第 i 级站场中第 j 个站场的重构度；$P_{R,i,j,k}$——第 i 级站场中第 j 个站场与第 $i-1$ 级站场中第 k 个站场之间的管道的重构度；$\gamma_{i,j,k}$——第 i 级站场中第 j 个站场与第 $i-1$ 级站场中第 k 个站场之间的管道是否存在，若存在则为 1，若不存在则取值为 0；α, β——取值为 0～1 之间的权重系数。

以上模型中，站场的重构度计算采用 2.3.1 小节现役站场关停适用性评价方法评价所得的计算结果求出，根据不同的评价等级，可以得到站场重构度的对应取值如表 2.20 所示。在表 2.20 中，取值满足 $0 < a_1 < a_2 < a_3 < a_4 < 1$。

表 2.20　站场重构度取值对照表

评价等级	建议留用	可留用	可关停	建议关停
站场重构度	a_1	a_2	a_3	a_4

以上模型中，管道的重构度计算采用 2.3.2 小节现役管道建议改线评价方法评价所得的计算结果求出，根据不同的评价等级，可以得到管道重构度的对应取值如表 2.21 所示。在表 2.21 中，取值满足 $0 < b_1 < b_2 < b_3 < b_4 < 1$。

表 2.21　管道重构度取值对照表

评价等级	建议留用	可留用	可关停	建议关停
站场重构度	b_1	b_2	b_3	b_4

在以上区域可重构度计算模型中需要对区域管网进行划分，以下给出油田集输系统区域管网可重构度的计算步骤。

①结合油田集输系统实际情况，对集输系统的区域进行划分，具体的划分原则是确定布局重构区域管网的站场级别 N，在有上一级站场的条件下，保持上一级 $N+1$ 站场和 $N+1$ 级站场与 N 级站场之间管道不变化，将 N 级及以下的站场和管道划分为一个区域管网，进而将所有的 N 级站场划分为若干区域管网。举例来说，如果以转油站为区域管网中的最高级别站场，则不考虑联合站及联合站与转油站之间管道，将 m 个转油站及转油站所辖的其他站场与管道划分为 m 个区域管网。

②针对每一个区域管网，应用现役站场建议关停适用性评价方法评价所有的站场，应用现役管道建议改线评价方法评价所有的管道。

③基于评价结果，应用公式（2.66）计算区域管道的可重构度。

2.3.4 集输系统布局重构经济空间边界表征方法

在油田集输系统中，为了确定具体哪些站场和管道适宜进行布局重构，重构后具有相对良好的运行效果且投资相对较少，需要对集输系统的经济布局重构空间边界进行表征。所谓经济空间边界就是在满足了经济时间边界并确定了适宜布局重构时间的基础上具体确定布局重构范围。在布局重构经济空间边界表征方法的建立中，一方面要考虑油田集输系统中的站场是否适宜关停、管道是否适宜改线，从区域管网可重构度的角度识别出油田集输系统中适合开展调整改造的区域，即从图论的角度从整个集输系统连通图中找到一个满足特征限制的子图。另外一方面，布局重构是通过关停站场、改线管道来焕新整个系统的生产活力，是局部管网改变引起邻近管网协同变化的连锁过程，因此在进行布局重构决策时还需要考虑邻近区域管网的情况，做出综合判断。

基于以上分析，本书从区域管网可重构度和邻近区域管网经济负荷两个层面来建立油田集输系统经济布局重构的边界表征方法。在经济布局重构边界的表征过程中，经济重构指数是识别适宜重构管网的一个指标，以下给出经济重构指数的表达式，如公式（2.67）所示：

$$E_{r,i} = \mu_1 \lambda_i + \mu_2 \theta_i + \mu_3 \xi_i \tag{2.67}$$

式中：$E_{r,i}$——油田集输系统第 i 个区域管网的经济重构指数；λ_i——第 i 个区域管网的可重构度；θ_i——第 i 个区域管网的站场改建费用经济指数；ξ_i——第 i 个区域管网的管道改线费用经济指数；μ_1，μ_2，μ_3——取值为 $0 \sim 1$ 之间的权重。

上式中的站场改建费用经济指数，可以理解为当前油田集输系统对于局部管网重构的包容程度，站场的关停往往伴随着将原有站场负担的油气处理量分配给其他站场，而其他站场如果能够负担则无须改造站场，相应的站场改进费用就相对低，经济指数相对高。因此可以得出站场改建费用经济指数应该与邻近区域管网的可负荷量成正比，即站场改建费用经济指数的计算式如公式（2.68）所示：

$$\theta_i = \min\left(\frac{\sum\limits_{k=1}^{m_r}(Q_{A,k} - q_{A,k})}{q_{d,i}}, 1 \right) \tag{2.68}$$

式中：θ_i——第 i 个区域管网集输站场改建费用经济指数；m_r——与第 i 个区域管网相邻近的区域管网数量；$Q_{A,k}$——第 k 个区域管网的设计处理量；$q_{A,k}$——第 k 个区域管网的当前处理量；$q_{d,i}$——第 i 个区域管网的当前处理量。

上式中的管道改建费用经济指数，可以理解为当前油田集输系统中局部管网重构的管道建设费用高低，局部管网重构需要将原有站场所辖低级站场分配给其他站场，即需要新建管道会产生一定费用。而如果局部管网与邻近管网距离近，则管道总长度及建设费用低，反之则总费用高。由此可以得出管道改线建费用经济指数的计算式如公式（2.69）所示：

$$\xi_i = \min\left(\frac{d_s}{\max\limits_{1 \leqslant k \leqslant m_r} d_{k,i}}, 1 \right) \tag{2.69}$$

式中：ξ_i——第 i 个区域管网集输管道改线费用经济指数；d_s——预设的管道长度；$d_{k,i}$——第 k 个区域管网与第 i 个区域管网同级别站场之间的距离，$\max\limits_{1 \leqslant k \leqslant m_r}$ 表示在所有的距离中选取最大值。

基于经济重构指数，可以对油田集输系统的区域管网布局重构是否经济进行判断，由于在经济重构指数中考虑了集输站场与管道的拓扑关系，考虑了集输系统布局重构的相关费用，故可以在油田集输系统中筛选出适宜进行布局重构的区域管网，完成对布局重构边界的表征与确定。

第 3 章
集输管道改线路由优化方法

在应用智能经济布局重构边界表征方法确定油田集输管网适宜的重构站场及管道后，需要对集输管道进行重新规划设计，对缺陷、破损达到一定程度的管道进行部分管段的新建路由规划，对关停站场所连接的集输管道进行整条管道的新建路由规划，集输管道的部分管段和整条管道的路由优化统称为管道改线路由优化。针对以上问题，考虑管道敷设在不同区域所受到的潜在损害程度不同的实际情况，将潜在敷设区域划分为若干网格，建立适宜敷设栅格综合评价方法，在此基础上建立管段改线路由优化模型和管道改线路由优化模型，构建适宜求解管道路由的相向广度优先路由搜索算法，并将管道路由优化推广到三维空间，建立三维空间下的油田集输管道路由优化方法。

3.1　管道适宜敷设栅格综合评价方法

现役站场关停以及现役管道改线后，会产生新建管道。在敷设新建管道时，除了要考虑规避障碍，还应考虑人文因素和自然因素带来的管道未来失效可能性。因此，有必要建立一套行之有效的管道适宜敷设区域栅格评价方法。将油田集输管道待敷设的区域划分为一定数量的网格，对每个网格的地理区域内的人文和自然因素进行综合评价，给出管道是否适宜在网格内敷设的评价结论，指导油田集输管道的改线路由优化，避免敷设在人为活动、地质灾害、土壤腐蚀危害程度大的区域。待敷设区域的适宜敷设评价结果如图

3.1 所示,在图 3.1 中,网格划分的密集度代表适宜敷设的等级,网格越密集代表越不适宜敷设,在得到了所有网格的评价结果后即可开展管道路由优化,在这些适宜敷设的网格中找到一条投资费用最少的管道敷设路由。

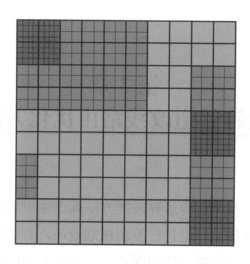

图 3.1 集输管道适宜敷设栅格评价结果示意图

3.1.1 管道适宜敷设区域模糊综合评价流程

1. 划分栅格

进行集输管道适宜敷设栅格评价的第一步就是要将管道待敷设区域划分成若干网格,网格的数量和网格的大小可根据管道起终点及周边障碍的分布情况进行具体确定,考虑到油田集输管道进行焊接的单根管道长度为 10m 左右,则可以选取 10m×10m 的网格大小进行整个区域的网格划分。障碍可以表示为多边形[15],将待敷设管道的起终点和障碍多边形的端点构成的矩形作为划分区域,将矩形区域划分为若干网格。如图 3.2 所示。

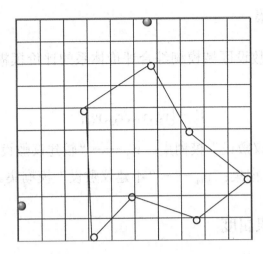

●管道起点　●管道终点　○障碍多边形顶点

图 3.2　管道待敷设区域及网格划分示意图

2. 建立因素集

从管道敷设规划中决策者最为关心的土壤腐蚀、地质灾害、人口密度三个影响因素出发建立评价指标，评价指标的具体指标项参见 2.3.2 小节。管道埋藏于地下，常年受到土壤的酸碱性物质影响，容易产生管壁腐蚀的情况，影响管道安全；集输管道在进行路由规划时，首先要避免的是敷设在地质情况较差，存在沉降、泥石流、土体滑动等地质灾害的区域；集输管道在敷设时要避开人口密集区域，一方面是保证管道一旦发生泄漏、失火事故造成尽量小的伤害，另外一方面是管道周围人口密集情况下会发生第三方施工、占压、碾压等破坏行为，造成管道发生不可逆形变破坏。因此将土壤腐蚀、地质灾害、人口密度作为是否适宜敷设管道的评价指标是有实际意义的。

根据土壤腐蚀、地质灾害、人口密度评价指标，建立新建管道敷设区域模糊综合评价体系的因素集，如式（3.1）所示：

$$U_3 = \{u_{61}, u_{62}, u_{63}\} \tag{3.1}$$

式中：u_{61}——土壤腐蚀；u_{62}——地质灾害；u_{63}——人口密度。此外，本节中的新建管道敷设区域评价指标均由符号代替。

3. 建立评价集

建立新建管道敷设区域模糊综合评价体系的评价模糊集，如公式（3.2）所示：

$$V_3 = \{v_{31}, v_{32}, v_{33}, v_{34}\} \tag{3.2}$$

式中：v_{31}——"建议敷设"模糊集；v_{32}——"较建议敷设"模糊集；v_{33}——"谨慎考虑敷设"模糊集；v_{34}——"不建议敷设"模糊集。

4. 确定因素隶属度

将 3 个评价指标的计算值代入到对应的隶属函数中，得到因素的隶属度，构造新建管道敷设区域模糊综合评价矩阵 $\boldsymbol{R}_3$。

$$\boldsymbol{R}_3 = \begin{bmatrix} v_{31-61} & v_{32-61} & v_{33-61} & v_{34-61} \\ v_{31-62} & v_{32-62} & v_{33-62} & v_{34-62} \\ v_{31-63} & v_{32-63} & v_{33-63} & v_{34-63} \end{bmatrix} \tag{3.3}$$

式中：v_{31-j}——评价指标 j 对于"建议敷设"模糊集的隶属程度；v_{32-j}——评价指标 j 对于"较建议敷设"模糊集的隶属程度；v_{33-j}——评价指标 j 对于"谨慎考虑敷设"模糊集的隶属程度；v_{34-j}——评价指标 j 对于"不建议敷设"模糊集的隶属程度。

5. 确定因素权重

根据油田集输系统新建管道所在区域的特点，计算得出新建管道敷设区域模糊综合评价方法中各个评价指标所占权重，并形成权重集，即

$$W_3 = \{\omega_{61}, \omega_{62}, \omega_{63}\} \tag{3.4}$$

式中：ω_{61}——土壤腐蚀的权重；ω_{62}——地质灾害的权重；ω_{63}——人口密度的权重。

6. 进行模糊综合评价

将计算得出的权重集 W_3 与模糊综合评价矩阵 R_3 进行模糊计算，采用"积–和"模糊算子 $M(\cdot\,,\oplus)$ 进行计算，得出模糊综合评价集 C_3。

$$C_3 = W_3 \circ R_3 \tag{3.5}$$

7. 得出模糊综合评价结果

依据最大隶属度原则，得到新建管道敷设区域的最终评价结果。

3.1.2　权重的确定

邀请 5 位专家对 3 个管道适宜敷设栅格综合评价指标的重要程度进行打分，其中，分值越高，代表该指标在管道适宜敷设栅格综合评价方法中的重要性越高，得到建议敷设指标的专家打分表如 3.1 所示。

表 3.1　管道适宜敷设栅格综合评价指标评分汇总

	u_{61}	u_{62}	u_{63}
专家 1	89	50	98
专家 2	87	68	88
专家 3	88	79	89
专家 4	86	76	90
专家 5	97	66	89

将管道适宜敷设栅格综合评价指标分为正向指标和负向指标，指标属性见表 3.2。对评价指标进行标准化处理，得到的标准化数据见表 3.3。

表 3.2　正负向指标属性表

	u_{61}	u_{62}	u_{63}
正向或者负向	正向	负向	负向

表 3.3 　管道适宜敷设栅格综合评价指标的标准化数据

	u_{61}	u_{62}	u_{63}
专家 1	0.272 7	0	1
专家 2	0.090 9	0.620 7	0
专家 3	0.181 8	1	0.1
专家 4	0	0.896 6	0.2
专家 5	1	0.551 7	0.1

采用熵权法对管道适宜敷设栅格综合评价指标的权重进行计算，将标准化数据代入公式（2.53）和公式（2.54），得到 3 个评价指标的信息熵，将熵值代入式（3.4），得到 3 个指标的权重，汇总表如表 3.4 所示：

$$W_j = \frac{1-E_j}{\sum\limits_{j=1}^{3}(1-E_j)} \tag{3.4}$$

式中：W_j——管道适宜敷设栅格综合评价方法中第 j 个指标所占权重。

表 3.4 　熵值及熵权汇总表

	u_{61}	u_{62}	u_{63}
E	0.625 2	0.842 9	0.556 3
ω	38.42%	16.10%	45.48%

3.1.3 　隶属函数的确定

根据表 2.9 土壤腐蚀等级、表 2.10 地质灾害风险分级标准和表 2.12 地区等级的划分标准，采用主观经验法和指派法中的梯形函数对管道适宜敷设栅格综合评价指标进行定量分析，管道适宜敷设栅格综合评价指标体系中，负向指标的隶属函数如下所示：

$$A(v_{31})' = \begin{cases} 1, x < P_{31}' \\ \dfrac{P_{32}' - x}{P_{32}' - P_{31}'}, P_{31}' \leqslant x < P_{32}' \\ 0, x \geqslant P_{32}' \end{cases} \qquad A(v_{32})' = \begin{cases} 0, x < P_{31}' \\ \dfrac{x - P_{31}'}{P_{32}' - P_{31}'}, P_{31}' \leqslant x < P_{32}' \\ \dfrac{P_{33}' - x}{P_{33}' - P_{32}'}, P_{32}' \leqslant x < P_{33}' \\ 0, x \geqslant P_{33}' \end{cases}$$

$$A(v_{33})' = \begin{cases} 0, x < P_{32}' \\ \dfrac{x - P_{32}'}{P_{33}' - P_{32}'}, P_{32}' \leqslant x < P_{33}' \\ \dfrac{P_{34}' - x}{P_{34}' - P_{33}'}, P_{33}' \leqslant x < P_{34}' \\ 0, x \geqslant P_{34}' \end{cases} \qquad A(v_{34})' = \begin{cases} 0, x < P_{33}' \\ \dfrac{x - P_{33}'}{P_{34}' - P_{33}'}, P_{33}' \leqslant x < P_{34}' \\ 1, x \geqslant P_{34}' \end{cases}$$

式中：$A(v_{31})'$、$A(v_{32})'$、$A(v_{33})'$ 和 $A(v_{34})'$ 分别为负向评价指标对于管道适宜敷设栅格综合评价指标体系中的 4 个评价模糊集：v_{31}，v_{32}，v_{33} 和 v_{34} 的隶属函数；P_{31}'，P_{32}'，P_{33}' 和 P_{34}' 分别为负向评价指标在管道适宜敷设栅格综合评价指标体系中的界限值，$P_{31}' < P_{32}' < P_{33}' < P_{34}'$，可根据不同管道所在区块的特点对负向评价指标选取合适的界限值，见表 3.5。

表 3.5　管道适宜敷设栅格综合评价中负向评价指标的界限值

	P_{31}'	P_{32}'	P_{33}'	P_{34}'
u_{62}	P_{31-62}	P_{32-62}	P_{33-62}	P_{34-62}
u_{63}	P_{31-63}	P_{32-63}	P_{33-63}	P_{34-63}

表 3.5 中，P_{31-j} 为评价指标 u_j 对应于评价模糊集 v_{31} 的界限值；P_{32-j} 为评价指标 u_j 对应于评价模糊集 v_{32} 的界限值；P_{33-j} 为评价指标 u_j 对应于评价模糊集 v_{33} 的界限值；P_{34-j} 为评价指标 u_j 对应于评价模糊集 v_{34} 的界限值，正向指标同理。

管道适宜敷设栅格综合评价指标体系中，正向评价指标的隶属函数如下所示：

$$A(v_{31}) = \begin{cases} 0, x < P_{32} \\ \dfrac{x - P_{32}}{P_{31} - P_{32}}, P_{32} \leqslant x < P_{31} \\ 1, x \geqslant P_{31} \end{cases} \qquad A(v_{32}) = \begin{cases} 0, x < P_{33} \\ \dfrac{x - P_{33}}{P_{32} - P_{33}}, P_{33} \leqslant x < P_{32} \\ \dfrac{P_{31} - x}{P_{31} - P_{32}}, P_{32} \leqslant x < P_{31} \\ 0, x \geqslant P_{31} \end{cases}$$

$$A(v_{33}) = \begin{cases} 0, x < P_{32} \\ \dfrac{x - P_{32}}{P_{33} - P_{32}}, P_{32} \leqslant x < P_{33} \\ \dfrac{P_{34} - x}{P_{34} - P_{33}}, P_{33} \leqslant x < P_{34} \\ 0, x \geqslant P_{34} \end{cases} \qquad A(v_{34}) = \begin{cases} 1, x < P_{34} \\ \dfrac{P_{33} - x}{P_{33} - P_{34}}, P_{34} \leqslant x < P_{33} \\ 0, x \geqslant P_{33} \end{cases}$$

式中：$A(v_{31})$、$A(v_{32})$、$A(v_{33})$和$A(v_{34})$分别为正向评价指标对于管道适宜敷设栅格综合评价指标体系中4个评价模糊集：v_{31}，v_{32}，v_{33}和v_{34}的隶属函数；P_{31}，P_{32}，P_{33}和P_{34}分别为正向评价指标在管道适宜敷设栅格综合评价指标体系中的界限值，$P_{31} > P_{32} > P_{33} > P_{34}$，可根据不同管道所在区块的特点对正向评价指标选取合适的界限值，见表3.6。

表3.6 管道适宜敷设栅格综合评价中正向评价指标的界限值

	P_{31}	P_{32}	P_{33}	P_{34}
u_{62}	P_{31-62}	P_{32-62}	P_{33-62}	P_{34-62}

将3个评价指标的计算值x代入各自对应范围的4个隶属函数中，得到各自的隶属度，将3个评价指标对于管道适宜敷设栅格模糊集的隶属度以表格形式体现，见表3.7。

表3.7 3个评价指标对于评价模糊集的隶属度

	v_{31}	v_{32}	v_{33}	v_{34}
u_{61}	v_{31-61}	v_{32-61}	v_{33-61}	v_{34-61}
u_{62}	v_{31-62}	v_{32-62}	v_{33-62}	v_{34-62}
u_{63}	v_{31-63}	v_{32-63}	v_{33-63}	v_{34-63}

表 3.7 中，v_{31-j} 为评价指标 u_j 对于"建议敷设"模糊集的隶属程度；v_{32-j} 为评价指标 u_j 对于"较建议敷设"模糊集的隶属程度；v_{33-j} 为评价指标 u_j 对于"谨慎考虑敷设"模糊集的隶属程度；v_{34-j} 为评价指标 u_j 对于"不建议敷设"模糊集的隶属程度。

3.2　管道改线路由优化模型

管道改线路由优化是对整条管道进行新建规划设计，站场关停后其所辖管道不能继续使用，需要新建一条管道将低级站场（油井）连接到其他站场。此外，一些管道由于长期受到占压、腐蚀等影响，管道本体出现缺陷甚至泄漏，需对现役管道建议改线评价方法评价为"不建议留用"的管道进行改线新建。对于整条管道改线的规划设计建立路由优化模型，优化得出适宜敷设的管道路由，对于节约投资、提高规划设计效率具有重要意义。

3.2.1　目标函数

以管道评价等级系数与管道建设费用系数之和最小化为目标，建立管道改线路由优化模型的目标函数如下：

$$\min L(\boldsymbol{E}, \boldsymbol{C}) = \sum_{i \in G} \sum_{j \in G} \sum_{e \in P_s} \left(E_{i,j} + C_{i,j,e} \right) \tag{3.5}$$

式中：L——评价等级系数与费用系数之和；$\boldsymbol{E}$——管道评价等级系数向量；$\boldsymbol{C}$——管道建设费用系数向量；$E_{i,j}$——管道节点 (x_i, y_i) 与 (x_j, y_j) 之间的管道所在网格的综合评价等级系数，无量纲；$C_{i,j,e}$——节点 (x_i, y_j) 与 (x_j, y_j) 之间的管道选取规格 e 时的费用系数；G——管道起终点及路由节点的集合；P_s——管道规格集合。

接下来对管道评价等级系数和管道费用系数进行详细说明。

1. 管道评价等级系数

将 3.1.1 节管道适宜敷设栅格综合评价方法中的评价模糊集进行赋分，分值细则见表 3.8。

表3.8　综合评价等级赋分表

评价等级	v_{31}	v_{32}	v_{33}	v_{34}
分值	10	40	70	100

将表3.8中评价等级对应的分值分别进行标准化处理，形成的综合评价等级系数 $E_{i,j}$ 见表3.9。

表3.9　综合评价等级系数

评价等级	v_{31}	v_{32}	v_{33}	v_{34}
$E_{i,j}$	0.00	0.33	0.67	1

表3.9中，$E_{i,j}$ 为管道节点 (x_i, y_i) 与管道节点 (x_j, y_j) 之间的管道所在网格的综合评价等级系数，无量纲。对于跨越不同网格的管道，取管道所在网格的综合评价等级系数最高者。

2. 管道建设费用系数

（1）管道长度计算

管道长度的计算公式如公式（3.5）所示：

$$l_{i,j} = \sqrt{(x_j - x_i)^2 + (y_j - y_i)^2} \tag{3.6}$$

式中：$l_{i,j}$ ——节点 i 和节点 j 之间管道的最短避障长度。

（2）单位长度管道固定费用

铺设管道需要考虑的固定成本有：

①材料采购费用。包括购买管道、阀门、连接件等所需材料的费用。

②劳动力费用。包括施工队伍的人工费用，如工程师、技术人员、施工人员等。

③土地征用费用。由于路由点所属区域不同，《中华人民共和国土地管理法》规定，如果所在建设区块中需要征用土地来敷设管道，就需要支付相应的土地征用费。

综上，新建管道的费用函数如公式（3.6）所示：

$$F_{i,j,e} = \lambda_{i,j}\mu_{i,j,e}l_{i,j}(f_{A,i,j,e} + f_{B,i,e} + f_{C,i,j}) \tag{3.6}$$

式中：$F_{i,j,e}$——节点 i 与节点 j 之间的管道选取管道规格 e 的建设费用；P_{s}——连接两节点之间管道的许用规格集合；$\lambda_{i,j}$——节点 i 与节点 j 之间的管道连接关系二元变量，若相连则为 1，否则为 0；$\mu_{i,j,e}$——节点 i 与节点 j 之间的管道是否选取管道规格 e 的标记变量，选取则标记为 1，否则为 0；$f_{A,i,j,e}$ 为管道选取管道规格 e 时的材料采购费用，这里主要考虑管材费用，$f_{A,i,j,e} = \pi \cdot \gamma_{i,j,e} \cdot \delta_{i,j,e} \cdot (D_{i,j,e} - \delta_{i,j,e})$，式中，$\gamma_{i,j,e}$ 为管道选取管道规格 e 时管材费用的拟合系数，$\delta_{i,j,e}$ 为选取管道规格 e 时管道的壁厚，$D_{i,j,e}$ 为选取管道规格 e 时管道的直径（注：在现役管道中改线管段时，管道直径和原管道保持一致）；$f_{B,i,j,e}$ 为劳动力费用；$f_{C,i,j}$ 为土地征用费，按照所在区域土地用途缴纳，对于跨越不同网格的管段，取网格中土地征用费最高者。将新建管道费用进行标准化，得到费用系数，计算公式如式（3.7）所示：

$$C_{i,j,e} = F_{i,j,e} \cdot \rho = \lambda_{i,j}\mu_{i,j,e}l_{i,j}(f_{A,i,j,e} + f_{B,i,e} + f_{C,i,j}) \cdot \rho \tag{3.7}$$

式中：ρ——费用转换系数，$\rho = \dfrac{1}{f_{i,j,\max}}$，$f_{i,j,\max}$ 为建设管道费用的总预算。

3.2.2 约束条件

1. 管道路由点所在网格应该被管道适宜敷设栅格综合评价方法评价为"建议敷设"或"较建议敷设"

$$V_{\mu_{i,j}} \in \{v_{31}, v_{32}\}, i,j \in U, i \neq j \tag{3.8}$$

式中：$V_{\mu_{i,j}}$——管道敷设区域模糊综合评价结果；v_{31}、v_{32}——在本书 3.1 节中，管道适宜敷设栅格综合评价方法中的评价结果，分别为"建议敷设"和"较建议敷设"。

2. 管道节点位置约束

管道路由优化模型节点的位置应避开现役管道节点的位置。

$$U \bigcap G = \varnothing \tag{3.9}$$

式中：U——未改线现役管道路由节点集合；G——管道路由节点集合。

3. 管道节点数量约束

管道路由优化模型的节点数量应限制在一定的范围内：

$$u_{min} \leqslant u \leqslant u_{max} \qquad (3.10)$$

式中：u——管道路由优化模型的节点数量；u_{min}，u_{max}——管道节点数量的最小、最大值。

4. 转向角约束

为降低施工和清管难度，管道的转向角不宜过大[16]：

$$\lambda_{i,j}\lambda_{j,k}\theta_{i,j,k} \leqslant \theta_{max} , \ i \neq j \neq k \qquad (3.11)$$

式中：$\lambda_{i,j}$——管道节点 i 和节点 j 之间的连接关系二元变量，连接则为 1，否则为 0；$\lambda_{j,k}$——管道节点 j 和节点 k 之间的连接关系二元变量，连接则为 1，否则为 0；$\theta_{i,j,k}$——管道 $l_{i,j}$ 和管道 $l_{j,k}$ 之间的转向角，（°）；θ_{max}——转向角可接受的最大值，（°）。

5. 布局可行性约束

管道需避开障碍，即改线管道的路由节点不能位于障碍内，采用射线法判断路由点是否位于障碍内：

$$\mathrm{mod}(R_i, 2) = 0 \qquad (3.12)$$

式中：$\mathrm{mod}(\ )$——求模运算；R_i——管道节点 (x_i, y_i) 处引出的射线与障碍的交点数量。

3.2.3 完整模型

完整的管道改线路由优化模型如下所示：

$$\min \ L(\boldsymbol{E},\boldsymbol{C}) = \sum_{i \in G} \sum_{j \in G} \sum_{e \in P_s} \left(E_{i,j} + \lambda_{i,j} \mu_{i,j,e} \sqrt{(x_j - x_i)^2 + (y_j - y_i)^2} \left(f_{A,i,j,e} + f_{B,i,j,e} + f_{C,i,j} \right) \cdot \rho \right)$$

$$\text{s.t.} \quad V_{\mu_{i,j}} \in \{v_{31}, v_{32}\}, i, j \in U, i \neq j$$

$$U \bigcap G = \varnothing$$

$$\lambda_{i,j} \lambda_{j,k} \theta_{i,j,k} \leqslant \theta_{\max}, i \neq j \neq k$$

$$u_{\min} \leqslant u \leqslant u_{\max}$$

$$\mod(R_i, 2) = 0$$

3.3　管段改线路由优化模型

管段改线是对现役管道中的部分管段进行更换重建，是在考虑现有管道所有管段是否留用的基础上进行的，基于第 2 章中的现役管道建议改线评价方法对待评价的管道的所有管段进行评价，针对评价结果为"建议改线"的管段进行路由优化。据此开展管段改线路由优化模型建立研究。

3.3.1 目标函数

与管道改线路由优化模型相似，管段改线路由优化同样需要考虑管段的建设成本以及所经过区域的适宜敷设程度，以管段评价等级系数与管段建设费用系数之和最小化为目标，建立管段路由优化模型的目标函数如下：

$$\min \ L(\boldsymbol{E},\boldsymbol{C}) = \sum_{k=1}^{m} \eta_k \sum_{i \in G_k} \sum_{j \in G_k} \sum_{e \in P_{s,k}} \left(E_{k,i,j} + C_{k,i,j,e} \right) \tag{3.13}$$

式中：L——所有改线管段的综合成本；m——管段总数；η_k——第 k 段管段是否需要改线的标记变量，如果需要改线取值为 1，否则取值为 0；G_k——第 k 段管段的起终点及路由节点的集合；$P_{s,k}$——第 k 段管段的管道规格集合；$E_{k,i,j}$——第 k 段管段的中节点 (x_i, y_i) 与 (x_j, y_j) 之间的路由管段所在网格的综合评价等级系数，无量纲；$C_{i,j,e}$——第 k 段管段的节点 (x_i, y_i) 与 (x_j, y_j) 之间的路由管段选取规格 e 时的费用系数。

管段评价等级系数的计算与 3.2.1 小节中保持一致。以下对管段费用系数进行说明。

1. 长度计算

管段长度的计算公式如公式（3.14）所示：

$$l_{k,i,j} = \sqrt{(x_{k,j} - x_{k,i})^2 + (y_{k,j} - y_{k,i})^2} \tag{3.14}$$

式中：$l_{k,i,j}$——第 k 段管段中节点 i 和节点 j 之间最短避障长度。

2. 单位长度管段固定费用

敷设管段费用与管段改线费用相似，需要考虑材料采购费用、劳动力费用、土地征用费用，则管段费用函数为

$$F_{k,i,j,e} = \lambda_{k,i,j} \mu_{k,i,j,e} l_{k,i,j} (f_{k,A,i,j,e} + f_{k,B,i,j,e} + f_{k,C,i,j}) \tag{3.15}$$

式中：$F_{k,i,j,e}$——第 k 段管段中节点 i 与节点 j 之间的路由管段采用规格 e 的建设费用；$\lambda_{k,i,j}$——第 k 段管段中节点 i 与节点 j 之间是否有路由管段连接关系二元变量，若相连则为 1，否则为 0；$\mu_{k,i,j,e}$——第 k 段管段中节点 i 与节点 j 之间的路由管段是否选取规格 e 的标记变量，选取则标记为 1，否则为 0；$f_{k,A,i,j,e}$——第 k 段管段中路由管段选取管段规格 e 时的材料采购费用；$f_{k,B,i,j,e}$——第 k 段管段中路由管段建设的劳动力费用；$f_{k,C,i,j}$——第 k 段管段中路由管段的土地征用费。将管段费用进行标准化，得到费用系数 ρ，计算公式如式（3.16）所示：

$$C_{k,i,j,e} = F_{k,i,j,e} \cdot \rho = \lambda_{k,i,j} \mu_{k,i,j,e} l_{k,i,j} (f_{k,A,i,j,e} + f_{k,B,i,j,e} + f_{k,C,i,j}) \cdot \rho \tag{3.16}$$

3.3.2 约束条件

相较于管道改线路由优化，管段改线路由优化是在现有管段建议改线评价基础上进行的，因而在约束条件中增加建议改线评价的约束条件，其他约束条件相应更改。

1. 建议改线约束

采用现役管段建议改线评价方法对油田集输系统中的现役管段进行综合评价，应选取综合评价结果为"建议改线"的管段进行改线，具体改线管段的等级可以根据实际情况进行决策。

$$\text{bool}\left(V_{\xi_{i,j}} \in \{v_{24}\}\right) = \eta_k, i, j \in G_k, j \neq i \tag{3.17}$$

式中：$V_{\xi_{i,j}}$——现役管段建议改线评价结果；v_{24}——本书 2.3.2 节中，现役管段建议改线评价方法中的评价结果，v_{24}——"建议改线"；$\text{bool}(\ )$——布尔判断函数，如果判断函数中的表达式逻辑正确，则取值为 1，否则取值为 0。

2. 建议敷设约束

对于管段改线优化，路由点所在网格应是适宜敷设的，也就是被管段适宜敷设栅格综合评价方法评价为"建议敷设"或"较建议敷设"的网格。

$$\text{bool}\left(V_{\mu_{i,j}} \in \{v_{31}, v_{32}\}\right) = 1, i, j \in U, i \neq j \tag{3.18}$$

3. 节点位置约束

所有改线管段的路由节点应避开现役管段路由节点的位置：

$$U \bigcap G_k = \varnothing \tag{3.19}$$

4. 管段节点数量约束

所有改线管段的路由节点应限制在一定的范围内：

$$u_{\min} \leqslant u_k \leqslant u_{\max} \tag{3.20}$$

式中：u_k——管段路由节点数量。

5. 转向角约束

为降低施工和清管难度，管段之间的转向角不宜过大。

$$\lambda_{k,i,j}\lambda_{k,j,l}\theta_{i,j,l} \leqslant \theta_{\max}, i \neq j \neq l \tag{3.21}$$

式中：$\lambda_{k,i,j}$——第 k 段管段中路由节点 i 和节点 j 之间的连接关系二元变量，连接则为 1，否则为 0；$\lambda_{k,j,l}$——第 k 段管段中路由节点 j 和节点 l 之间的连接关系二元变量，连接则为 1，否则为 0；$\theta_{i,j,l}$——两段相连管段之间的转向角，（°）；$\theta_{\max}$——转向角可接受的最大值，（°）。

6. 布局可行性约束

应用射线法判断管段的路由点不位于障碍内：

$$\mod(R_{k,i},2)=0 \tag{3.22}$$

式中：$R_{k,i}$——第 k 段管段中节点 (x_i,y_i) 处引出的射线与障碍的交点数量。

3.3.3 完整模型

管段改线路由优化的完整模型如下所示：

$$\min L(\boldsymbol{E},\boldsymbol{C})=\sum_{k=1}^{m}\eta_k\sum_{i\in G_k}\sum_{j\in G_k}\sum_{e\in P_{s,k}}\left(E_{k,i,j}+\lambda_{k,i,j}\mu_{k,i,j}l_{k,i,j}(f_{k,A,i,j,e}+f_{k,B,i,j,e}+f_{k,C,i,j})\cdot\rho\right)$$

$$\text{s.t. bool}\left(V_{\xi_{i,j}}\in\{v_{24}\}\right)=\eta_k,i,j\in G_k,j\neq i$$

$$\text{bool}\left(V_{\mu_{i,j}}\in\{v_{31},v_{32}\}\right)=1,i,j\in U,i\neq j$$

$$U\bigcap G_k=\varnothing$$

$$u_{\min}\leqslant u_k\leqslant u_{\max}$$

$$\lambda_{k,i,j}\lambda_{k,j,l}\theta_{i,j,l}\leqslant\theta_{\max},i\neq j\neq l$$

$$\mod(R_{k,i},2)=0$$

3.4 相向广度优先管道路由求解方法

管道改线路由优化和管段改线路由优化模型虽然不相同，但本质上是寻求管道起终点之间的最佳路由点布置，这类问题可以等效归结为最短路问题，以往求解最短路问题包括传统寻优算法和现代寻优算法，传统寻优算法包括 Flyod 算法、Dijkstra 算法、Prim 算法，但这三种算法复杂度高、计算耗时长，对于集输管道这种跨越空间范围相对较广的情况适用性弱，现代启发式算法可以较快求得优化方案，但受限于启发式算法的算法原理，难以找到全局最优路由，因而需要研发一种新型的全局搜索管道路由优化方法。

广度优先搜索算法（breadth-first search，BFS）虽然可以求解最短路问题，但由于 BFS 算法需要遍历每个节点，且在迭代的同时需要更新队列，对于在大量管道敷设备选网格基础上进行管道路由点寻优的问题，每一次最短路的搜索都要进行上万次的计算，其复杂度仍然较高，考虑到后续管道的路由优化需要与油田集输管网布局重构优化求解耦合起来，这样的复杂度是难以接受的。另外，相较于深度优先搜索算法（depth-first search，DFS）的递归求解，BFS 算法避免了由于问题规模庞大所导致的深层递归求解计算效率不理想的问题，但对于 BFS 算法的存储需要而言，若采用邻接矩阵的方式表征管道路由寻优区域的网格，可能导致内存占用过高或者溢出，所以需要寻求 BFS 算法的改进方法，使得在内存可接受的情况下降低计算复杂度，提高求解效率。本书提出了相向广度优先管道路由搜索算法，并且采用邻接表的方式降低了算法对于内存的开销。

3.4.1　算法主流程

广度优先搜素算法中对于网络中的节点进行"广撒网"式搜索，会造成搜索到的节点冗余，为了减少冗余搜索次数，在加速求解的同时保证解的最优性，本书提出采用相向同步执行广度优先搜索的方式进行最短路搜索。所谓相向同步是指分别以初始节点和目标节点为源点并行相向搜索，再结合 BFS 算法的全局遍历性达到高效搜索的目的，以下给出算法的主要步骤和流程图。

定义由初始节点单元向目标节点单元的搜索为正向搜索，目标节点单元向初始节点单元的搜索为反向搜索，N_P 为待寻优区域的所有网格数量，N_E 为集输管道的所有管段数量，可以表述为如下主要步骤[17]：

定义由初始节点出发向目标节点的搜索为正向搜索，由目标节点出发的搜索为反向搜索。以待寻优区域的所有网格中的 N_P 个网格顶点为节点，以 N_E 条网格边为边，将待寻优区域的网格表征为一个大型无向连通图 $G_{t,b}$，给出相向广度优先搜索算法的主要步骤为：

①初始化 $G_{t,b}$ 的邻接链表、节点是否搜索的标记，及前驱节点信息。将正向和反向搜索队列、正向和反向路由置为空，加入初始点 s_j 至正向搜索队列且目标点 $t_{B,j}$ 至反向搜索队列。

②对于正向队列中的当前节点 Cu_s（图 3.3 中箭头围绕点），判断其向着八个方向（图 4 中箭头指向点）的邻接节点 v_{A,k_s}^s 是否已标记为反向搜索，若是转步骤⑥，若否则将 Cu_s 加入正向队列的尾部，记录节点 v_{A,k_s}^s 的前驱节点为 Cu_s，转步骤③；对于反向队列中当前节点 Cu_t，判断其邻接节点 v_{A,k_t}^t 是否已标记为正向搜索，若是则转步骤⑥，若否则将 Cu_t 加入反向队列尾部，记录节点 v_{A,k_t}^t 的前驱节点为 Cu_t，转步骤③。

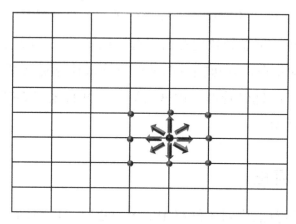

图 3.3　相向广度优先管道路由搜索算法邻近搜索方向示意图

③判断正向当前节点 Cu_s 的邻接点是否均已搜索，若是则标记 Cu_s 为已搜索，将其从队列中移去，转步骤④，若否，转步骤②继续搜索；判断反向当前节点 Cu_t 的邻接点是否均已搜索，若是则标记 Cu_t 为已搜索，将其从队列中移除，转步骤④，若否，转步骤②继续搜索。

④判断正向队列是否为空，若是则转步骤⑤，若否则更新当前节点 Cu_s，转步骤②；判断反向队列是否为空，若是则转步骤⑤，若否则更新当前节点 Cu_t，转步骤②。

⑤初始节点 s_j 和目标节点 $t_{B,j}$ 之间不存在连通路由，计算结束。

⑥基于前驱节点信息，以 v_{A,k_s}^s 或 v_{A,k_t}^t 为路由端点回溯得到初始节点 s_j 和目标节点 $t_{B,j}$ 之间的一条最小深度路由，并在回溯过程中计算和存储管道路由综合长度（网格评价系数转化为长度），转步骤⑦。

⑦判断 v_{A,k_s}^s 或 v_{A,k_t}^t 所在层级的所有节点是否全部被标记，若是则统计所有路由中综合长度最小的路由，将其存储到路由集中，转步骤⑧；否则，转步骤④。

⑧最优路由搜索完毕，输出最优解，计算结束。

为了更加直观地展现算法的求解过程，给出相向广度优先管道路由搜索算法求解流程图如图 3.4 所示。

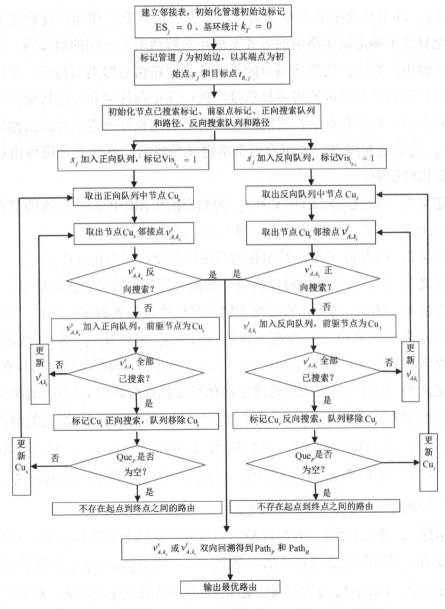

图 3.4 相向广度优先管道路由优化求解方法流程图

147

3.4.2 最优性和复杂度分析

1. 最优性分析

证明相向广度优先管道路由优化算法的正确性，其实质就是证明从一点到另一点所求得的路由的最优性，以下从图论的角度证明算法的最优性。

在管道路由的求解中，可以将待优化区域的所有网格表征为无向连通图 $G(V,E)$，其中 V 表示节点单元集合，E 表示边集合。相向广度优先管道路由优化算法中确定最佳路由的方式实质是求解两端点之间的最短路。在以上求解步骤中，算法在找到两端点间的一条最短路由后即退出循环，在进行最优性分析时为了方便讨论可将算法推广为：在正向搜索和反向搜索的路由存在共有点后，将共有点所在层的其他所有节点均执行搜索后再退出循环。令 s_j 和 $t_{B,j}$ 是管道起终点，进而给出基本定义和相向广度优先管道路由优化方法的最优性证明。

定义 1：以图 $G_j(V,E)$ 中 s_j 和 $t_{B,j}$ 为端点的由图中的顺序相连的节点序列 $P_{th}=\{s,V_1,V_2,\cdots,V_m,t_B\}$ 称为节点 s_j 到节点 $t_{B,j}$ 的路由。

定义 2：路由 P_{th} 的节点数量称为路由的深度，记为 $\mathrm{dep}(P_{th})$。

定义 3：两节点之间的最优路由是它们之间节点数量最少的路由。

定义 4：相向广度优先管道路由优化算法执行得到的由 s_j 到 $t_{B,j}$ 方向的路由称为正向搜索路由，记为 $P_{th}^s=\{s,V_{s_1},V_{s_2},\cdots,V_{s_r},u\}$，由 $t_{B,j}$ 到 s_j 方向的路由称为反向搜索路由，记为 $P_{th}^t=\{t_B,V_{t_1},V_{t_2},\cdots,V_{t_l},u\}$，$u$ 为两个路由的共有点。

定义 5：相向广度优先管道路由优化算法执行得到的 s_j 到 $t_{B,j}$ 的路由中的节点序数称为层次记为 $S_{P,i}$，与第 $S_{P,i}$ 层次节点相连通的同一层次的节点集合称为层集，记为 $\mathrm{Layer}(S_{P,i})$，正向路由节点层次记为 $S_{s,k}$，节点层集记为 $\mathrm{Layer}(S_{s,k})$，反向路由节点层次记为 $S_{t,h}$，节点层集记为 $\mathrm{Layer}(S_{t,h})$，满足 $\bigcup_{i=s}^{t_B}\mathrm{Layer}(S_{P,i})=\bigcup_{k=s}^{S_{s,u}}\mathrm{Layer}(S_{s,k})\bigcup_{h=t_B}^{S_{t,u}}\mathrm{Layer}(S_{t,h})$。

引理 1：节点 s_j 到 $t_{B,j}$ 的最优路由的节点一定位于层集 $\mathrm{Layer}(S_{P,i})$ 中。

证明：采用归纳法进行证明，令 $P_{th}^*=\{s_j^*,V_{1,j}^*,V_{2,j}^*,\cdots,t_{B,j}\}$ 为节点 s_j 到 $t_{B,j}$ 的最优路由，$\mathrm{Layer}(S_{P,u'})$ 为正向层集和反向层集存在交集的层集。对于 $V_{1,j}^*$，由相向广度优先管道路由优化算法执行步骤可知，所有与 s_j^* 相邻接的节点都位

于层集 $\mathrm{Layer}(S_{s,1})$ ，路由 P_{th}^{*} 要保持和 s_{j}^{*} 的连通性，则 $V_{1,j}^{*}$ 一定位于层集 $\mathrm{Layer}(S_{s,1})$ 中。设 $V_{k,j}^{*}$ 位于层集 $\mathrm{Layer}(S_{s,k}), 2 \leqslant k < S_{s,u'}$ 中，因为 $V_{k,j}^{*}$ 与 $V_{k+1,j}^{*}$ 相邻接，所以 $V_{k+1,j}^{*}$ 位于正向层集 $\mathrm{Layer}(S_{s,k+1})$ 中，进而得到 $V_{S_{s,u'},j}^{*} \in \mathrm{Layer}(S_{s,u'})$ 。同理可以证得最优路由节点 $V_{h,j}^{*}$ 一定位于反向层集 $\mathrm{Layer}(S_{t,h}), 1 \leqslant h \leqslant S_{t,u'}$ ，即 $V_{S_{t,u'},j}^{*} \in \mathrm{Layer}(S_{t,u'})$ ，由定义 5 可知， $\mathrm{Layer}(S_{P,i})$ 在 $1 \leqslant i < S_{s,u'}$ 对应着正向层集 $\mathrm{Layer}(S_{s,i})$ ，在 $S_{s,u'}+1 \leqslant i \leqslant S_{t,u'}+S_{s,u'}-1$ 对应着反向层集 $\mathrm{Layer}(S_{t,i})$ ，且层集 $\mathrm{Layer}(S_{P,u'})$ 是正向层集和反向层集 $\mathrm{Layer}(S_{t,u'})$ 的并集，所以节点 s_{j} 到 $t_{B,j}$ 的最优路由的节点一定位于层集 $\mathrm{Layer}(S_{P,i})$ 中。证毕。

引理 2：相向广度优先管道路由优化算法可以获得任意两节点之间的最优路由。

证明：已知 s_{j} 和 $t_{B,j}$ 为 $G(V,E)$ 的任意两个节点。采用反证法，设 $P_{\mathrm{th}}^{*} = \{s_{j}^{*}, V_{1,j}^{*}, V_{2,j}^{*}, \cdots, t_{B,j}\}$ 为 s_{j} 和 $t_{B,j}$ 之间的最优路由， P_{th} 为采用相向广度优先管道路由优化算法得到的路由，且 $\mathrm{dep}(P_{\mathrm{th}}) > \mathrm{dep}(P_{\mathrm{th}}^{*})$ ，根据引理 1 可知，最优路由 P_{th}^{*} 的节点一定位于相向广度优先管道路由优化算法搜索的层集上，因为最优路由 P_{th}^{*} 的深度小于 P_{th} 的深度，所以路由 P_{th}^{*} 一定至少缺少一个层集内的节点，因为端点 s_{j} 和 $t_{B,j}$ 一定在路由 P_{th}^{*} 中，假设路由 P_{th}^{*} 存在节点 $V_{af,j}^{*} \in \mathrm{Layer}(S_{P,i+1})$ 且 $V_{af,j}^{*}$ 的相邻路由节点 $V_{be,j}^{*} \in \mathrm{Layer}(S_{P,i-1})$ ，由相向广度优先管道路由优化算法可知， $\mathrm{Layer}(S_{P,i-1}) \bigcap \mathrm{Layer}(S_{P,i}) = \varnothing$ ， $\mathrm{Layer}(S_{P,i}) \bigcap \mathrm{Layer}(S_{P,i+1}) = 0$ ，且层集 $\mathrm{Layer}(S_{P,i-1})$ 中的所有邻接点均位于层集 $\mathrm{Layer}(S_{P,i})$ 中，由于 $V_{af,j}^{*}$ 和 $V_{be,j}^{*}$ 相连接，所以 $V_{be,j}^{*} \in \mathrm{Layer}(S_{P,i})$ ，与已知矛盾，证毕。

2. 复杂度分析

衡量一种算法的综合性能优劣主要评估其时间复杂度（总计算次数 $\mathrm{Layer}(S_{s,u'})$ ）和空间复杂度（内存资源消耗），相向广度优先管道路由优化算法在执行过程中采用相向协调搜索的方式，时间复杂度和空间复杂度相较于朴素 BFS 算法均有了显著的降低，具体分析其求解步骤，相向广度优先管道路由优化算法反复执行的计算是判断每个节点的所有邻接点是否均已经被标记，定义从队列中读取邻接点、判断邻接点是否已搜索和将邻接点加入队列为一次基本迭代，假设初始节点 s_{j} 与目标节点 $t_{B,j}$ 之间的路由点数目为 len ，待优化网格中每个节点均与 n_N 个节点相邻接，则正向搜索和反向搜索过程形成了两棵满 n_N 叉树。以 len 为偶数为例，分析相向广度优先管道路由优化算法的时间和空间复杂度。其中待优化区域网格图中顶点数目为 N_P，边的数目为 N_E。

（1）时间复杂度

相向广度优先管道路由优化算法求解最优管道路由的时间复杂度可以表示为

$$T_B(P_{th}) = 2\sum_{i=1}^{\frac{\text{len}}{2}} n_N^{i-1} = \frac{2\left(n_N^{\frac{\text{len}}{2}} - 1\right)}{n_N - 1} \tag{3.23}$$

式中： $T_B(P_{th})$ ——相向广度优先管道路由优化算法的时间复杂度。

分析得到式（3.23）中的复杂度的上下界为

$$2n_N^{\frac{\text{len}}{2}-1} - 1 \leqslant \frac{2\left(n_N^{\frac{\text{len}}{2}} - 1\right)}{n_N} < T_B(P_{th}) = \frac{2\left(n_N^{\frac{\text{len}}{2}} - 1\right)}{n_N - 1} < \frac{2n_N^{\frac{\text{len}}{2}}}{n_N - 1} \leqslant n_N^{\frac{\text{len}}{2}}$$

相较于朴素 BFS 算法的时间复杂度 $T_S(P_{th})$，相向广度优先管道路由优化算法所占的时间复杂度比例为

$$\frac{T_B(P_{th})}{T_S(P_{th})} = \frac{2\left(n_N^{\frac{\text{len}}{2}} - 1\right)}{n_N^{\text{len}} - 1}$$

分析相向广度优先管道路由优化算法与朴素 BFS 算法求解最优路由的时间复杂度的比例上界为

$$\frac{T_B(P_{th})}{T_S(P_{th})} = \frac{2\left(n_N^{\frac{\text{len}}{2}} - 1\right)}{n_N^{\text{len}} - 1} = \frac{1}{\frac{1}{2}\left(n_N^{\frac{\text{len}}{2}} + 1\right)}$$

因为最短路由的节点数 len $\geqslant 2$，即说明相较于朴素 BFS 算法，相向广度优先管道路由优化算法减少超过 1/2 的计算次数。对于本研究中的规则格网 DEM， $n_N = 8$，则可减少 7/9 的计算量。

（2）空间复杂度

空间复杂度描述的是算法执行所需的存储单元，相向广度优先管道路由优化算法在执行中要存储每一个节点以便回溯路径，即需要存储的节点单元与算法的计算次数相当，则相向广度优先管道路由优化算法求解最优路由的空间复杂度为

$$S_{\mathrm{B}}(P_{\mathrm{th}}) = \frac{2\left(n_N^{\frac{\mathrm{len}}{2}} - 1\right)}{n_N - 1} \tag{3.24}$$

式中：$S_{\mathrm{B}}(P_{\mathrm{th}})$ ——相向广度优先管道路由优化算法求解最优路由的空间复杂度。

相较于朴素 BFS 算法的空间复杂度 $S_{\mathrm{S}}(P_{\mathrm{th}})$，相向广度优先管道路由优化算法所占的空间复杂度比例为

$$\frac{S_{\mathrm{B}}(P_{\mathrm{th}})}{S_{\mathrm{S}}(P_{\mathrm{th}})} = \frac{1}{\frac{1}{2}\left(n_N^{\frac{\mathrm{len}}{2}} + 1\right)}$$

与朴素 BFS 算法相比，相向广度优先管道路由优化算法可至少节约 1/2 的空间复杂度，可减少 7/9 的空间复杂度。

此外，DFS、Dijkstra、Floyd 算法也是求解最优路由的有效算法，同样对这三种算法的复杂度进行讨论，DFS 算法如果想保证搜索求得路由的最优性，需要对所有网格的节点单元和边单元进行遍历，即 DFS 算法的时间复杂度为 $o(N_P + N_E)$；经典的 Dijkstra、Prim 和 Floyd 算法的时间复杂度分别为 $o(N_P^2)$、$o(N_P^2)$ 和 $o(N_P^3)$。由于朴素 BFS 算法与 DFS 算法时间复杂度相当，也为 $o(N_P + N_E)$，所以相向广度优先管道路由优化算法的计算效率要优于 DFS 算法且远优于 Prim、Dijkstra 和 Floyd 算法。

3.4.3   应用示例

某油田转油站与计量间之间的管道投产运行时间已达 23 年，该管道在设计阶段被设置 4 个转向点共计 5 段，其中一段管段经过湿润盐碱地，由于土壤存在腐蚀性加之地面沉降严重，该段管道曾经发生过 2 次泄漏。应用本章所提出的改线管段路由优化方法对该站间的管道进行优化，优化结果表明，

曾发生过泄漏的管段需要进行改线，改线管段的长度为 0.635km，改线管段设置 2 个转向点共计 3 段路由管段。应用管道适宜敷设区域模糊综合评价方法对地质灾害、人口密度、土壤腐蚀三个方面进行评价，发现除泄漏管段外，其他管段的地质灾害、土壤腐蚀评价均为不易发生。现役管道走向布局及地质灾害、人口密度、土壤腐蚀适宜敷设单因素评价情况如图 3.5 ～ 3.7 所示。改线优化后的管道走向及适宜敷设多因素模糊综合评价的评价结果如图 3.8 所示。图 3.6 ～图 3.8 中为了更好地展现适宜敷设评价结果，图中的网格划分较大，而实际计算的网格划分会更紧密。

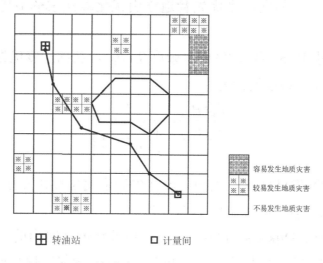

图 3.5 现役管道布局及地质灾害评价结果示意

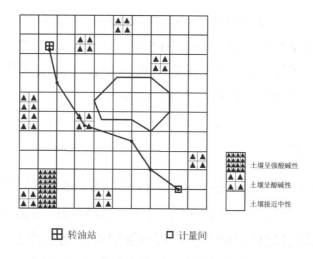

图 3.6 现役管道布局及地质灾害评价结果示意

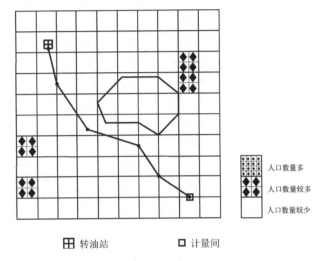

图 3.7　现役管道布局及地质灾害评价结果示意

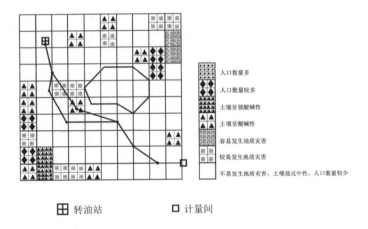

图 3.8　改线优化管道布局及适宜敷设综合评价结果示意

第 4 章
油田集输系统撤并布局重构优化方法

油田中后期集输系统进行布局重构优化时，在保持集输站场级别不改变的前提下，可以对油田集输系统进行撤销关停站和合并新建两种布局重构优化。撤销关停重构是在不新建站场的条件下将运行负荷低、运行成本高的站场进行撤销关停，关停站场所辖的下级站场及管道进行相应布局重构。合并新建重构是将两座以上运行状态差的站场合并新建成为新的站场，在激活油田集输系统的生产运行活力的基础上兼顾油藏开发下一步的新增产能。油田集输系统撤并布局重构优化可以为油田集输系统的布局重构提供参考理论方法，节能减资等效减少了二氧化碳排放[18]，对于油田绿色可持续发展具有积极意义。

4.1　优化问题描述

4.1.1　假设条件

① N 为待优化的油田中后期集输系统的布站级数，$N \geqslant 1$。当 $N = 1$ 时，$N-1$ 级站场为油井。

② 仅对 N 级站场综合评价及对相应系统进行重构优化。

③ 将撤销关停或合并新建的 N 级站场所辖的 $N-1$ 级站场连接到其他留用的 N 级站场上，留用的 N 级站场与其所辖的 $N-1$ 级站场之间原有的连接

关系保持不变。

④布局重构后，如果站场处理量大于站场的设计处理量，则该站场需要进行扩建。

⑤油田集输系统的拓扑连接结构为放射状。

⑥若更换一根管道中的部分管段，新建管段的管道规格与现役管道的相同。

⑦各类设备和管道充足，可以满足布局重构优化的需要。

4.1.2 已知条件

①各级站场的具体位置坐标和油田产量；

②油田各级站场的处理能力；

③现役油田集输系统的管道连接关系，管道连接关系是指各级站场之间是否连接的物理关系，例如待优化的油田集输系统其中的一个 $N-1$ 级站场与具体哪个 N 级站场相连；

④各类设备和管道的价格。

通过对现役油田站场及管道的综合评价，得出需要关停的 N 级站场和需要改线的管道；将撤销关停后的 N 级站场所辖的 $N-1$ 级站场连接到其他留用的 N 级站场上，并对超出处理量范围的、留用的站场进行改造。对可关停的站场考虑新建产能的负荷进行合并新建设计；当现役管道因腐蚀老化等原因不适宜留用时，通过考虑新建管道区域的栅格评价结果以及障碍等因素，建立一条新的管道来替代它。

4.2 撤销关停布局重构优化

4.2.1 目标函数

油田集输站场的撤销关停是针对某些具有显著适宜关停站场特征的集输系统，即现役站场关停适用性评价方法评价为"建议关停"的站场，且撤销关停的站场所负担的处理量可以由其他站场承担。本节以极小化集输系统综合投资为目标函数，投资内容包括站场改造费用、管道新建费用和布局重构优化后的站场运行成本，建立通用的油田集输系统撤销关停布局重构优化模型的目标函数，如公式（4.1）所示：

$$\min F(\lambda, f) = \sum_{i \in M} \xi_i \left[F_1 + F_2 + F_3 \right] + F_4 \tag{4.1}$$

式中：F——综合投资；λ——N 级站场与 $N-1$ 级站场之间连接关系设计向量；f——将各级站场表征为节点时，两级节点间敷设管道的路由；ξ_i——第 i 个 N 级站场的关停标记变量，站场关停则为 1，否则为 0；F_1——N 级站场的改造费用；F_2——N 级站场与 $N-1$ 级站场之间的管道新建费用；F_3——留用的 N 级站场经过调整优化后的运行成本；F_4——各级站场之间更换管道的费用；M——N 级站场集合。

其中，站场改造费用如下所示：

$$F_1 = \sum_{g \in G_i} \sum_{m \in M, m \neq i} \lambda_{g,m} \phi_m S_m(Q_m) \tag{4.2}$$

式中：G_i——第 i 个 N 级站场管辖的 $N-1$ 级站场集合，$G_i \in G$，G 代表所有的 $N-1$ 级站场集合；$\lambda_{g,m}$——第 g 个 $N-1$ 级站场与第 m 个 N 级站场之间的连接关系二元变量，相连则为 1，否则为 0；ϕ_m——第 m 个 N 级站场的改造标记变量，若其所管辖站场的来液量超出该站场的处理量范围，则进行改造，改造则为 1，否则为 0；$S_m(Q_m)$——第 m 个 N 级站场的改造费用函数。

其中，管道新建费用如下所示：

$$F_2 = \sum_{g \in G_i} \sum_{m \in M} \sum_{e \in P_s} \lambda_{g,m} \left(E_{g,m} + F_{g,m,e} \right) \tag{4.3}$$

式中：$E_{g,m}$——第 g 个 $N-1$ 级站场与第 m 个 N 级站场之间的新建管道所在网格的综合评价等级系数；$F_{g,m,e}$——第 g 个 $N-1$ 级站场与第 m 个 N 级站场之间管道选取管道规格 e 时的新建管道费用系数。

其中，站场运行费用如下所示：

$$F_3 = \sum_{g \in G_i} \sum_{m \in M, m \neq i} \lambda_{g,m} S_u(Q_{g,m}) \tag{4.4}$$

式中：$S_u(Q_{g,m})$——第 m 个 N 级站场接收来自第 g 个 $N-1$ 级站场的来液量时的运行成本函数。

其中，管道改线建设费用如下所示：

$$F_4 = \sum_{w_1 \in C} \sum_{w_2 \in C} \sum_{k \in J_{w_1,w_2}} \sum_{e \in P_s} \eta_{w_1,w_2,k} \left(E_{w_1,w_2} + F_{w_1,w_2,e} \right) \tag{4.5}$$

式中：C ——各级站场节点集合，其中，w_1，w_2 属于相邻的不同级别站场节点；P_s ——连接两节点之间管道的许用规格集合；$\eta_{w_1,w_2,k}$ ——站场节点 w_1 与站场节点 w_2 之间管道的第 k 个管段是否更换的标记变量，更换则为 1，否则为 0；J_{w_1,w_2} ——站场节点 w_1 与站场节点 w_2 之间管道的管段集合；E_{w_1,w_2} ——站场节点 w_1 与站场节点 w_2 之间管道的第 k 个管段所在网格的综合评价等级系数；$F_{w_1,w_2,e}$ ——站场节点 w_1 与站场节点 w_2 之间管道的第 k 个管段选取管道规格 e 时的新建管道费用系数。

4.2.2 约束条件

1. 集输系统现状约束

①针对油田集输系统进行撤销关停布局重构优化，所撤销关停的站场应该满足相应特征。需要关停的站场是采用现役站场关停适用性模糊综合评价结果为"可关停"和"建议关停"的站场，建议撤销关停的评价等级可根据实际需求进行调整。

$$V_{\xi_i} \in \{v_{13}, v_{14}\}, i \in M \tag{4.6}$$

式中：V_{ξ_i} ——第 i 个 N 级站场的关停适用性评价结果；v_{14} ——现役站场关停适用性评价方法中的评价结果，若该站场的评价结果为 v_{13} 或 v_{14}，则标记变量 ξ_i 取 1，否则取 0。

②考虑到管道失效造成的安全隐患，这里对现役管道建议改线评价结果为"可改线"和"建议改线"的管道进行改线重建。

$$V_{\eta_{w_1,w_2,e}} \in \{v_{23}, v_{24}\}, e \in P_s \tag{4.7}$$

式中：$V_{\eta_{w_1,w_2,e}}$ ——相邻级别的站场 w_1 与站场 w_2 之间连接的管道的建议更换评价结果；v_{23}、v_{24} —— 3.2 节中，现役管道建议改线评价方法中的评价结果；若 $V_{\eta_{w_1,w_2,e}}$ 取 v_{23} 或 v_{24}，则标记变量 $\eta_{w_1,w_2,e}$ 取 1，否则取 0。

2. 连接关系约束

①针对辐射状管网，相同级别站场之间不存在连接关系。

$$\sum_{m_2 \in C_k} \lambda_{m_1,m_2} = 0, \quad m_1, m_2 \in C_k, \quad C_k \in C, \quad k = 1, 2, \cdots, N \tag{4.8}$$

式中：m_1 和 m_2——属于相同级别的站场节点。

②集输系统呈放射状连接，每个 $N-1$ 级站场唯一隶属于一个 N 级站场。

$$\lambda_{t_1,t_2} \leqslant 1, \quad t_1 \in C_k, \quad t_2 \in C_{k-1}, \quad C_k, C_{k-1} \in C \tag{4.9}$$

式中：t_1 和 t_2——相邻级别的站场节点。

3. 流量约束

对于油田集输系统，任意节点的流入流量等于流出流量。

$$Q_{\text{in}} = Q_{\text{out}} \tag{4.10}$$

式中：Q_{in}——流入节点的流量；Q_{out}——流出节点的流量。

4. 处理能力约束

为了确保油田集输系统的安全运行，站场可处理的来液量应限制在一定范围内，当超出设计处理量范围后，需对站场进行改造。

$$Q_{m,\text{min}} \leqslant Q_m \leqslant Q_{m,\text{max}}, m \in M \tag{4.11}$$

式中：$Q_{m,\text{min}}$，$Q_{m,\text{max}}$——第 m 个 N 级站场的最小、最大处理量。

5. 成本约束

（1）改造成本

当处理量超出站场的处理范围时，需对站场进行改造，站场的改造成本应限制在一定范围内。

$$S_{g,m} \leqslant S_{g,\text{max}}, m \in M \tag{4.12}$$

式中：$S_{g,m}$——布局重构后第 m 个 N 级站场的改造费用，根据历史的站场改造费用进行数据拟合得到；$S_{g,\max}$——第 m 个 N 级站场可以接受的最高改造费用。

（2）运行成本

考虑到油田集输系统的经济性，站场的运行成本应限制在一定范围内。

$$S_{u,m} \leqslant S_{u,\max}, m \in M \tag{4.13}$$

式中：$S_{u,m}$——布局重构优化后第 m 个 N 级站场的运行成本；$S_{u,\max}$——第 m 个 N 级站场可以接受的最高运行成本。

6. 管道规格约束

为保证油田集输系统能够安全稳定地运行，管道强度应满足最低强度需求。

$$\lambda_{g,m}\mu_{g,m,e}\left(\delta_e - \frac{\max(P_{u,g}, P_{u,m})D_e}{2([\sigma]\varphi + P_{P,e}b_\sigma)}\right) \geqslant 0, g \in G, m \in M, e \in P_s \tag{4.14}$$

式中：$P_{u,g}$ 与 $P_{u,m}$——第 g 个 $N-1$ 级站场与第 m 个 N 级站场之间管道的运行压力；$[\sigma]$——管道的应力许用值；φ——焊接接头系数；$P_{P,e}$——当管道选取管道规格 e 时的设计压力；b_σ——计算系数。

7. 压力约束

油田集输管道内流体的摩阻损失主要由管道规格、流体流速、管道长度和管道内部构件等共同决定。

$$P_{i,e} \leqslant P_{e,\max}, i \in I, e \in P_s \tag{4.15}$$

式中：$P_{i,e}$——选取管道规格 e 的第 i 根管道的设计压力；I——油田集输系统中所有管道的集合；$P_{e,\max}$——当管道选取管道规格 e 时，管道的最大设计压力。

8. 流速约束

为保证油田集输系统的安全运行，管道内的液体流速应该在可行范围内。

$$\mu_{g,m,e}v_{g,m,e} \leqslant N(1-\lambda_{g,m}) + \mu_{g,m,e}v_{e,\max}, g \in G, m \in M, e \in P_s$$
$$\mu_{g,m,e}v_{g,m,e} \geqslant N(\lambda_{g,m}-1) + \mu_{g,m,e}v_{e,\min}, g \in G, m \in M, e \in P_s \tag{4.16}$$

式中：$v_{g,m,e}$ ——第 g 个 $N-1$ 级站场与第 m 个 N 级站场之间的管道，选取管道规格 e 时的管道内部液体流速；N ——一个极大的正实数；$v_{e,\min}$，$v_{e,\max}$ ——管道选取管道规格 e 时的管道内部液体流速最小、最大值。

4.2.3 完整模型

以极小化综合投资作为目标函数，以集输系统现状约束、连接关系约束、流量约束、处理量约束、成本约束、管道规格约束和压力约束作为约束条件，建立的油田集输系统布局重构优化的完整模型如下：

$$\min F(\lambda, f, u) = \sum_{i \in M} \xi_i \left[\sum_{g \in G_i} \sum_{m \in M_u} \lambda_{g,m}\phi_m S_g(Q_{g,m}) + \sum_{g \in G_i} \sum_{m \in M_u \cup M_c} \sum_{e \in P_s} \lambda_{g,m}\left(E_{g,m} + F_{g,m,e} \right) \right.$$
$$\left. + \sum_{g \in G_i} \sum_{m \in M_u \cup M_c} \lambda_{g,m} S_u(Q_m) + \sum_{j \in M_c} \varsigma_{ij} S_{N,j}(Q_j) \right]$$
$$+ \sum_{w_1 \in C} \sum_{w_2 \in C} \sum_{k \in J_{w1,w2}} \sum_{e \in P_s} \eta_{w_1,w_2,k}\left(E_{w_1,w_2} + F_{w_1,w_2,e} \right)$$

$$\text{s.t. } V_{\xi_i} \in \{v_{14}\}, i \in M$$
$$V_{\eta_{w_1,w_2,e}} \in \{v_{23}, v_{24}\}, e \in P_s$$
$$\sum_{m_2 \in C} \lambda_{m_1,m_2} = 0, m_1 \in C, m_1 \neq m_2$$
$$\lambda_{m_1,m_2} \leqslant 1, m_1, m_2 \in C, m_1 \neq m_2$$
$$Q_{\text{in}} = Q_{\text{out}}$$
$$Q_{m,\min} \leqslant Q_m \leqslant Q_{m,\max}, m \in M$$
$$S_{g,m} \leqslant S_{g,\max}, m \in M$$
$$S_{u_{24},m} \leqslant S_{u_{24},\max}, m \in M$$

$$\mu_{g,m,e}v_{g,m,e} \leqslant N(1-\lambda_{g,m}) + \mu_{g,m,e}v_{e,\max}, g \in G, m \in M, e \in P_s$$

$$\mu_{g,m,e}v_{g,m,e} \geqslant N(\lambda_{g,m}-1) + \mu_{g,m,e}v_{e,\min}, g \in G, m \in M, e \in P_s$$

$$\lambda_{g,m}\mu_{g,m,e}\left(\delta_e - \frac{\max(P_{u,g},P_{u,m})D_e}{2([\sigma]\varphi + P_{P,e}b_\sigma)}\right) \geqslant 0, g \in G, m \in M, e \in P_s$$

$$P_{i,e} \leqslant P_{e,\max}, i \in I, e \in P_s$$

4.2.4 优化模型求解

针对约束条件复杂的油田集输系统撤销关停布局重构优化模型，本书采用混合粒子群-萤火虫算法进行求解。对于多约束优化问题，首先需要解决约束条件的处理问题，这里采用国际上通用的可行性准则来将有约束优化问题转化为无约束优化问题，继而给出混合粒子群-萤火虫算法求解油田集输系统撤销关停布局重构优化模型的流程，实现对优化模型的有效求解。

1. 可行性准则

可行性准则是综合运用目标函数值和约束违反度进行随机优化算法个体优劣比较的准则[19]，在求解约束优化问题时仅需要对约束条件进行简单变换即可将复杂的约束优化问题转化为无约束优化问题进行求解。有约束优化问题的优化模型可以写成如下通式：

$$
\begin{aligned}
&\min f(X) \\
&\text{s.t. } g_i(X) \leqslant 0, \ i = 1, 2, \cdots, p \\
&\qquad h_j(X) = 0, \ j = p+1, p+2, \cdots, m
\end{aligned}
\tag{4.17}
$$

式中：X——D 维优化变量，$X = (x_1, x_2, \cdots, x_D)$；$g_i(X)$——第 i 个不等式约束；$h_j(X)$——第 j 个等式约束。

上述优化问题中包含 p 个不等式约束和 $m-p$ 个等式约束，等式约束可以转化为不等式约束，引入容忍度常数，则等式约束转换为如下不等式约束。

$$\left|h_j(X)\right| - \varepsilon \leqslant 0, \ j = p+1, p+2, \cdots, m \tag{4.18}$$

式中：ε——容忍度常数，通常为小正数。

通过公式（4.18）的变换，式（4.17）中的优化问题变为含有 m 个不等式约束的非线性优化问题。求解式（4.17）中的约束最优化问题实质就是求解满足 m 个不等式约束的使得目标函数 ε 值最小的 D 维优化变量 X^*。对于随机优化算法中的群体，为衡量其中个体对于约束条件偏离的程度，建立约束违反函数 $G_i(X)$。

$$G_i(X)=\begin{cases}\max\left\{g_i(X),0\right\},\ i=1,2,\cdots,p \\ \max\left\{\left|h_i(X)\right|-\varepsilon,0\right\},\ i=p+1,p+2,\cdots,m\end{cases} \tag{4.19}$$

基于约束违反函数，可以计算个体对于所有约束条件的约束违反度 $v_o(X)$。

$$v_o(X)=\sum_{i=1}^{m}G_i(X) \tag{4.20}$$

通过计算个体的约束违反度，即可以定量分析该个体所携带的解的信息优劣，通过比较所有个体的约束违反度和适应度函数值，即可确定群体中进入下一次迭代计算的个体，令 X_i 和 X_j 是群体中的任意两个个体，具体比较准则为：

① X_i 和 X_j 均为不可行解，若 X_i 的约束违反度小于 X_j 的约束违反度，则个体 X_i 优于个体 X_j。

② X_i 和 X_j 均为可行解，若 X_i 的目标函数值小于 X_j 的目标函数值，则个体 X_i 优于个体 X_j。

③ X_i 为可行解，X_j 为不可行解时，X_i 优于 X_j。

基于可行性准则，可以对群体中的所有个体进行有效评比，使得约束最优化问题的求解变换为非可行解向可行解转变以及可行解向最优解转变的寻优过程，实现对复杂非线性约束优化问题的有效求解。

2. 混合分级-粒子群-萤火虫求解方法

由前述小节分析可知，PSO-FA 算法是一种具有全局优化求解能力的智能算法，应用 PSO-FA 算法能够得到预期的优化结果。在应用 PSO-FA 算法求解油田集输系统撤销关停布局重构优化模型的过程中需要针对优化问题的特征设计 PSO-FA 算法的主控参数，以使得参数优化模型的求解高效、高精度。油田集输系统撤销关停布局重构优化模型中的上下级站场之间连接关系、改线新建管道敷设路由是两类决策向量，其中改线新建管道敷设路由优化可以由油田集输管道改线路由优化方法求得，因此在求解撤销关停布局重构优化模型时，将 PSO-FA 算法和相向广度优先管道路由优化求解方法相融合，形成混合分级-粒子群-萤火虫求解方法。

（1）主控求解参数

1）求解基础工作

①将待优化油田集输系统的所在区域划分为网格；

②导入油井、站场和障碍的几何位置信息，油井的产量信息，油田集输系统的管道拓扑连接关系信息；

③初始化现役站场关停适用性评价方法、现役管道建议改线评价方法、管道适宜敷设栅格综合评价方法等相关信息；

④应用现役站场关停适用性评价方法和现役管道建议改线评价方法，对现役站场和管道进行模糊综合评价，得出需要关停的站场和需要更换的管道及管段，进而得到每个站场的关停标记变量及每个管道或管段的改线标记变量；

⑤将关停标记变量取值为 1 的站场进行撤销关停，将关停标记变量取值为 0 的站场进行留用，将更换标记变量为 1 的管道或管段进行更换，将更换标记变量为 0 的管道或管段进行留用；

⑥将留用的站场进行编号；

⑦取消关停后的站场与其所辖站场之间的连接关系；

⑧对需要新建管道区域的网格进行综合评价，得到每个网格的评价结果，筛选出"建议敷设"和"较建议敷设"的区块。

2）初始群体生成

针对优化模型中撤销关停站场所辖低级站场与其他高级站场之间的连接关系，以及改线管道或管段的路由点是两类决策变量，由于采用相向广度优先搜索管道路由优化方法可以很快的速度求得最优路由，无须再应用混合粒子群-萤火虫算法进行求解，所以本项目中采用层级优化的思想，拓扑关系优化层采用混合粒子群-萤火虫算法求解，而路由走向层则采用相向广度优先搜索管道路由优化方法进行求解。管道连接关系采用整数编码，每个粒子的编码形式如公式（4.21）所示：

$$\alpha^i = \left[a_{i,1}^t, a_{i,2}^t, \cdots, a_{i,G}^t \right], \; i = 1, 2, \cdots, P \qquad (4.21)$$

式中：α^i——第 i 个粒子；$a_{i,k}^t$——第 t 次迭代时粒子 i 中第 k 个 $N-1$ 级站场的编码，$k = 1, 2, \cdots, G$，$a_{i,k}^t$ 的取值范围为 0~n 之间的任意整数，n 为留用的 N 级站场数量；P——粒子种群规模；G——关停的 N 级站场管辖的 $N-1$ 级站场的总数量。

3）约束违反度加权

个体的约束违反度定义为其所携带的解信息对于所有约束条件违反程度的线性加和，这种处理方式简单明了、易于计算，但不同约束条件的量纲不同，单纯的数值叠加无法准确反映个体对于约束的不符合程度。为了避免部分约束条件过度把控约束违反度的计算，对约束违反度的计算进行加权处理，通过归一化加权使得不同约束条件对于约束违反度的计算具有同等效用。

$$v_{o,w}(X) = \frac{\sum\limits_{i=1}^{m} w_i G_i(X)}{\sum\limits_{i=1}^{m} w_i}, \; \forall G_i(X) \neq 0 \qquad (4.22)$$

式中：w_i——第 i 个约束条件的权重，为 $G_i(X)$ 截止当次迭代的最大值的倒数，$w_i = 1 / G_{i,\max}(X)$。

4）适应度函数

运用可行性准则虽然可以有效自适应优化求解进程，但在采用 PSO-FA 算法进行迭代求解时，需要多次进行个体的优劣比较，求解略显烦琐。这里将可行性准则的比较方法转化为适应度函数值的直接计算，在保持优化效果的同时简化了计算。另外，适应度函数值的正向变化应该对应解的寻优，所以得到适应度函数表达式如公式（4.23）所示：

$$\text{fitness}_i = -\left(\frac{F(X_i)}{F(X)_{\max}} + v_{o,t}(X_i) \right) \qquad (4.23)$$

式中：fitness_i——个体 i 的适应度函数值；$F(X)_{\max}$——当次迭代群体中所有个体的最大目标函数值。

5）非可行解调整

PSO-FA 算法通过随机搜索的方式可以有效遍历解空间，算法的全局搜索能力强，但也会产生一定数量的不可行解。由于粒子群算法具有随机性，会生成不满足约束条件的粒子，虽然保留这样的粒子可以增加种群的多样性，但不利于问题求解，因此需要对这类粒子进行调整。

①对不满足约束条件的粒子实施惩罚，使其在后续评估中被淘汰；

②调整决策变量取值。由于粒子采用整数编码，对于超出决策变量取值范围的粒子将其映射进取值范围内。

（2）优化求解主流程

基于以上主控参数，将混合粒子群-萤火虫算法与相向广度优先管道路由优化算法求解油田集输系统撤销关停布局重构优化模型的求解流程给出：

①完成求解准备工作。

②初始化 PSO-FA 算法的模糊截集水平等参数，初始化目标函数、约束层主控参数等参数，建立 PSO-FA 算法群体，计算初始当前最优个体和历史最优个体。

③判断是否满足约束条件，若满足，则转步骤④；若否，则对粒子群进行惩罚和调整。

④基于粒子个体的参数方案信息，拓扑关系优化层计算关停站场所辖低级站场与其他站场之间的连接关系，路由走向优化层计算在粒子连接关系方案下的管道最佳路由。计算适应度函数值。

⑤更新群体的速度和位置。

⑥更新当前最优个体和历史最优个体，判断是否满足终止条件，若满足，则转步骤⑩；若不满足，则转步骤⑦。

⑦计算当前最优个体与历史最优个体之间的吸引力，计算混沌吸引力偏量，更新当前最优个体，转步骤⑧。

⑧根据目标函数值选取 m 个粒子进入小生境，进而生成向优萤火虫物种和原萤火虫物种，以适应度值最大为标准选取 m 个萤火虫返回粒子群体，转步骤⑨。

⑨计算当前最优个体与其他个体的吸引力，通过吸引力模糊集判别当前群体的密集度，对密集度高的个体进行调整，转步骤③。

⑩输出最优解，计算终止。

4.3 合并新建布局重构优化

4.3.1 目标函数

油田集输站场合并新建是集输系统布局重构的一种方式，通过将负荷率低、单耗高的若干站场合并建设，在焕新油田集输系统生产运行活力的同时兼顾油田新建产能，是滚动开发油田常用的布局重构方式。

在合并新建集输站场布局重构优化中，一般会产生 5 类成本，分别是站场合并新建的投资，接收关停站场处理量的原有站场的改建费用，站场撤销关停、合并新建所导致的新建管道费用，布局重构后站场的运行费用，以及腐蚀老化管道的调整改线费用。在进行油田集输站场关停适用性评价和建议改线评价的基础上，撤销关停站场负荷率低、单位运行能耗高、可靠性差的站场，综合考虑集输系统的处理量总负荷和油田开发规划[20]，选择适宜的站址进行站场的合并新建，是油田集输系统合并新建的工作。本节以极小化集输系统综合投资为目标函数，以撤销关停、合并新建站场所引起的上下级站场之间连接关系和改线新建管道的路由为决策变量，综合考虑站场合并新建费用、站场改造费用、管道新建费用、站场运行成本和管道改线费用，建立油田集输系统合并新建布局重构优化模型的目标函数，如公式（4.24）所示：

$$\min F(\boldsymbol{\lambda}, \boldsymbol{f}, \boldsymbol{u}, \boldsymbol{m}) = \sum_{i \in M} \xi_i \left[F_1 + F_2 + F_3 + F_4 \right] + F_5 \tag{4.24}$$

式中： u ——合并新建站场的几何位置向量； m ——合并新建站场的数量； F_3 ——未关停站场和合并新建站场的运行费用； F_4 ——站场合并新建的费用； F_5 ——各级站场之间更换管道的费用。

在公式（4.24）中，关停后的站场所辖的低级别站场会分配到其他未关停站场负责，若处理量大于设计处理量，则需要对未关停站场进行改造，改造费用如下式所示：

$$F_1 = \sum_{g \in G_i} \sum_{m \in M_u} \lambda_{g,m} \phi_m S_g(Q_{g,m}) \qquad (4.25)$$

式中： M_u ——未被撤销关停的站场集合。

在公式（4.24）中，新建管道的费用包括两部分：一部分是关停站场低级别站场与其他未关停站场的管道费用；另一部分是关停站场所辖低级别站场与合并新建站场的管道费用。新建管道费用表达式如下式所示：

$$F_2 = \sum_{g \in G_i} \sum_{m \in M_u \cup M_c} \sum_{e \in P_s} \lambda_{g,m} \left(E_{g,m} + F_{g,m,e} \right) \qquad (4.26)$$

式中： $E_{g,m}$ ——第 g 个 $N-1$ 级站场与第 m 个 N 级站场（包括未关停站场及合并新建站场）之间的新建管道所在网格的综合评价等级系数； M_c ——合并新建的站场集合。

在公式（4.24）中，油田集输系统站场的费用包括两部分：一部分是未关停站场的运行费用；一部分是合并新建站场的运行费。具体表达式如下式所示：

$$F_3 = \sum_{g \in G_i} \sum_{m \in M_u \cup M_c} \lambda_{g,m} S_u(Q_m) \qquad (4.27)$$

式中： $S_{u_{24}}(Q_{g,m})$ ——第 m 个 N 级站场接收来自第 g 个 $N-1$ 级站场的来液量时的运行成本函数。

在公式（4.24）中，油田集输系统合并新建站场的费用与站场的设计处理量有关，而设计处理量包括两方面：一方面与接收原关停站场的处理量有关；另外一方面与油田集输系统所负责区块的下一步产能有关。具体表达式如下式所示：

$$F_4 = \sum_{j \in M_c} \varsigma_{ij} S_{N,j}(Q_j) \qquad (4.28)$$

式中：ς_{ij}——第 i 个关停的 N 级站场用于第 j 个合并新建站场的标记标量，若用于合并新建则取值为 1，否则取值为 0；$S_{N,j}$——第 j 个合并新建站场的费用函数，与处理量有关；Q_j——第 j 个合并新建站场的处理量，包括原有关停站场的处理量和油田新规划处理量。

在公式（4.24）中，管道改线的投资与撤销关停重构中的费用构成相同。具体如下式所示：

$$F_5 = \sum_{w_1 \in C} \sum_{w_2 \in C} \sum_{k \in J_{w_1, w_2}} \sum_{e \in P_s} \eta_{w_1, w_2, k} \left(E_{w_1, w_2} + F_{w_1, w_2, e} \right) \tag{4.29}$$

4.3.2　约束条件

1. 集输系统现状约束

①在油田集输系统合并新建布局重构过程中，需要同步进行站场关停重构，因此需要对当前油田集输系统中的站场进行关停适用性评价，所撤销关停的站场和撤销关停后进行合并新建的站场的评价结果应为"可关停"和"建议关停"。

$$V_{\xi_i} \in \{v_{13}, v_{14}\},\ i \in M$$

②与撤销关停布局重构相似，在进行油田集输站场合并新建过程中，应该考虑腐蚀老化的管道改线问题，此类现役管道建议改线评价结果应该为"可改线"和"建议改线"。

$$V_{\eta_{w_1, w_2, e}} \in \{v_{23}, v_{24}\},\ e \in P_s$$

③站场合并新建与撤销关停布局重构相似，在进行油田集输站场合并新建过程中，应该考虑集输站场是否适宜关停，同时考虑集输站场所处区块未来新增规划处理量，适宜关停且有新增产能处理需求的站场应该进行合并新建。

$$a_1 r_{V,i} + a_2 \frac{Q_{p,i}}{Q_{T,i}} \geqslant \beta_{\min} \tag{4.30}$$

式中：a_1，a_2——权重系数，取值为 $0 \sim 1$ 之间的实数；$r_{V,i}$——第 i 个油田集输站场的关停适用性评价转化的评价结果映射值，将评价结果映射到 $0 \sim 1$

取值区间；$Q_{p,i}$——第i个油田集输站场所处区块的未来规划新增处理量；$Q_{T,i}$——第i个油田集输站场所处区块的所有站场的处理量总和；$\beta_{\min}$——决策阈值。

2. 连接关系约束

对于连接关系约束而言，油田集输系统合并新建与布局重构没有本质区别，均是针对辐射状管网结构和隶属唯一性的约束，具体的表达式如下所示：

$$\sum_{m_2 \in C_k} \lambda_{m_1,m_2} = 0, \ m_1, m_2 \in C_k, \ C_k \in C, \ k = 1, 2, \cdots, N$$

$$\lambda_{t_1,t_2} \leqslant 1, \quad t_1 \in C_k, \quad t_2 \in C_{k-1}, \quad C_k, C_{k-1} \in C$$

3. 流量约束

①对于油田集输系统中的合并新建站场，每个合并新建站场的处理量应该等于站场未来规划的新增产量与所辖关停站场的处理量之和。具体表达式见如下约束条件：

$$\sum_{i \in M} \varsigma_{ij} Q_i + Q_{p,i} = Q_j, \ j \in M_c \tag{4.31}$$

式中：Q_i——第i个油田集输站场的处理量。

②在油田集输系统中，联合站、转油站、计量间、油井均为节点，任意节点的流入流量等于流出流量：

$$Q_{\text{in}} = Q_{\text{out}}$$

4. 处理能力约束

在油田集输系统合并新建布局重构优化中，布局重构优化后的站场包括两类站场，一类是未关停的站场，另一类是关停后合并新建的站场，两类站场的处理量均要满足处理量限制。具体见如下约束：

$$Q_{m,\min} \leqslant Q_m \leqslant Q_{m,\max}, \ m \in M \tag{4.32}$$

式中：Q_m——第m个油田集输站场，包括未关停站场和合并新建站的处理量；

$Q_{m,\min}$，$Q_{m,\max}$——第 m 个站场的最小、最大处理量。

5. 成本约束

（1）改造成本与运行成本

对于油田集输系统合并新建布局重构而言，站场的改造成本应该满足一定限制，站场的运行成本与处理量相关，其约束条件与油田集输系统撤销关停重构中的约束保持一致。

$$S_{g,m} \leqslant S_{g,\max}, m \in M$$

$$S_{u,m} \leqslant S_{u,\max}, m \in M \sum_{i \in M} \varsigma_{ij} Q_i + Q_{p,i} = Q_j, \ j \in M_c$$

（2）合并新建站场成本

合并新建站场需要在新站址上进行建设，投资一般较大，为保证合并新建站场的经济性，新建站场的费用应该小于上限值。

$$S_{N,j} \leqslant S_{N,\max}, j \in M_c \tag{4.33}$$

式中：$S_{N,\max}$——油田集输站场中合并新建站场的最大投资。

6. 管道规格约束

管道规格约束与油田集输系统撤销关停重构中的约束保持一致。

$$\lambda_{g,m} \mu_{g,m,e} \left(\delta_e - \frac{\max(P_{u,g}, P_{u,m}) D_e}{2([\sigma]\varphi + P_{P,e} b_\sigma)} \right) \geqslant 0, g \in G, m \in M, e \in P_s$$

7. 压力约束

管道设计压力约束与油田集输系统撤销关停重构中的约束保持一致。

$$P_{i,e} \leqslant P_{e,\max}, i \in I, e \in P_s$$

8. 流速约束

管道运行流速约束与油田集输系统撤销关停重构中的约束保持一致。

$$\mu_{g,m,e}v_{g,m,e}\leqslant N(1-\lambda_{g,m})+\mu_{g,m,e}v_{e,\max}, g\in G, m\in M, e\in P_s$$
$$\mu_{g,m,e}v_{g,m,e}\geqslant N(\lambda_{g,m}-1)+\mu_{g,m,e}v_{e,\min}, g\in G, m\in M, e\in P_s$$

9. 布局可行性约束

合并新建站场的站址不能位于障碍内，采用射线法来判别站场是否在障碍内。

$$\mod(R_i,2)=0 \tag{4.34}$$

式中：$\mod(\ )$——求模运算；R_i——管道节点(x_i,y_i)处引出的射线与障碍的交点数量。

4.3.3 完整模型

基于以上目标函数和约束条件，可以得到油田集输系统合并新建布局重构优化的完整模型如下：

$$\min F(\boldsymbol{\lambda},\boldsymbol{f},\boldsymbol{u})=\sum_{i\in M}\xi_i\left[\sum_{g\in G_i}\sum_{m\in M_u}\lambda_{g,m}\phi_m S_g(Q_{g,m})+\sum_{g\in G_i}\sum_{m\in M_u\bigcup M_c}\sum_{e\in P_s}\lambda_{g,m}\left(E_{g,m}+F_{g,m,e}\right)\right.$$
$$\left.+\sum_{g\in G_i}\sum_{m\in M_u\bigcup M_c}\lambda_{g,m}S_u(Q_m)+\sum_{j\in M_c}\varsigma_{ij}S_{N,j}(Q_j)\right]$$
$$+\sum_{w_1\in C}\sum_{w_2\in C}\sum_{k\in J_{w_1,w_2}}\sum_{e\in P_s}\eta_{w_1,w_2,k}\left(E_{w_1,w_2}+F_{w_1,w_2,e}\right)$$

$$\text{s.t.} V_{\xi_i}\in\{v_{14}\}, i\in M$$
$$V_{\eta_{w_1,w_2,e}}\in\{v_{23},v_{24}\}, e\in P_s$$
$$a_1r_{V,i}+a_2\frac{Q_{p,i}}{Q_{T,i}}\geqslant\beta_{\min}$$
$$\sum_{m_2\in C}\lambda_{m_1,m_2}=0, m_1\in C, m_1\neq m_2$$
$$\lambda_{m_1,m_2}\leqslant 1, m_1,m_2\in C, m_1\neq m_2$$
$$\sum_{i\in M}\varsigma_{ij}Q_i+Q_{p,i}=Q_j, j\in M_c$$
$$Q_{in}=Q_{out}$$
$$Q_{m,\min}\leqslant Q_m\leqslant Q_{m,\max}, m\in M$$

$$S_{g,m} \leqslant S_{g,\max}, m \in M$$

$$S_{u_{24},m} \leqslant S_{u_{24},\max}, m \in M$$

$$S_{N,j} \leqslant S_{N,\max}, j \in M_c$$

$$\mu_{g,m,e} v_{g,m,e} \leqslant N(1-\lambda_{g,m}) + \mu_{g,m,e} v_{e,\max}, g \in G, m \in M, e \in P_s$$

$$\mu_{g,m,e} v_{g,m,e} \geqslant N(\lambda_{g,m}-1) + \mu_{g,m,e} v_{e,\min}, g \in G, m \in M, e \in P_s$$

$$\lambda_{g,m} \mu_{g,m,e} \left(\delta_e - \frac{\max(P_{u,g}, P_{u,m}) D_e}{2([\sigma]\varphi + P_{P,e} b_\sigma)} \right) \geqslant 0, g \in G, m \in M, e \in P_s$$

$$P_{i,e} \leqslant P_{e,\max}, i \in I, e \in P_s$$

4.3.4　优化模型求解

针对相较于油田集输系统撤销关停布局重构优化模型更为复杂的合并新建优化模型，本书同样采用混合粒子群-萤火虫算法进行求解。油田集输系统合并新建布局重构优化模型属于多约束优化问题，采用可行性准则将有约束优化问题转化为无约束优化问题。继而给出混合粒子群-萤火虫算法求解合并新建布局重构优化模型的主控参数和流程，实现对优化模型的有效求解。

由第 1 章和 4.2 小节可知，混合粒子群-萤火虫算法的有全局优化求解能力强，可以用来求解油田集输系统合并新建布局重构优化模型。但在应用混合粒子群-萤火虫算法求解油田集输系统合并新建布局重构优化模型时，需要结合模型的特征对混合粒子群-萤火虫算法的主控参数进行设计，以适应油田集输系统合并新建布局重构优化模型的求解。油田集输系统合并新建布局重构优化模型包含合并新建站场的几何位置、各级站场之间连接关系、改线新建管道敷设路由决策变量，与撤销关停布局重构优化模型的求解类似，改线新建管道敷设路由的求解采用油田集输管道改线路由优化方法求得。对于合并新建站场的几何位置、各级站场之间的连接关系则采用混合粒子群-萤火虫算法进行编码迭代求解，结合分级优化思想，融合混合粒子群-萤火虫算法，形成混合分级-粒子群-萤火虫求解方法。

1. 主控求解参数

（1）求解基础工作

①将待优化油田集输系统的所在区域划分为网格；

②初始化现役站场关停适用性评价方法、现役管道建议改线评价方法、管道适宜敷设栅格综合评价方法等相关信息；

③导入油田集输系统未来规划新增产能的区块位置与具体新增产能情况，油井、站场和障碍的几何位置信息，油井的产量信息，油田集输系统的管道拓扑连接关系信息；

④导入管道规格、站场改造费用、站场合并新建费用成本限制。

⑤应用现役站场关停适用性评价方法和现役管道建议改线评价方法，对现役站场和管道进行模糊综合评价，得出需要关停的站场和需要更换的管道及管段，进而得到每个站场的关停标记变量及每个管道或管段的改线标记变量；

⑥将关停标记变量取值为 1 的站场进行撤销关停，将关停标记变量取值为 0 的站场进行留用，将更换标记变量为 1 的管道或管段进行更换，将更换标记变量为 0 的管道或管段进行留用；

⑦取消关停后的站场与其所辖站场之间的连接关系；

⑧对需要新建管道区域的网格进行综合评价，得到每个网格的评价结果，筛选出"建议敷设"和"较建议敷设"的区块。

（2）初始群体生成

应用混合粒子群-萤火虫算法求解油田集输系统合并新建布局重构优化模型，需要对算法的群体进行初始化。与撤销关停优化模型的求解方法相似，合并新建优化模型的求解中同样将改线管道的路由优化交由广度优先搜索管道路由优化方法进行求解。考虑到合并新建优化模型中还有两类决策变量，将关停站场和合并新建站场所辖的低级站场与其他高级站场之间的连接关系，及合并新建站场的几何位置与数量进行编码，形成混合粒子群-萤火虫算法的初始群体。管道连接关系采用整数编码，合并新建站场采用实数编码，每个粒子的编码形式如式（4.35）所示：

$$\beta^i = \left[x_{i,1}, y_{i,1}, x_{i,2}, y_{i,2}, \cdots, x_{i,m}, y_{i,m}; b_{i,1}^t, b_{i,2}^t, \cdots, b_{i,O}^t \right], i = 1, 2, \cdots, P \quad (4.35)$$

式中：β^i——第 i 个粒子；$b_{i,k}^t$——第 t 次迭代时粒子 i 中第 k 个 $N-1$ 级站场的连接站场编码，$k = 1, 2, \cdots, O$，连接站场包括未关停站场和合并新建站场；$x_{i,j}, y_{i,j}$——第 t 次迭代时粒子 i 中第 j 个合并新建站场的二维坐标；P——粒子种群规模；O——直接关停和关停后合并新建站场管辖的 $N-1$ 级站场的总数量。

（3）约束违反度加权

为了避免某些约束条件过度影响约束违反度的计算结果，需要对约束违反度进行加权处理。通过对不同约束条件进行加权，并进行归一化处理，确保不同约束条件在计算约束违反度时具有相等的重要性。通过加权处理和归一化，可以更准确地评估个体对约束条件的不符合程度，从而更好地指导优化算法的搜索方向，以达到更好的约束满足性。这种方法能够平衡各个约束条件之间的权衡关系，提高约束处理的准确性和可靠性。约束违反度的表达式与撤销关停布局重构优化一致。

$$v_{o,w}(X) = \frac{\sum_{i=1}^m w_i G_i(X)}{\sum_{i=1}^m w_i}, \ \forall G_i(X) \neq 0$$

（4）适应度函数

在使用混合粒子群-萤火虫算法进行迭代求解时，采用可行性准则可以有效地自适应优化过程。为了简化计算过程，可以将可行性准则的比较方法转化为直接计算适应度函数值的方式。通过这种转化，可以在保持优化效果的同时简化计算过程。此外，适应度函数值的正向变化应该对应着解的优化。也就是说，当适应度函数值越小或越大时，解的优化程度越高。因此，在设计适应度函数时，需要确保适应度函数值与解的优化方向一致。可以确保在迭代过程中，适应度函数值的变化能够指导搜索方向，以更好地寻找最优解。适应度函数表达式与撤销关停布局重构优化中保持一致：

$$\text{fitness}_i = -\left(\frac{F(X_i)}{F(X)_{\max}} + v_{o,t}(X_i) \right)$$

（5）非可行解调整

与油田集输系统撤销关停布局重构优化求解相同，迭代过程中会产生不满足约束条件的粒子，需要对此类粒子进行调整。进行调整一方面要对不满足约束条件的粒子进行惩罚，另一方面要对于质量差的粒子进行调整。

①对不满足约束条件的粒子实施惩罚，使其在后续评估中被淘汰。

②调整决策变量取值。由于粒子采用整数编码，对于超出决策变量取值范围的粒子将其映射进取值范围内。

③对于合并新建站场的几何位置，如果有粒子的几何位置位于障碍内，则将粒子的几何位置变为障碍的边界坐标值。

2. 优化求解主流程

将混合粒子群-萤火虫算法与相向广度优先管道路由优化算法求解油田集输系统合并新建布局重构优化模型的求解流程给出：

①完成求解准备工作。

②初始化 PSO-FA 算法的模糊截集水平等参数，初始化目标函数、约束层主控参数等参数，建立 PSO-FA 算法群体，计算初始当前最优个体和历史最优个体。

③判断是否满足约束条件，若满足，则转步骤④；若否，则对粒子群进行惩罚和调整。

④基于粒子个体的参数方案信息，拓扑关系优化层计算关停站场所辖低级站场与其他站场之间的连接关系，路由走向优化层计算在粒子连接关系方案下的管道最佳路由。计算适应度函数值。

⑤更新群体的速度和位置。

⑥更新当前最优个体和历史最优个体，判断是否满足终止条件，若满足，则转步骤⑩；若不满足，则转步骤⑦。

⑦计算当前最优个体与历史最优个体之间的吸引力，计算混沌吸引力偏量，更新当前最优个体，转步骤⑧。

⑧根据目标函数值选取 m 个粒子进入小生境，进而生成向优萤火虫物种和原萤火虫物种，以适应度值最大为标准选取 m 个萤火虫返回粒子群体，转步骤⑨。

⑨计算当前最优个体与其他个体的吸引力，通过吸引力模糊集判别当前群体的密集度，对密集度高的个体进行调整，转步骤③。

⑩输出最优解，计算终止。

为直观展示混合分级-粒子群-萤火虫求解方法的迭代流程，绘制流程图如图 4.1 所示。

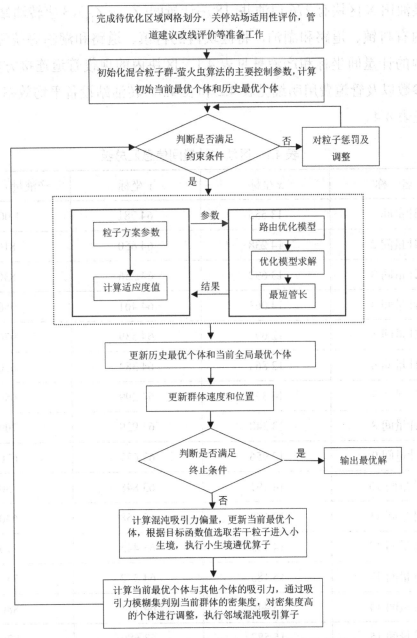

图 4.1　混合分级-粒子群-萤火虫求解方法流程图

4.4 撤并布局重构优化示例

应用本章所提出的油田集输系统撤销关停布局重构优化方法和油田集输系统合并新建布局重构优化方法进行油田集输系统布局重构优化设计，以验证所提出方法的有效性。

某油田 X 区块有 276 口油井、18 座计量间（$Z_1 \sim Z_{18}$），3 座转油站（$S_1 \sim S_3$），区块内有村镇、道路和湖泊，将区块内的村镇、道路和湖泊等统称为障碍。区块内的计量间坐标和产液量见表 4.1。区块内的现役管道连接方案、管道具体参数以及管道费用明细见表 4.2 和表 4.3。转油站设备平均效率与负荷率数据见表 4.4。

表 4.1　区块内计量间信息汇总表

名　称	x 坐标	y 坐标	产液量 /（t·d^{-1}）
计量间 1	13 555	64 781	1 000
计量间 2	14 238	64 650	810
计量间 3	13 692	64 256	830
计量间 4	14 063	64 401	950
计量间 5	12 695	64 539	970
计量间 6	12 864	64 384	610
计量间 7	14 397	64 299	650
计量间 8	13 348	63 929	700
计量间 9	12 956	63 677	670
计量间 10	14 291	63 848	730
计量间 11	13 690	63 658	640
计量间 12	14 132	63 445	710
计量间 13	15 183	64 372	750
计量间 14	15 440	64 114	880
计量间 15	15 582	63 680	820

续表

名　　称	x 坐标	y 坐标	产液量 / (t·d⁻¹)
计量间 16	15 046	63 371	790
计量间 17	14 568	64 111	700
计量间 18	14 452	63 580	910

表 4.2　管道具体参数

管道编号	起　点	终　点	材　质	长度 / km
1	计量间 1	转油站 1	20G	2.898 6
2	计量间 2	转油站 1	20G	4.443
3	计量间 3	转油站 1	20G	1.251
4	计量间 4	转油站 1	20G	4.719
5	计量间 5	转油站 1	20G	3.084
6	计量间 6	转油站 1	20G	1.865 7
7	计量间 7	转油站 2	20G	5.268
8	计量间 8	转油站 2	20G	2.181 3
9	计量间 9	转油站 2	20G	4.865 4
10	计量间 10	转油站 2	20G	3.288 6
11	计量间 11	转油站 2	20G	2.122 8
12	计量间 12	转油站 2	20G	4.581 9
13	计量间 13	转油站 3	20G	3.222
14	计量间 14	转油站 3	20G	1.508 7
15	计量间 15	转油站 3	20G	3.63
16	计量间 16	转油站 3	20G	6.096
17	计量间 17	转油站 3	20G	2.635 8
18	计量间 18	转油站 3	20G	2.666 1

表 4.3　管道费用明细

管道编号	管材费用 /万元	土地征用费 /万元	阴极保护费 /万元	管道安装费 /万元	建设管道总费用 /万元
1	5.48	5.23	1.17	26.39	38.26
2	8.40	8.02	1.79	40.45	58.65
3	3.11	2.26	0.51	12.87	18.75
4	8.91	8.52	1.90	42.96	62.29
5	5.83	5.57	1.24	28.08	40.71
6	9.04	3.37	0.75	23.46	36.62
7	9.95	9.51	2.24	47.96	69.66
8	4.12	3.93	0.86	24.58	33.48
9	9.19	9.05	2.12	44.29	64.66
10	8.19	7.25	1.32	33.84	50.61
11	4.01	4.17	0.80	19.33	28.30
12	8.65	7.83	1.89	41.71	60.08
13	6.09	5.82	1.30	29.33	42.53
14	6.48	2.72	0.61	14.79	24.60
15	6.86	6.55	1.46	33.05	47.92
16	11.51	11.00	2.46	55.49	80.47
17	4.98	4.76	1.06	24	34.79
18	5.04	4.81	1.08	24.27	35.19

表 4.4　转油站设备平均效率与负荷率数据表

转油站	主要设备平均效率	转油站负荷率
转油站 1	73.50%	64.63%
转油站 2	57.68%	51.25%
转油站 3	71.05%	60.62%

对某油田 X 区块的转油站进行建议关停综合评价,根据最大隶属度原则,由现役转油站关停适用性评价方法得到转油站 2 需要关停。对留用的转油站与油井之间相连的所有管道进行现役管道建议改线评价,根据 X 区块的实际情况,参考建议改线评价指标的等级标准,对评价指标做定量分析,得到 X 区块的 18 条现役管道无须更换。

采用混合分级-粒子群-萤火虫算法对该区块集输系统进行布局重构优化。采用本书优化方法所得优化前后的管网布局对比图如图 4.2 所示。图中,$Z_1 \sim Z_{18}$ 表示计量间 1 ~计量间 18,$S_1 \sim S_3$ 表示转油站 1 ~转油站 3。

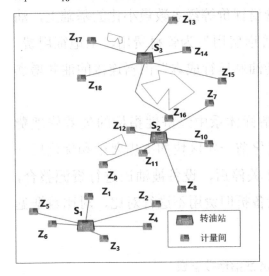 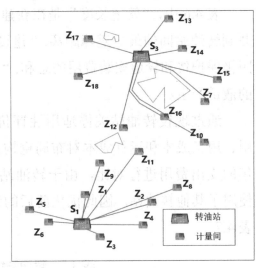

（a）优化前布局　　　　　　　　　　（b）优化后布局

图 4.2　布局重构优化前后对比图

其中,S_2 为经过现役转油站关停适用性评价之后被关停的转油站 2。由于未出现超出转油站处理能力的情况,可知转油站的改造标记变量均为 0,不产生改造费用。布局重构优化后所得的管道计算结果如表 4.6 所示。

表 4.6　布局重构优化管道计算结果

	管道长度 / km	建设管道总费用 / 万元
计量间 8—转油站 1	2.546 4	40.338
计量间 9—转油站 1	4.593	72.273 6
计量间 11—转油站 1	4.362 9	69.112 8

续表

	管道长度 / km)	建设管道总费用 / 万元
计量间 7—转油站 3	3.884 7	61.537 2
计量间 10—转油站 3	3.69	58.452
计量间 12—转油站 3	5.271 9	83.648 4
合计	24.348 9	385.362

表 4.6 中,"管道长度"是在新建管道评价等级系数最小化的基础上,油井到转油站间的最短避障距离;"建设管道费用"为管材费用、土地征用费、阴极保护费和管道安装费用的总和;"转油站运行成本"由新连接的油井增加的液量产生。

通过现役转油站关停适用性评价指标体系中经济性指标的失效修理费用、用工成本和运行成本对布局重构优化前一年区块的支出费用和优化后一年的支出费用进行对比,由于转油站 2 关停后,设备被油田进行资源整合,使用于其他转油站,因此优化前后的设备折旧费用不进行对比,对比数据见表 4.7。

表 4.7 转油站经济性指标数据表

名称	调整优化前	调整优化后
失效修理费用 / 万元	60.359	25.176
用工成本 / 万元	477.945	292.68
运行成本 / 万元	417.183	351.42
调整优化费用 / 万元	0	21.3
总处理量 / (t·d^{-1})	14 120	14 120

从表 4.7 中可以看出,经过布局重构优化后,每年的失效修理费用可减少 35.183 万元,用工成本可减少 185.265 万元,运行总成本可减少 65.763 万元,总计每年可减少 286.211 万元。已知关停转油站产生的新建管道费用为

385.362 万元，调整需考虑的设备安装等费用为 21.3 万元，共计 406.662 万元，因此在布局重构优化后的第二年可收回布局重构优化成本。

通过现役转油站关停适用性评价指标中生产适应性指标的转油站负荷率对布局重构优化前后的转油站进行对比，对比数据见表 4.8。从表 4.8 中可以看出，经布局重构优化后，区块内转油站负荷率提升了 29.42%。

表 4.8　转油站生产适应性指标数据表

名称	调整优化前	调整优化后
转油站数量 / 座	3	2
留用转油站负荷率 / %	58.83	88.25

第 5 章
多级可变油田集输系统布局重构优化方法

油田集输系统布局重构除了撤销关停和合并新建两种方式外，还包括站场转级，站场转级是将高级别的站场降级，如联合站降级为转油站，或者将低级别的站场升级为高级站场，如计量间升级为转油站。油田集输系统站场降级布局重构优化在考虑已建系统负荷、管网结构的基础上，还需要考虑因站场降级所引起的集输流程的变化，是相对站场撤销关停及合并新建更难的一类优化问题。而在油田集输系统中不限制站场级别的变化，集输系统的工艺流程有多种可能方案，意味着站场以及所辖管道会随着站场级别的变化而变化，即多级可变油田集输系统布局重构优化是挑战巨大的一类优化问题。多级可变油田集输系统布局重构优化方法可以为油田集输系统的布局重构提供基础理论方法。

5.1　多级可变布局重构优化问题分析

5.1.1　问题描述与分析

油田集输系统作为油田地面工程的主体部分[21]，对其进行布局重构是中后期油田整合地面工程资源、降低生产运行能耗、焕新系统生产能力的有效途径，可以取得显著的经济效益。油田集输系统的布局重构模式包括三类：

①关停投产时间长、负荷率低的站场；

②将距离较近、腐蚀老化严重的两座站场合并新建或合二为一；

③根据实际需求转换站场的集输功能和级别。

布局重构优化即针对这三类模式开展最优规划设计，是与传统新增布局优化具有本质区别的另一类问题。

油田集输系统布局重构优化是通过构建优化模型和求解方法来获取最优的布局方案，以使总投资最少、系统平均负荷率最高，其中优化模型是布局方案质量优劣的"导向"。与油田集输系统新增布局优化相同，布局重构优化同样是以优化目标、约束条件和决策变量为建模核心，而模型三要素的主要特征和表征则大不相同。新增油田集输系统布局优化和衰减期油田集输系统布局重构优化均可归结为受约束的多级网络系统结构优化问题，但新增油田集输系统中站场级别相对固定，与站场级别可以自由变换、集输流程及拓扑结构随之变动的布局重构多级可变网络相比差异显著，本质上是油田集输系统布局重构优化问题的特例。进一步从二者优化模型上的差别探究布局重构优化模型的三要素，主要表现在：

①新增油田集输系统决策变量以网络结构参数（$x_1, x_2, \cdots, x_m$）为主，而布局重构优化还需考虑站场关停决策变量（$x_{m+1}, \cdots, x_l$）和不同重构优化模式对应的集输流程选择变量（$x_{l+1}, \cdots, x_n$），其是重构优化模型决策变量的子集。

②布局重构优化模型的目标函数是根据决策偏好建立的以决策变量为自变量的函数，本质上是构建高维空间中具有极值条件的映射关系。

③二者同样关注集输站场的位置与数量、管道的长度与走向、站场规模以及管道规格，差异性主要在于简化优化特有的可行优化调整方案约束（$\varphi_j \geq 0$）和拓扑网络"重生成约束"（$g_i' \geq 0$）。可以看出，多级可变油田集输系统的布局重构优化模型决策变量更多样、函数形式更复杂、模型规模更庞大，建立通用于不同优化调整模式的优化模型难度巨大。

新增集输系统布局优化模型：

$$\min \quad f(x_1, x_2, \cdots, x_m)$$
$$\text{s.t.} \quad \begin{cases} g_i(x_1, x_2, \cdots, x_m) \geq 0 \\ x_1, \cdots, x_m \geq 0 \end{cases}$$

集输系统布局重构优化模型：

$$\min \quad F(x_1', x_2', \cdots, x_n')$$

$$\text{s.t.} \quad \begin{cases} g_i'(g_i(x_1', \cdots, x_m'), x_{m+1}', \cdots, x_n') \geqslant 0 \\ \varphi_j(x_1', x_2', \cdots, x_n') \geqslant 0 \\ x_1', \cdots, x_n' \geqslant 0 \end{cases}$$

布局重构是以"关停、合并、转级"集输站场的方式进行已建集输系统的布局重构设计，可以通过集约化增效挖潜取得显著经济效益。此类问题的优化决策是依托最优化理论建模求解最优的布局重构方案，实质是求解一类站场节点能够发生级别阶跃（如联合站降级为转油站）的受约束多级可变原油集输网络的条件极值。布局重构优化是耦合集输流程筛选的广义布局优化问题。布局重构面对的是站场转级引发集输流程不定、管-站拓扑结构随之变动的耦合优化问题，实质上是复杂约束下附加集输流程属性的原油集输广义有向图的最优重生成问题。如图 5.1 所示为多级可变油田集输系统布局重构示意图。

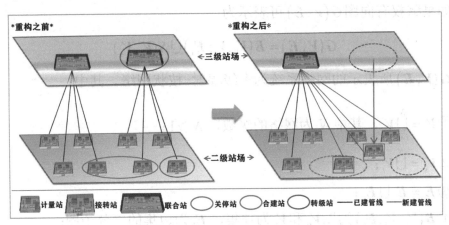

图 5.1　多级可变油田集输系统布局重构示意图

新增油田集输系统布局优化问题是拓扑学、最优化和系统工程交叉学科领域一类极难求解的问题，也是为数几个已经被证明为 NP-hard（多项式时间内无法求解的问题）的最优化问题。新增油田集输系统布局优化问题的求解已然难度很大，加之与站场转级相关联的集输流程、拓扑关系、管道规格决策变量，多级可变原油集输网络系统的布局重构优化模型是典型的高维混合整数非线性规划（mixed-integer nonlinear programming，MINLP）模型，需要寻求高效且稳定的优化求解方法。

5.1.2　广义有向图表征

传统的油田集输系统有向图表征是表征集输系统的拓扑结构，由于集输站场的空间尺度相较于管道的空间尺度小很多，站场可以表示为点，而管道可以表示为边，所形成的有向图就是顶点与边的关系。对于多级可变原油集输网络系统而言，考虑到油田集输系统站场可以升级或者降级，从而导致集输流程改变、管道重建等实际情况，单纯含有空间拓扑关系的有向图已经不能适应多级可变油田集输系统的布局重构优化需求。本书将传统单一网络属性的拓扑有向图推广到涵盖站场转级、集输流程、管道规格多属性的广义有向图，其中顶点涵盖集输流程选择、站场级别选择，边涵盖管道工艺参数、管道规格。以油田集输系统中常见的多级辐射-枝状网络为例，得到广义赋权有向图的表征如下所示：

如果赋权有向图 $G(V,E)$ 可表示为

$$G(V,E) = B(V_0,V_1;E_1) \bigcup S(V_s,V_s)$$

则称 $G(V,E)$ 所表示的网络系统为多级辐射-枝状网络。其中：

① $V = \bigcup_{i=0}^{N} V_i$，其中 N 为网络的级数，$N \geqslant 1$；

② $V_s = \bigcup_{i=1}^{N} V_i$；

③ $E = E_1 \bigcup E_s$；

④ $B(V_0,V_1;E_1)$ 为以 V_0 和 V_1 为顶集，E_1 为边集的二分子图；

⑤ $E_1 \bigcap E_s = \varPhi$；

⑥ $V_i \bigcap V_j = \varPhi$（$i \neq j$，$i,j \in \{0,1,2,\cdots,N\}$）；

⑦ $|V_i| < |V_j|$（$i > j$，$i,j \in \{0,1,2,\cdots,N\}$）；

⑧ $S(V_s,E_s)$ 为以 V_s 为顶集，E_s 为边集的一棵树；

⑨ $\mathbf{ST} = V_1$，其中 $\mathbf{ST}$ 为 $S(V_s,E_s)$ 的悬挂点集合；

⑩ $d^-(v) = 0, \forall v \in V_0$；

⑪ $d^-(v) \geqslant 1, \forall v \in \bigcup_{i=1}^{N} V_i$；

⑫ $d^+(v) = 1,\ \forall v \in \bigcup\limits_{i=0}^{N-1} \mathbf{V}_i$

⑬ $d^+(v) = 0,\ \forall v \in \mathbf{V}_N$;

⑭ $\mathbf{E}_i = e(\boldsymbol{\delta}_i,\ \mathbf{P}_i,\ \mathbf{Q}_i,\ \mathbf{T}_t),\ i \in \{1, 2, \cdots, N\}$;

⑮ $\mathbf{V}_i = \eta(\lambda_i,\ \boldsymbol{\varepsilon}_i)$ 。

在以上网络表征定义中，$d^-(v)$——顶点 v 的入度函数，是与顶点 v 相连接的低一级顶点数；$d^+(v)$——顶点 v 的出度函数，是顶点 v 所连接的高一级顶点数；$e(\cdot)$——边的属性函数；$\boldsymbol{\delta}_i$——边的管道规格属性；$\mathbf{P}_i$——边的压力属性；$\mathbf{Q}_i$——边的流量属性；$\mathbf{T}_i$——边的温度属性；$\eta(\cdot)$——顶点的属性函数；λ_i——顶点的节点级别选择属性；λ_i——顶点的集输流程选择属性。

为直观展示多级可变原油集输网络系统的结构，给出多级可变原油集输网络系统的网络结构示意如图 5.2 所示。

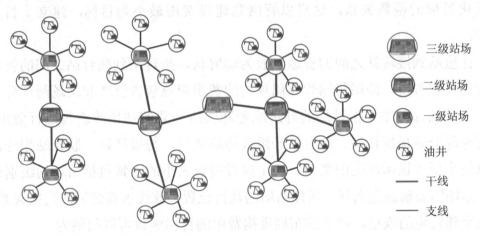

三级站场

二级站场

一级站场

油井

—— 干线

—— 支线

图 5.2　多级可变原油集输网络系统布局重构网络结构示意图

5.2　多级可变油田集输系统布局重构优化模型

在进行油田集输系统布局重构优化模型构建之前，先给出模型的假设条件：

①集输系统中站场转级后原有连接管道均断开重连。

②站场仅允许单级降级或者升级，不能够两级及以上进行转级。

③站场在不能满足负荷要求进行改造时，可进行更换设备、增加设施等任何改造。

④站场转级后，系统整体集输流程不变，转级引起的局部系统的集输流程跟随站场级别变化。

⑤所有原油管道内的流动状态均为满流运行。

5.2.1 辐射-枝状系统布局重构优化

1. 目标函数

目标函数是优化研究中所追求目的意义的数学化表达，是系统性能的评价标准。油田集输系统布局重构优化问题的目标函数构建就是寻求设计变量与优化目标的函数关系，这里以管网总建设费用最小为目标，建立了目标函数。

计量站到接转站之间的管道一般为辐射状，接转站到联合站之间的管道一般为枝状管道。油田集输管布局重构的费用应该包含管道和站场两部分的费用，站场部分主要指站场的升级或者降级所需要的站场改造与运行费用，而管道部分则指接转站、联合站升级或降级之后，与接转站、联合站相连接的管道重新敷设所产生的费用。决定建设投资大小的因素包括站场的级别选择、站场的集输流程选择、新建站场的几何位置、改线重建管道的连接关系、改线重建管道的规格，则总的布局重构费用的目标函数可以归纳为

$$\min \quad F(\pmb{\lambda}_{s}, \pmb{\varepsilon}_{s}, \pmb{\eta}, \pmb{D}, \pmb{\delta}, \pmb{m}) = f_1 + f_2 + f_3 + f_4 \tag{5.1}$$

式中：F ——多级可变原油集输网络系统布局重构总费用；f_1——站场转级情况下叠加集输流程变化的站场改造费用，可以表示为与站场处理量相关的费用函数；f_2——站场转级重构模式下集输系统总运行费用，可以表示为与站场处理量相关的费用函数；f_3——站场转级情况下油井与重构后的计量间之间的新建管道费用；f_4——站场转级情况下各级站场之间的新建管道费用；$\pmb{\lambda}_{s}$——站场节点的转级向量；$\pmb{\varepsilon}_{s}$——站场节点的集输流程选择向量；$\pmb{\eta}$——各级节点之间连接关系设计向量；$\pmb{D}$——管道的管径设计向量；$\pmb{\delta}$——管道的壁厚设计向量；$\pmb{m}$——各级站场发生级别变化的数目设计向量。

其中，油田集输系统站场的转级会引发集输流程的改变，如计量间升级为接转站，则站内集输流程会发生改变，再比如原本是掺热水伴热而后改为井口电加热，则集输流程也会发生改变。将集输流程是否改变以及集输站场是否转级考虑为标记标量，则可以得到如下表达式：

$$f_1 = \sum_{k \in I_{SU}} \left[\varepsilon_{s,k} \left| \lambda_{s,k} \right| C_{S,k}(Q_{s,k}) + (1 - \varepsilon_{s,k}) \left| \lambda_{s,k} \right| C_{S,k}(Q_{s,k}) \right] \tag{5.2}$$

式中：$\varepsilon_{s,k}$——第 k 个站场节点的集输流程是否发生改变的 0-1 变量，发生改变则取值为 1，否则取值为 0；$\lambda_{s,k}$——第 k 个站场节点级别是否发生改变的标记变量，发生升级取值为 1，发生降级取值为 -1，不发生转级否则取值为 0；$C_{S,k}$——第 k 个站场节点发生集输流程、站场级别改变下所引起的站场改造费用函数，与站场处理量有关；$Q_{S,k}$——第 k 个站场节点的处理量；I_{S_U}——表征所有计量间、接转站、联合站站场节点的数集。

其中，油田集输系统站场发生转级或者集输流程变化，会改变原有集输系统的状态，运行成本也会相应发生改变，集输系统的运行成本一般与站场的处理量有关：

$$f_2 = \sum_{k \in I_{SU}} C_{D,k}(Q_{s,k}) \tag{5.3}$$

式中：$C_{D,k}$——第 k 个站场节点发生集输流程、站场级别改变后站场的运行费用函数，与站场处理量有关。

其中，油田集输系统站场发生转级或者集输流程变化，发生转级的站场所连接的管道可能继续留用或者废弃重建，重建管道的费用与管道的规格、长度有关，管道按照支线和干线的类别分别给出重建费用，支线管道的重建费用表达式如下所示：

$$f_3 = \sum_{i \in I_{Sw}} \sum_{j \in I_{Ss}} \sum_{a \in s_{ps}} \eta_{B,i,j} \gamma_{B,i,j,a} C_P(D_a, \delta_a) L_{B,i,j} \tag{5.4}$$

式中：I_{Sw}——表征油井节点的数集；I_{Ss}——表征计量间节点的数集；$\eta_{B,i,j}$——油井节点 i 和计量间节点 j 之间的连接关系 0-1 变量，若其相互连接则取值为 1，否则取值为 0；$\gamma_{B,i,j,a}$——油井节点 i 和计量间节点 j 之间是否采用第 a 种规格的管道的标记变量，采用取值为 1，否则为 0；$C_P(D_a, \delta_a)$——第 a 种规格单位长度管道的建设费用；$L_{B,i,j}$——油井节点 i 和计量间节点 j 之间管道长度，若二者之间不受限于障碍，则 $L_{B,i,j}$ 为直线距离，否则为采用绕障路径优化求解得到的长度。

其中，油田集输系统站场发生转级或者集输流程变化，干线管道的重建费用表达式如下：

$$f_4 = \sum_{i' \in I_{SU}} \sum_{j' \in I_{SU}} \sum_{a \in s_{ps}} \eta_{T,i',j'} \gamma_{T,i',j',a} C_P(D_a, \delta_a) L_{T,i',j'} \tag{5.5}$$

式中：$\eta_{T,i',j'}$，$\gamma_{T,i',j',a}$，$L_{T,i',j'}$——各级站场节点组合排序后第 i' 个站场节点与第 j' 个站场节点之间的连接关系 0-1 变量、管道规格选用变量和管道长度，其中管道长度的计算同样分为两种情况，与 $L_{B,i,j}$ 计算方法相同。

2. 约束条件

（1）站场转级约束

①油田集输系统的转级会导致一段时间内的停产施工，为保证油田集输系统正常生产的连续性和稳定性，转级站场的数量不宜过大。

$$\sum_{k \in I_{SU}} \left[\varepsilon_{s,k} |\lambda_{s,k}| + (1 - \varepsilon_{s,k}) |\lambda_{s,k}| \right] \leqslant \lambda_{N,max} \tag{5.6}$$

式中：$\lambda_{N,max}$——油田集输系统中转级站场的最大可行数量。

②油田集输站场的升级改造意味着对集输系统进行较大的布局改造，在决策时会严格评估，因而油田集输系统布局重构中升级的站场数量应该小于降级的站场数量。

$$\sum_{k \in I_{SU}} \left[1 - \lambda_{s,k} \right] \geqslant \sum_{k \in I_{SU}} \left[1 + \lambda_{s,k} \right] \tag{5.7}$$

③油田集输系统进行转级重构需要进行站场的改造、管道的重建等，会产生较大的投资，为保证集输系统布局重构的合理性，重构的投资不宜过大。

$$\sum_{k \in I_{SU}} \left[\varepsilon_{s,k} |\lambda_{s,k}| C_{S,k}(Q_{s,k}) + (1 - \varepsilon_{s,k}) |\lambda_{s,k}| C_{S,k}(Q_{s,k}) \right] \leqslant C_{max} \tag{5.8}$$

式中：C_{max}——油田集输系统进行转级重构的最大可行投资。

④在油田集输系统转级重构优化中，进行降级的站场一般为运行多年、负荷率低的站场，这类站场也一般是需要关停的站场，因此降级站场应该满足如下约束。

$$\mathrm{bool}\left(V_{\xi_i} \in \{v_{13}, v_{14}\}\right) + \lambda_{\mathrm{s},k} = 0, k \in I_{\mathrm{SU}} \tag{5.9}$$

式中：$\mathrm{bool}(\ )$——布尔函数，函数内的逻辑表达式为正确取值 1，否则取值为 0 油田集输系统进行转级重构的最大可行投资。

⑤在油田集输系统转级重构优化中，进行站场升级需要考虑集输站场所处区块未来新增规划处理量，适宜升级站场且新增产能的处理需求能够得到满足是需要考虑的决策限制。

$$\mathrm{bool}\left(a_2 \frac{Q_{\mathrm{p},i}}{Q_{\mathrm{T},i}} - \beta_{\min}\right) - \lambda_{\mathrm{s},k} = 0, k \in I_{\mathrm{SU}} \tag{5.10}$$

式中：$Q_{\mathrm{p},i}$——第 i 个油田集输站场所处区块的未来规划新增处理量；$Q_{\mathrm{T},i}$——第 i 个油田集输站场所处区块所有站场的处理量总和；$\beta_{\min}$——决策阈值。

（2）管网形态约束

①油井与上一级站场之间呈星状连接，即一口油井只能与一座计量间相连接。

$$\sum_{j \in I_{\mathrm{Ss}}} \eta_{\mathrm{B},i,j} = 1, \ \forall i \in I_{\mathrm{Sw}} \tag{5.11}$$

②站场节点之间的拓扑结构可以视为以 N 级站场节点为根节点的连通树，同属于 N 级站场的节点之间不能相连，各级站场节点之间拓扑关系应该满足树状网络形态，不能存在环路。

$$\sum_{i' \in I_{\mathrm{SN}}} \sum_{j' \in I_{\mathrm{SN}}} \eta_{\mathrm{T},i',j'} = 0 \tag{5.12}$$

$$\sum_{i' \in I_{\mathrm{SU}}} \sum_{j' \in I_{\mathrm{SU}}} \eta_{\mathrm{T},i',j'} = \sum_{i=1}^{N-1} m_i \tag{5.13}$$

式中：m_i——第 i 级站场节点的数目；I_{SN}——表征 N 级站场节点的数集。

③为了保证管网的连通性，任何一个站场节点都至少与其他一个站场节点相连通。

$$\sum_{i' \in I_{\mathrm{SU}}} \eta_{T,i',j'} \geqslant 1, \ j' \in I_{\mathrm{SU}} \tag{5.14}$$

④为确保油田集输系统的安全、经济输运，支线管道的长度应该小于集输半径。

$$R \geqslant (\eta_{\mathrm{B},i,j} - 1)M + L_{\mathrm{B},i,j}, \ i \in I_{\mathrm{Sw}}, j \in I_{\mathrm{Ss}} \tag{5.15}$$

式中：R——集输半径；M——任意大（而非无穷大）的正实数。

（3）障碍约束

集输系统中站场转级会引起管道的改线新建，改线新建的管道需避开障碍，即改线管道的路由节点不能位于障碍内。

$$B_i(\boldsymbol{U}_{\mathrm{SX}}, \boldsymbol{U}_{\mathrm{SY}}) > 0, \ i = 1, 2, \cdots, m_{\mathrm{b}} \tag{5.16}$$

式中：$B_i(\ )$——隐式函数多边形表征模型[22]；$\boldsymbol{U}_{\mathrm{SX}}, \boldsymbol{U}_{\mathrm{SY}}$——站场的几何坐标向量；$m_{\mathrm{b}}$——布局区域内障碍的数量

（4）管道规格约束

①在实际的生产建设中，所有干线管道和支线管道的规格只能为一种。

$$\eta_{\mathrm{B},i,j} \sum_{a \in s_{\mathrm{ps}}} \gamma_{\mathrm{B},i,j,a} = \eta_{\mathrm{B},i,j} \quad i \in I_{\mathrm{Sw}}, j \in I_{\mathrm{Ss}} \tag{5.17}$$

$$\eta_{\mathrm{T},i',j'} \sum_{a \in s_{\mathrm{ps}}} \gamma_{\mathrm{T},i',j',a} = \eta_{\mathrm{T},i',j'} \quad i' \in I_{\mathrm{SU}}, j' \in I_{\mathrm{SU}} \tag{5.18}$$

②为保证油田集输系统中所有管道能够安全运行，管道的壁厚应该满足最低强度要求。

$$\varepsilon_{\mathrm{s},k} \eta_{\mathrm{B},i,j} \gamma_{\mathrm{B},i,j,a} \left(\delta_a - \frac{\max(P_{\mathrm{Pw},i}^{i,j}, P_{\mathrm{Ps},j}^{i,j})D_a}{2([\sigma]e + P_{\mathrm{P},a}b_\sigma)} \right) + (1 - \varepsilon_{\mathrm{s},k}) \left(\delta_a - \frac{\max(P_{\mathrm{Pw},i}^{i,j}, P_{\mathrm{Ps},j}^{i,j})D_a}{2([\sigma]e + P_{\mathrm{P},a}b_\sigma)} \right) \geqslant 0$$
$$\tag{5.19}$$

$$\varepsilon_{\mathrm{s},k} \eta_{i',j'} \gamma_{i',j',a} \left(\delta_a - \frac{\max(P_{\mathrm{PU},i'}^{i',j'}, P_{\mathrm{PU},j'}^{i',j'})D_a}{2([\sigma]e + P_{\mathrm{P},a}b_\sigma)} \right)$$
$$+ (1 - \varepsilon_{\mathrm{s},k}) \eta_{i',j'} \gamma_{i',j',a} \left(\delta_a - \frac{\max(P_{\mathrm{PU},i'}^{i',j'}, P_{\mathrm{PU},j'}^{i',j'})D_a}{2([\sigma]e + P_{\mathrm{P},a}b_\sigma)} \right) \geqslant 0 \tag{5.20}$$

式中：$[\sigma]$——管道的应力许用值；e——焊接接头系数；b_σ——计算系数；$P_{\text{Pw},i}^{i,j}$，$P_{\text{Ps},i}^{i,j}$——第 i 个油井节点与第 j 个计量间节点之间的管道的端点运行压力；$P_{\text{PU},i'}^{i',j'}$，$P_{\text{PU},j'}^{i',j'}$——第 i' 个站场节点与第 j 个站场节点之间管道的端点运行压力；$P_{\text{P},a}$——管道规格为 a 时的设计运行压力。

（5）流动特性约束

①流体在管道内流动会产生沿程阻力损失[23]，即原油集输管网中的管流流动过程应该满足水力学特性，约束表达式如下：

$$\varepsilon_{\text{s},k}\eta_{\text{B},i,j}\gamma_{\text{B},i,j,a}\left(P_{\text{Pw},i}^{i,j}-P_{\text{Ps},j}^{i,j}-P_{f,i,j}(q_{\text{B},i,j},L_{\text{B},i,j},D_\alpha)\right)$$
$$+(1-\varepsilon_{\text{s},k})\eta_{\text{B},i,j}\gamma_{\text{B},i,j,a}\left(P_{\text{Pw},i}^{i,j}-P_{\text{Ps},j}^{i,j}-P_{f,i,j}(q_{\text{B},i,j},L_{\text{B},i,j},D_\alpha)\right)=0 \qquad (5.21)$$

$$\varepsilon_{\text{s},k}\eta_{\text{T},i',j'}\gamma_{\text{T},i',j',a}\left(P_{\text{PU},i'}^{i',j'}-P_{\text{PU},j'}^{i',j'}+\kappa_{\text{P},i',j'}P_{f,i',j'}(q_{\text{T},i',j'},L_{\text{T},i',j'},D_\alpha)\right)+$$
$$(1-\varepsilon_{\text{s},k})\eta_{\text{T},i',j'}\gamma_{\text{T},i',j',a}\left(P_{\text{PU},i'}^{i',j'}-P_{\text{PU},j'}^{i',j'}+\kappa_{\text{P},i',j'}P_{f,i',j'}(q_{\text{T},i',j'},L_{\text{T},i',j'},D_\alpha)\right)=0 \qquad (5.22)$$

式中：$q_{B,i,j}$——第 i 个油井与第 j 个计量间之间的管道内流量；$q_{\text{T},i',j'}$——第 i' 个站场与第 j' 个站场之间的管道内流量；$P_{f,i,j}(\bullet)$，$P_{f,i',j'}(\bullet)$——第 i 个油井与第 j 个计量间站场之间和第 i' 个站场与第 j' 个站场之间的管道沿程摩阻损失，对于集油系统其计算公式为 Beggs-Brill（贝格斯-比尔）公式。

②由于流体在管道内流动过程中会对环境产生散热作用，即管流流动应该满足热力学特性，约束表达式如下：

$$\varepsilon_{\text{s},k}\eta_{\text{B},i,j}\gamma_{\text{B},i,j,a}\left(T_{\text{Pw},i}^{i,j}-T_{\text{Ps},j}^{i,j}-T_{f,i,j}(q_{\text{B},i,j},L_{\text{B},i,j},D_\alpha)\right)$$
$$(1-\varepsilon_{\text{s},k})\eta_{\text{B},i,j}\gamma_{\text{B},i,j,a}\left(T_{\text{Pw},i}^{i,j}-T_{\text{Ps},j}^{i,j}-T_{f,i,j}(q_{\text{B},i,j},L_{\text{B},i,j},D_\alpha)\right)=0 \qquad (5.23)$$

$$\varepsilon_{\text{s},k}\eta_{\text{T},i',j'}\gamma_{\text{T},i',j',a}\left(T_{\text{PU},i'}^{i',j'}-T_{\text{PU},j'}^{i',j'}+\kappa_{\text{T},i',j'}T_{f,i',j'}(q_{\text{T},i',j'},L_{\text{T},i',j'},D_\alpha)\right)$$
$$(1-\varepsilon_{\text{s},k})\eta_{\text{T},i',j'}\gamma_{\text{T},i',j',a}\left(T_{\text{PU},i'}^{i',j'}-T_{\text{PU},j'}^{i',j'}+\kappa_{\text{T},i',j'}T_{f,i',j'}(q_{\text{T},i',j'},L_{\text{T},i',j'},D_\alpha)\right)=0 \qquad (5.24)$$

式中，$T_{\text{Pw},i}^{i,j}$，$T_{\text{Ps},j}^{i,j}$——第 i 个油井节点与第 j 个计量间节点之间的管道的端点运行温度；$T_{\text{PU},i'}^{i',j'}$，$T_{\text{PU},j'}^{i',j'}$——i 个站场节点与第 j 个站场节点之间的管道的端点运行温度；$T_{f,i,j}(\bullet)$，$T_{f,i',j'}(\bullet)$——第 i 个油井与第 j 个计量间之间和第 i' 个站场与

第 j' 个站场之间的管道沿程温降；$\kappa_{T,i',j'}$ ——管道内流体流动温降平衡符号函数，定义与压降平衡符号函数相似。

（6）流动经济性约束

管道的内流体的流速是衡量管道规格是否合理的主要指标，为了保证规划方案在建设和运行费用方面的经济性，管道内流体的流速应该满足一定范围。

$$\gamma_{T,i',j',a}v_{P,a,\min} \leqslant \gamma_{T,i',j',a}v_{PT,i',j',a} \leqslant \gamma_{T,i',j',a}v_{P,a,\max}, \ i' \in I_{SU}, j' \in I_{SU}, a \in s_{ps} \quad (5.25)$$

$$\gamma_{B,i,j,a}v_{P,a,\min} \leqslant \gamma_{B,i,j,a}v_{PB,i,j,a} \leqslant \gamma_{B,i,j,a}v_{P,a,\max} \quad i \in I_{Sw}, j \in I_{Ss}, a \in s_{ps} \quad (5.26)$$

式中：$v_{PT,i',j',a}$ ——以节点 i' 和节点 j' 为端点，采用第 a 种规格的干线管道的内部流体流速；$v_{PB,i,j,a}$ ——以节点 i 和节点 j 为端点，采用第 a 种规格的支线管道的内部流体流速；$v_{P,a,\min}$，$v_{P,a,\max}$ ——第 a 种管道规格所对应的经济流速的最小值和最大值。

（7）流量约束

①在油气集输管网规划设计时，支线管道内的流量应该等于油井口产液量与外排或损耗液量之差。

$$\eta_{B,i,j}(q_{B,i,j} + Q^O_{Sw,i} - Q_{w,i}) = 0, \ i \in I_{Sw}, j \in I_{Ss} \quad (5.27)$$

式中：$Q_{w,i}$ ——第 i 口油井正常生产的产出液量；$Q^O_{Sw,i}$ ——第 i 口油井外排或者损耗流量。

②油田集输系统应该满足流量连续性方程，即流入管网中任意一点的流量应该等于其流出的流量，对于 N 级站场节点，其处理量应视为站场节点的流出流量，定义流出为正，流入为负，则约束表达式为

$$\sum_{i \in I_{Sw}} \eta_{B,i,k}q_{B,i,k} + \sum_{i' \in I_{SU}} \kappa_{P,i',k}\eta_{T,i',k}q_{T,i',k} + (1-\tau_{N,k})Q^O_{S_U,k} + \tau_{N,k}Q_{S,k} = 0, \ \forall k \in I_{SU}$$

$$(5.28)$$

式中：$Q_{S,k}$ ——第 k 个 N 级站场节点的处理量；$Q^O_{S_U,k}$ ——第 k 个站场节点外排或者损耗的流量；S_U 为转油站和联合站节点集合；$\tau_{N,k}$ ——二元变量，第 k 个 S_U 中的节点是 N 级站场节点取值为1，否则取值为0。

③所有干线管道的流量应该小于现有工业标准管道所能运输的最大流量。

$$q_{a,\max} \geqslant (\eta_{T,i',j'} - 1)M + q_{T,i',j'}, \ i' \in I_{SU}, j' \in I_{SU} \tag{5.29}$$

式中：$q_{a,\max}$——干线管道所能运输的最大流量。

（8）压力约束

①为保证支线和干线管道内的流体平稳流入站场内，站场和其低级别节点之间相连接的管道端点压力应该大于一定数值。

$$\varepsilon_{s,k}\eta_{B,i,j}\gamma_{B,i,j,a}\left(P_{Ps,j}^{i,j} - P_{Ss,j,\min}\right) + (1-\varepsilon_{s,k})\eta_{B,i,j}\gamma_{B,i,j,a}\left(P_{Ps,j}^{i,j} - P_{Ss,j,\min}\right) \geqslant 0 \tag{5.30}$$

$$\varepsilon_{s,k}\eta_{T,i',j'}\gamma_{T,i',j',a}\left((1+\kappa_{P,i',j'})M + P_{PU,j'}^{i',j'} - P_{SU,j',\min}\right)$$
$$+ (1-\varepsilon_{s,k})\eta_{T,i',j'}\gamma_{T,i',j',a}\left((1+\kappa_{P,i',j'})M + P_{PU,j'}^{i',j'} - P_{SU,j',\min}\right) \geqslant 0 \tag{5.31}$$

式中：$P_{Ss,j,\min}$，$P_{SU,j',\min}$——第 j 座计量间节点和第 j' 座 S_U 级站场节点的最小进站压力。

②充分借助油井的自然压力进行集输可以有效降低投资，与油井相连接的管道的端点压力应该小于井口压力。

$$\varepsilon_{s,k}\eta_{B,i,j}\gamma_{B,i,j,a}\left(P_{W,i} - P_{Pw,i}^{i,j}\right) + (1-\varepsilon_{s,k})\eta_{B,i,j}\gamma_{B,i,j,a}\left(P_{W,i} - P_{Pw,i}^{i,j}\right) \geqslant 0 \tag{5.32}$$

式中：$P_{W,i}$——第 i 个油井的井口压力。

③所有支线管道和干线管道的运行压力应该小于管道的设计压力。

$$\varepsilon_{s,k}(\gamma_{B,i,j,a}P_{Pw,i}^{i,j} - \gamma_{B,i,j,a}P_{P,a}) + (1-\varepsilon_{s,k})(\gamma_{B,i,j,a}P_{Pw,i}^{i,j} - \gamma_{B,i,j,a}P_{B,a}) \leqslant 0 \tag{5.33}$$

$$\varepsilon_{s,k}\eta_{T,i',j'}\gamma_{T,i',j',a}\left((\kappa_{P,i',j'} - 1)M + P_{PU,j'}^{i',j'} - P_{P,a}\right)$$
$$+ (1-\varepsilon_{s,k})\eta_{T,i',j'}\gamma_{T,i',j',a}\left((\kappa_{P,i',j'} - 1)M + P_{PU,j'}^{i',j'} - P_{P,a}\right) \leqslant 0 \tag{5.34}$$

（9）温度约束

为防止原油在集输过程中发生凝固，管道内的原油流动温度应该大于最低允许进站温度。

$$\varepsilon_{s,k}\eta_{B,i,j}\gamma_{B,i,j,a}\left(T_{Ps,j}^{i,j} - T_{Ss,j,\min}\right) + (1-\varepsilon_{s,k})\eta_{B,i,j}\gamma_{B,i,j,a}\left(T_{Ps,j}^{i,j} - T_{Ss,j,\min}\right) \geqslant 0 \tag{5.35}$$

$$\varepsilon_{\mathrm{s},k}\eta_{\mathrm{T},i',j'}\gamma_{\mathrm{T},i',j',a}\left((1+\kappa_{\mathrm{T},i',j'})M+T_{\mathrm{PU},j'}^{i',j'}-T_{\mathrm{SU},j',\min}\right)$$
$$+(1-\varepsilon_{\mathrm{s},k})\eta_{\mathrm{T},i',j'}\gamma_{\mathrm{T},i',j',a}\left((1+\kappa_{\mathrm{T},i',j'})M+T_{\mathrm{PU},j'}^{i',j'}-T_{\mathrm{SU},j',\min}\right)\geqslant 0 \qquad (5.36)$$

式中：$T_{\mathrm{Ss},j,\min}$，$T_{\mathrm{SU},j',\min}$——第 j 座 S_1 级站场节点和第 j' 座站场节点的最小进站温度。

（10）取值范围约束

1）各级站场节点的几何位置应该在可行取值范围内选取。

$$\boldsymbol{U}_{\min}\leqslant\boldsymbol{U}\leqslant\boldsymbol{U}_{\max} \qquad (5.37)$$

式中：$\boldsymbol{U}_{\min}$，$\boldsymbol{U}_{\max}$——站场节点几何位置取值区间的下界和上界向量。

2）考虑油田集输系统建设的经济性，各级站场节点的数目不能过大，为了满足集输系统的基本功能，站场的数目应大于最低建设需求。

$$m_{i,\min}\leqslant m_i\leqslant m_{i,\max},\ i=1,\cdots,N \qquad (5.38)$$

式中：$m_{i,\min}$，$m_{i,\max}$——第 i 级站场可行建设数目的最小值和最大值。

3. 完整模型

油田集输系统多级可变油田集输系统布局重构优化的完整优化数学模型如下：

$$\min F\left(\boldsymbol{\lambda}_{\mathrm{s}},\boldsymbol{\varepsilon}_{\mathrm{s}},\boldsymbol{\eta},\boldsymbol{D},\boldsymbol{\delta},\boldsymbol{m}\right)=\sum_{k\in I_{SU}}\left[\varepsilon_{\mathrm{s},k}\left|\lambda_{\mathrm{s},k}\right|C_{\mathrm{S},k}(Q_{\mathrm{s},k})+(1-\varepsilon_{\mathrm{s},k})\left|\lambda_{\mathrm{s},k}\right|C_{\mathrm{S},k}(Q_{\mathrm{s},k})\right]$$
$$+\sum_{k\in I_{SU}}C_{\mathrm{D},k}(Q_{\mathrm{s},k})+\sum_{i\in I_{Sw}}\sum_{j\in I_{Ss}}\sum_{a\in s_{\mathrm{ps}}}\eta_{\mathrm{B},i,j}\gamma_{\mathrm{B},i,j,a}C_{\mathrm{P}}(D_a,\delta_a)L_{\mathrm{B},i,j}$$
$$+\sum_{i'\in I_{SU}}\sum_{j'\in I_{SU}}\sum_{a\in s_{\mathrm{ps}}}\eta_{\mathrm{T},i',j'}\gamma_{\mathrm{T},i',j',a}C_{\mathrm{P}}(D_a,\delta_a)L_{\mathrm{T},i',j'}$$

$$\mathrm{s.t.}\ \sum_{k\in I_{SU}}\left[\varepsilon_{\mathrm{s},k}\left|\lambda_{\mathrm{s},k}\right|+(1-\varepsilon_{\mathrm{s},k})\left|\lambda_{\mathrm{s},k}\right|\right]\leqslant\lambda_{N,\max}$$
$$\sum_{k\in I_{SU}}\left[1-\lambda_{\mathrm{s},k}\right]\geqslant\sum_{k\in I_{SU}}\left[1+\lambda_{\mathrm{s},k}\right]$$
$$\sum_{k\in I_{SU}}\left[\varepsilon_{\mathrm{s},k}\left|\lambda_{\mathrm{s},k}\right|C_{\mathrm{S},k}(Q_{\mathrm{s},k})+(1-\varepsilon_{\mathrm{s},k})\left|\lambda_{\mathrm{s},k}\right|C_{\mathrm{S},k}(Q_{\mathrm{s},k})\right]\leqslant C_{\max}$$

$$\mathrm{bool}\left(V_{\xi_i}\in\{v_{13},v_{14}\}\right)+\lambda_{\mathrm{s},k}=0,\ k\in I_{\mathrm{SU}}$$

$$\mathrm{bool}\left(a_2\frac{Q_{\mathrm{p},i}}{Q_{\mathrm{T},i}}-\beta_{\min}\right)-\lambda_{\mathrm{s},k}=0,\ k\in I_{\mathrm{SU}}$$

$$\sum_{j\in I_{\mathrm{Ss}}}\eta_{\mathrm{B},i,j}=1,\ \forall i\in I_{\mathrm{Sw}}$$

$$\sum_{i'\in I_{\mathrm{SN}}}\sum_{j'\in I_{\mathrm{SN}}}\eta_{\mathrm{T},i',j'}=0$$

$$\sum_{i'\in I_{\mathrm{SU}}}\sum_{j'\in I_{\mathrm{SU}}}\eta_{\mathrm{T},i',j'}=\sum_{i=1}^{N-1}m_i$$

$$\sum_{i'\in I_{\mathrm{SU}}}\eta_{\mathrm{T},i',j'}\geqslant1,\ j'\in I_{\mathrm{SU}}$$

$$R\geqslant(\eta_{\mathrm{B},i,j}-1)M+L_{\mathrm{B},i,j},\ i\in I_{\mathrm{Sw}},j\in I_{\mathrm{Ss}}$$

$$B_i(\boldsymbol{U}_{\mathrm{S}X},\boldsymbol{U}_{\mathrm{S}Y})>0,\ i=1,2,\cdots,m_{\mathrm{b}}$$

$$\eta_{\mathrm{B},i,j}\sum_{a\in s_{ps}}\gamma_{\mathrm{B},i,j,a}=\eta_{\mathrm{B},i,j},\ i\in I_{\mathrm{Sw}},j\in I_{\mathrm{Ss}}$$

$$\eta_{\mathrm{T},i',j'}\sum_{a\in s_{ps}}\gamma_{\mathrm{T},i',j',a}=\eta_{\mathrm{T},i',j'},\ i'\in I_{\mathrm{SU}},j'\in I_{\mathrm{SU}}$$

$$\varepsilon_{\mathrm{s},k}\eta_{\mathrm{B},i,j}\gamma_{\mathrm{B},i,j,a}\left(\delta_a-\frac{\max(P_{\mathrm{Pw},i}^{i,j},P_{\mathrm{Ps},j}^{i,j})D_a}{2([\sigma]e+P_{\mathrm{P},a}b_\sigma)}\right)+(1-\varepsilon_{\mathrm{s},k})\left(\delta_a-\frac{\max(P_{\mathrm{Pw},i}^{i,j},P_{\mathrm{Ps},j}^{i,j})D_a}{2([\sigma]e+P_{\mathrm{P},a}b_\sigma)}\right)\geqslant0$$

$$\varepsilon_{\mathrm{s},k}\eta_{i',j'}\gamma_{i',j',a}\left(\delta_a-\frac{\max(P_{\mathrm{PU},i'}^{i',j'},P_{\mathrm{PU},j'}^{i',j'})D_a}{2([\sigma]e+P_{\mathrm{P},a}b_\sigma)}\right)$$

$$+(1-\varepsilon_{\mathrm{s},k})\eta_{i',j'}\gamma_{i',j',a}\left(\delta_a-\frac{\max(P_{\mathrm{PU},i'}^{i',j'},P_{\mathrm{PU},j'}^{i',j'})D_a}{2([\sigma]e+P_{\mathrm{P},a}b_\sigma)}\right)\geqslant0$$

$$\varepsilon_{\mathrm{s},k}\eta_{\mathrm{B},i,j}\gamma_{\mathrm{B},i,j,a}\left(P_{\mathrm{Pw},i}^{i,j}-P_{\mathrm{Ps},j}^{i,j}-P_{f,i,j}(q_{\mathrm{B},i,j},L_{\mathrm{B},i,j},D_\alpha)\right)$$

$$+(1-\varepsilon_{\mathrm{s},k})\eta_{\mathrm{B},i,j}\gamma_{\mathrm{B},i,j,a}\left(P_{\mathrm{Pw},i}^{i,j}-P_{\mathrm{Ps},j}^{i,j}-P_{f,i,j}(q_{\mathrm{B},i,j},L_{\mathrm{B},i,j},D_\alpha)\right)=0$$

$$\varepsilon_{\mathrm{s},k}\eta_{\mathrm{T},i',j'}\gamma_{\mathrm{T},i',j',a}\left(P_{\mathrm{PU},i'}^{i',j'}-P_{\mathrm{PU},i'}^{i',j'}+\kappa_{\mathrm{P},i',j'}P_{f,i',j'}(q_{\mathrm{T},i',j'},L_{\mathrm{T},i',j'},D_\alpha)\right)$$

$$+(1-\varepsilon_{\mathrm{s},k})\eta_{\mathrm{T},i',j'}\gamma_{\mathrm{T},i',j',a}\left(P_{\mathrm{PU},i'}^{i',j'}-P_{\mathrm{PU},j'}^{i',j'}+\kappa_{\mathrm{P},i',j'}P_{f,i',j'}(q_{\mathrm{T},i',j'},L_{\mathrm{T},i',j'},D_\alpha)\right)=0$$

$$\varepsilon_{\mathrm{s},k}\eta_{\mathrm{B},i,j}\gamma_{\mathrm{B},i,j,a}\left(T_{\mathrm{Pw},i}^{i,j}-T_{\mathrm{Ps},j}^{i,j}-T_{\mathrm{f},i,j}(q_{\mathrm{B},i,j},L_{\mathrm{B},i,j},D_\alpha)\right)$$

$$(1-\varepsilon_{\mathrm{s},k})\eta_{\mathrm{B},i,j}\gamma_{\mathrm{B},i,j,a}\left(T_{\mathrm{Pw},i}^{i,j}-T_{\mathrm{Ps},j}^{i,j}-T_{\mathrm{f},i,j}(q_{\mathrm{B},i,j},L_{\mathrm{B},i,j},D_\alpha)\right)=0$$

$$\varepsilon_{\mathrm{s},k}\eta_{\mathrm{T},i',j'}\gamma_{\mathrm{T},i',j',a}\left(T_{\mathrm{PU},i'}^{i',j'}-T_{\mathrm{PU},j'}^{i',j'}+\kappa_{\mathrm{T},i',j'}T_{\mathrm{f},i',j'}(q_{\mathrm{T},i',j'},L_{\mathrm{T},i',j'},D_\alpha)\right)$$

$$(1-\varepsilon_{\mathrm{s},k})\eta_{\mathrm{T},i',j'}\gamma_{\mathrm{T},i',j',a}\left(T_{\mathrm{PU},i'}^{i',j'}-T_{\mathrm{PU},j'}^{i',j'}+\kappa_{\mathrm{T},i',j'}T_{\mathrm{f},i',j'}(q_{\mathrm{T},i',j'},L_{\mathrm{T},i',j'},D_\alpha)\right)=0$$

$$\gamma_{\text{T},i',j',a}v_{\text{P},a,\min} \leqslant \gamma_{\text{T},i',j',a}v_{\text{PT},i',j',a} \leqslant \gamma_{\text{T},i',j',a}v_{\text{P},a,\max},\ i' \in I_{\text{SU}}, j' \in I_{\text{SU}}, a \in s_{\text{ps}}$$

$$\gamma_{\text{B},i,j,a}v_{\text{P},a,\min} \leqslant \gamma_{\text{B},i,j,a}v_{\text{PB},i,j,a} \leqslant \gamma_{\text{B},i,j,a}v_{\text{P},a,\max},\ i \in I_{\text{Sw}}, j \in I_{\text{Ss}}, a \in s_{\text{ps}}$$

$$\eta_{\text{B},i,j}(q_{\text{B},i,j} + Q_{\text{Sw},i}^{\text{O}} - Q_{\text{w},i}) = 0,\ i \in I_{\text{Sw}}, j \in I_{\text{Ss}}$$

$$\sum_{i \in I_{Sw}} \eta_{\text{B},i,k}q_{\text{B},i,k} + \sum_{i' \in I_{SU}} \kappa_{\text{P},i',k}\eta_{\text{T},i',k}q_{\text{T},i',k} + (1-\tau_{N,k})Q_{S_U,k}^{\text{O}} + \tau_{N,k}Q_{\text{S},k} = 0,\ \forall k \in I_{\text{SU}}$$

$$q_{a,\max} \geqslant (\eta_{\text{T},i',j'} - 1)M + q_{\text{T},i',j'},\ i' \in I_{\text{SU}}, j' \in I_{\text{SU}}$$

$$\varepsilon_{\text{s},k}\eta_{\text{B},i,j}\gamma_{\text{B},i,j,a}\left(P_{\text{Ps},j}^{i,j} - P_{\text{Ss},j,\min}\right) + (1-\varepsilon_{\text{s},k})\eta_{\text{B},i,j}\gamma_{\text{B},i,j,a}\left(P_{\text{Ps},j}^{i,j} - P_{\text{Ss},j,\min}\right) \geqslant 0$$

$$\varepsilon_{\text{s},k}\eta_{\text{T},i',j'}\gamma_{\text{T},i',j',a}\left((1+\kappa_{\text{P},i',j'})M + P_{\text{PU},j'}^{i',j'} - P_{\text{SU},j',\min}\right)$$
$$+ (1-\varepsilon_{\text{s},k})\eta_{\text{T},i',j'}\gamma_{\text{T},i',j',a}\left((1+\kappa_{\text{P},i',j'})M + P_{\text{PU},j'}^{i',j'} - P_{\text{SU},j',\min}\right) \geqslant 0$$

$$\varepsilon_{\text{s},k}\eta_{\text{B},i,j}\gamma_{\text{B},i,j,a}\left(P_{\text{W},i} - P_{\text{Pw},i}^{i,j}\right) + (1-\varepsilon_{\text{s},k})\eta_{\text{B},i,j}\gamma_{\text{B},i,j,a}\left(P_{\text{W},i} - P_{\text{Pw},i}^{i,j}\right) \geqslant 0$$

$$\varepsilon_{\text{s},k}\left(\gamma_{\text{B},i,j,a}P_{\text{Pw},i}^{i,j} - \gamma_{\text{B},i,j,a}P_{\text{P},a}\right) + (1-\varepsilon_{\text{s},k})\left(\gamma_{\text{B},i,j,a}P_{\text{Pw},i}^{i,j} - \gamma_{\text{B},i,j,a}P_{\text{P},a}\right) \leqslant 0$$

$$\varepsilon_{\text{s},k}\eta_{\text{T},i',j'}\gamma_{\text{T},i',j',a}\left((\kappa_{\text{P},i',j'}-1)M + P_{\text{PU},j'}^{i',j'} - P_{\text{P},a}\right)$$
$$+ (1-\varepsilon_{\text{s},k})\eta_{\text{T},i',j'}\gamma_{\text{T},i',j',a}\left((\kappa_{\text{P},i',j'}-1)M + P_{\text{PU},j'}^{i',j'} - P_{\text{P},a}\right) \leqslant 0$$

$$\varepsilon_{\text{s},k}\eta_{\text{B},i,j}\gamma_{\text{B},i,j,a}\left(T_{\text{Ps},j}^{i,j} - T_{\text{Ss},j,\min}\right) + (1-\varepsilon_{\text{s},k})\eta_{\text{B},i,j}\gamma_{\text{B},i,j,a}\left(T_{\text{Ps},j}^{i,j} - T_{\text{Ss},j,\min}\right) \geqslant 0$$

$$\varepsilon_{\text{s},k}\eta_{\text{T},i',j'}\gamma_{\text{T},i',j',a}\left((1+\kappa_{\text{T},i',j'})M + T_{\text{PU},j'}^{i',j'} - T_{\text{SU},j',\min}\right)$$
$$+ (1-\varepsilon_{\text{s},k})\eta_{\text{T},i',j'}\gamma_{\text{T},i',j',a}\left((1+\kappa_{\text{T},i',j'})M + T_{\text{PU},j'}^{i',j'} - T_{\text{SU},j',\min}\right) \geqslant 0$$

$$\boldsymbol{U}_{\min} \leqslant \boldsymbol{U} \leqslant \boldsymbol{U}_{\max}$$

$$m_{i,\min} \leqslant m_i \leqslant m_{i,\max},\ i = 1, \cdots, N$$

5.2.2 辐射状系统布局重构优化

1. 目标函数

与辐射-枝状油田集输系统布局重构优化模型相似，多级辐射状集输系统在进行站场转级布局重构优化时仍然以总费用最小为目标。多级可变辐射状油田集输系统布局重构优化模型的总费用包括站场改造费用、站场运行费用、支线管道建设费用和干线管道建设费用四部分。由于辐射状是与辐射-枝状不同的管网结构，需要在目标函数中针对辐射状集输系统的管网结构加以表示，因此可以得到集输系统布局重构优化模型的目标函数如下所示：

$$\min F\left(\lambda_s, \varepsilon_s, \boldsymbol{\eta}, \boldsymbol{D}, \boldsymbol{\delta}, \boldsymbol{m}\right) = \sum_{k \in I_{\mathrm{SU}}} \left[\varepsilon_{s,k} \left| \lambda_{s,k} \right| C_{\mathrm{S},k}(Q_{s,k}) + (1 - \varepsilon_{s,k}) \left| \lambda_{s,k} \right| C_{\mathrm{S},k}(Q_{s,k}) \right]$$

$$+ \sum_{k \in I_{\mathrm{SU}}} C_{\mathrm{D},k}(Q_{s,k}) + \sum_{i \in I_{\mathrm{Sw}}} \sum_{j \in I_{\mathrm{Ss}}} \sum_{a \in s_{\mathrm{ps}}} \eta_{B,i,j} \gamma_{B,i,j,a} C_{\mathrm{P}}(D_a, \delta_a) L_{\mathrm{B},i,j}$$

$$+ \sum_{i' \in I_{\mathrm{SU}^-}} \sum_{j' \in I_{\mathrm{SU}^+}} \sum_{a \in s_{\mathrm{ps}}} \eta_{\mathrm{T},i',j'} \gamma_{\mathrm{T},i',j',a} C_{\mathrm{P}}(D_a, \delta_a) L_{\mathrm{T},i',j'} \tag{5.39}$$

式中：I_{SU^-}——计量间、转油站、联合站节点构成的相对低级站场节点集合的数集，这里相对低级是指站场节点 i' 比 j' 低一级；I_{SU^+}——计量间、转油站、联合站节点构成的相对高级站场节点集合的数集。

2. 约束条件

与辐射-枝状油田集输系统布局重构优化模型相似，多级辐射状集输系统在进行站场转级布局重构优化时同样需要满足各类约束条件。

（1）站场转级约束

①在辐射-枝状油田集输系统中，为了保证油田集输系统正常生产的连续性和稳定性，转级站场的数量不宜过大。

$$\sum_{k \in I_{\mathrm{SU}}} \left[\varepsilon_{s,k} \left| \lambda_{s,k} \right| + (1 - \varepsilon_{s,k}) \left| \lambda_{s,k} \right| \right] \leqslant \lambda_{N,\max}$$

②在辐射-枝状油田集输系统中，布局重构中升级的站场数量应该小于降级的站场数量。

$$\sum_{k \in I_{\mathrm{SU}}} \left[1 - \lambda_{s,k} \right] \geqslant \sum_{k \in I_{\mathrm{SU}}} \left[1 + \lambda_{s,k} \right]$$

③油田集输系统进行多级可变布局重构的投资应该满足预算要求。

$$\sum_{k \in I_{\mathrm{SU}}} \left[\varepsilon_{s,k} \left| \lambda_{s,k} \right| C_{\mathrm{S},k}(Q_{s,k}) + (1 - \varepsilon_{s,k}) \left| \lambda_{s,k} \right| C_{\mathrm{S},k}(Q_{s,k}) \right] \leqslant C_{\max}$$

④在辐射-枝状油田集输系统中，进行降级的站场是经过适宜关停综合评价方法评价为可关停以上等级的站场。

$$\mathrm{bool}\left(V_{\xi_i} \in \{v_{13}, v_{14}\} \right) + \lambda_{s,k} = 0, \quad k \in I_{\mathrm{SU}}$$

⑤油田集输系统中站场的升级需要考虑区块未来的产能规划，有明确产能新增的区块集输系统可以进行站场的升级。

$$\text{bool}\left(a_2\frac{Q_{\text{p},i}}{Q_{\text{T},i}}-\beta_{\min}\right)-\lambda_{\text{s},k}=0, k\in I_{\text{SU}}$$

（2）管网形态约束

①油井与上一级站场之间呈星状连接，即一口油井只能与一座计量间相连接。任意一座站场只能与一个高级别站场相连接，如一个计量间当且仅当只与一个转油站相连接。

$$\sum_{j\in I_{Ss}}\eta_{\text{B},i,j}=1, \ \forall i\in I_{Sw}$$
$$\sum_{j\in I_{\text{SU}^+}}\eta_{\text{T},i',j'}=1, \ \forall i'\in I_{\text{SU}^-} \tag{5.40}$$

②任意同级别的两个站场节点之间不存在连接关系。

$$\sum_{i'\in I_{\text{S},n}}\sum_{j'\in I_{\text{S},n}}\eta_{\text{T},i',j'}=0 \tag{5.41}$$

式中：$I_{\text{S},n}$——第 n 级站场节点的数集。

③为确保油田集输系统的安全、经济输运，支线管道的长度应该小于集输半径。

$$R\geqslant(\eta_{\text{B},i,j}-1)M+L_{\text{B},i,j}, \ i\in I_{Sw}, j\in I_{Ss}$$

（3）障碍约束

集输系统中站场转级会引起管道的改线新建，改线新建的管道需避开障碍，即改线管道的路由节点不能位于障碍内。

$$B_i(\boldsymbol{U}_{SX},\boldsymbol{U}_{SY})>0 \quad i=1,2,\cdots,m_{\text{b}}$$

（4）管道规格约束

①在实际的生产建设中，所有干线管道和支线管道的规格只能为一种。

$$\eta_{\text{B},i,j}\sum_{a\in s_{\text{ps}}}\gamma_{\text{B},i,j,a}=\eta_{\text{B},i,j}, \ i\in I_{Sw}, j\in I_{Ss}$$

$$\eta_{\text{T},i',j'}\sum_{a\in s_{\text{ps}}}\gamma_{\text{T},i',j',a}=\eta_{\text{T},i',j'}, \ i'\in I_{\text{SU}}, j'\in I_{\text{SU}}$$

②为保证油田集输系统中所有管道能够安全运行，管道的壁厚应该满足最低强度要求。

$$\varepsilon_{\text{s},k}\eta_{\text{B},i,j}\gamma_{\text{B},i,j,a}\left(\delta_a - \frac{\max(P_{\text{Pw},i}^{i,j}, P_{\text{Ps},j}^{i,j})D_a}{2([\sigma]e + P_{\text{P},a}b_\sigma)}\right) + (1-\varepsilon_{\text{s},k})\left(\delta_a - \frac{\max(P_{\text{Pw},i}^{i,j}, P_{\text{Ps},j}^{i,j})D_a}{2([\sigma]e + P_{\text{P},a}b_\sigma)}\right) \geqslant 0$$

$$\varepsilon_{\text{s},k}\eta_{i',j'}\gamma_{i',j',a}\left(\delta_a - \frac{\max(P_{\text{PU},i'}^{i',j'}, P_{\text{PU},j'}^{i',j'})D_a}{2([\sigma]e + P_{\text{P},a}b_\sigma)}\right)$$

$$+(1-\varepsilon_{\text{s},k})\eta_{i',j'}\gamma_{i',j',a}\left(\delta_a - \frac{\max(P_{\text{PU},i'}^{i',j'}, P_{\text{PU},j'}^{i',j'})D_a}{2([\sigma]e + P_{\text{P},a}b_\sigma)}\right) \geqslant 0$$

（5）流动特性约束

①流体在管道内流动会产生沿程阻力损失，即原油集输管网中的管流流动过程应该满足水力学特性，约束表达式如下：

$$\varepsilon_{\text{s},k}\eta_{\text{B},i,j}\gamma_{\text{B},i,j,a}\left(P_{\text{Pw},i}^{i,j} - P_{\text{Ps},j}^{i,j} - P_{\text{f},i,j}(q_{\text{B},i,j}, L_{\text{B},i,j}, D_\alpha)\right)$$

$$+(1-\varepsilon_{\text{s},k})\eta_{\text{B},i,j}\gamma_{\text{B},i,j,a}\left(P_{\text{Pw},i}^{i,j} - P_{\text{Ps},j}^{i,j} - P_{\text{f},i,j}(q_{\text{B},i,j}, L_{\text{B},i,j}, D_\alpha)\right) = 0$$

$$\varepsilon_{\text{s},k}\eta_{\text{T},i',j'}\gamma_{\text{T},i',j',a}\left(P_{\text{PU},i'}^{i',j'} - P_{\text{PU},j'}^{i',j'} + \kappa_{\text{P},i',j'}P_{\text{f},i',j'}(q_{\text{T},i',j'}, L_{\text{T},i',j'}, D_\alpha)\right)+$$

$$(1-\varepsilon_{\text{s},k})\eta_{\text{T},i',j'}\gamma_{\text{T},i',j',a}\left(P_{\text{PU},i'}^{i',j'} - P_{\text{PU},j'}^{i',j'} + \kappa_{\text{P},i',j'}P_{\text{f},i',j'}(q_{\text{T},i',j'}, L_{\text{T},i',j'}, D_\alpha)\right) = 0$$

②由于流体在管道内流动过程中会对环境产生散热作用，即管流流动应该满足热力学特性，约束表达式如下：

$$\varepsilon_{\text{s},k}\eta_{B,i,j}\gamma_{B,i,j,a}\left(T_{\text{Pw},i}^{i,j} - T_{\text{Ps},j}^{i,j} - T_{\text{f},i,j}(q_{\text{B},i,j}, L_{\text{B},i,j}, D_\alpha)\right)$$

$$(1-\varepsilon_{\text{s},k})\eta_{B,i,j}\gamma_{B,i,j,a}\left(T_{\text{Pw},i}^{i,j} - T_{\text{Ps},j}^{i,j} - T_{\text{f},i,j}(q_{\text{B},i,j}, L_{\text{B},i,j}, D_\alpha)\right) = 0$$

$$\varepsilon_{\text{s},k}\eta_{\text{T},i',j'}\gamma_{\text{T},i',j',a}\left(T_{\text{PU},i'}^{i',j'} - T_{\text{PU},j'}^{i',j'} + \kappa_{\text{T},i',j'}T_{f,i',j'}(q_{\text{T},i',j'}, L_{\text{T},i',j'}, D_\alpha)\right)$$

$$(1-\varepsilon_{\text{s},k})\eta_{\text{T},i',j'}\gamma_{\text{T},i',j',a}\left(T_{\text{PU},i'}^{i',j'} - T_{\text{PU},j'}^{i',j'} + \kappa_{\text{T},i',j'}T_{f,i',j'}(q_{\text{T},i',j'}, L_{\text{T},i',j'}, D_\alpha)\right) = 0$$

（6）流动经济性约束

管道的内流体的流速是衡量管道规格是否合理的主要指标，为了保证规划方案在建设和运行费用方面的经济性，管道内流体的流速应该满足一定范围。

$$\gamma_{\text{T},i',j',a}v_{\text{P},a,\min} \leqslant \gamma_{\text{T},i',j',a}v_{\text{PT},i',j',a} \leqslant \gamma_{\text{T},i',j',a}v_{\text{P},a,\max}, \quad i' \in I_{\text{SU}}, j' \in I_{\text{SU}}, a \in s_{\text{ps}}$$

$$\gamma_{\text{B},i,j,a}v_{\text{P},a,\min} \leqslant \gamma_{\text{B},i,j,a}v_{\text{PB},i,j,a} \leqslant \gamma_{\text{B},i,j,a}v_{\text{P},a,\max}, \quad i \in I_{\text{Sw}}, j \in I_{\text{Ss}}, a \in s_{\text{ps}}$$

（7）流量约束

①在油气集输管网规划设计时，支线管道内的流量应该等于油井口产液量与外排或损耗液量之差。

$$\eta_{B,i,j}(q_{B,i,j} + Q_{Sw,i}^O - Q_{w,i}) = 0, \; i \in I_{Sw}, j \in I_{Ss}$$

②油田油田集输系统应该满足流量连续性方程，即流入管网中任意一点的流量应该等于其流出的流量，对于 N 级站场节点，其处理量应视为站场节点的流出流量，定义流出为正，流入为负，则约束表达式为

$$\sum_{i \in I_{Sw}} \eta_{B,i,k} q_{B,i,k} + \sum_{i' \in I_{SU}} \kappa_{P,i',k} \eta_{T,i',k} q_{T,i',k} + (1 - \tau_{N,k}) Q_{SU,k}^O + \tau_{N,k} Q_{S,k} = 0, \; \forall k \in I_{SU}$$

③所有干线管道的流量应该小于现有工业标准管道所能运输的最大流量。

$$q_{a,max} \geqslant (\eta_{T,i',j'} - 1)M + q_{T,i',j'}, \; i' \in I_{SU}, j' \in I_{SU}$$

（8）压力约束

①为保证支线和干线管道内的流体平稳流入站场内，站场和其低级别节点之间相连接的管道端点压力应该大于一定数值。

$$\varepsilon_{s,k} \eta_{B,i,j} \gamma_{B,i,j,a} \left(P_{Ps,j}^{i,j} - P_{Ss,j,min} \right) + (1 - \varepsilon_{s,k}) \eta_{B,i,j} \gamma_{B,i,j,a} \left(P_{Ps,j}^{i,j} - P_{Ss,j,min} \right) \geqslant 0$$

$$\varepsilon_{s,k} \eta_{T,i',j'} \gamma_{T,i',j',a} \left((1 + \kappa_{P,i',j'})M + P_{PU,j'}^{i',j'} - P_{SU,j',min} \right)$$
$$+ (1 - \varepsilon_{s,k}) \eta_{T,i',j'} \gamma_{T,i',j',a} \left((1 + \kappa_{P,i',j'})M + P_{PU,j'}^{i',j'} - P_{SU,j',min} \right) \geqslant 0$$

②充分借助油井的自然压力进行集输可以有效降低投资，与油井相连接的管道的端点压力应该小于井口压力。

$$\varepsilon_{s,k} \eta_{B,i,j} \gamma_{B,i,j,a} \left(P_{W,i} - P_{Pw,i}^{i,j} \right) + (1 - \varepsilon_{s,k}) \eta_{B,i,j} \gamma_{B,i,j,a} \left(P_{W,i} - P_{Pw,i}^{i,j} \right) \geqslant 0$$

③所有支线管道和干线管道的运行压力应该小于管道的设计压力。

$$\varepsilon_{s,k} (\gamma_{B,i,j,a} P_{Pw,i}^{i,j} - \gamma_{B,i,j,a} P_{P,a}) + (1 - \varepsilon_{s,k})(\gamma_{B,i,j,a} P_{Pw,i}^{i,j} - \gamma_{B,i,j,a} P_{P,a}) \leqslant 0$$

$$\varepsilon_{s,k} \eta_{T,i',j'} \gamma_{T,i',j',a} \left((\kappa_{P,i',j'} - 1)M + P_{PU,j'}^{i',j'} - P_{P,a} \right)$$
$$+ (1 - \varepsilon_{s,k}) \eta_{T,i',j'} \gamma_{T,i',j',a} \left((\kappa_{P,i',j'} - 1)M + P_{PU,j'}^{i',j'} - P_{P,a} \right) \leqslant 0$$

（9）温度约束

为防止原油在集输过程中发生凝固，管道内的原油流动温度应该大于最低允许进站温度。

$$\varepsilon_{s,k}\eta_{B,i,j}\gamma_{B,i,j,a}\left(T_{Ps,j}^{i,j}-T_{Ps,j,\min}\right)+(1-\varepsilon_{s,k})\eta_{B,i,j}\gamma_{B,i,j,a}\left(T_{Ps,j}^{i,j}-T_{Ss,j,\min}\right)\geqslant 0$$

$$\varepsilon_{s,k}\eta_{T,i',j'}\gamma_{T,i',j',a}\left((1+\kappa_{T,i',j'})M+T_{PU,j'}^{i',j'}-T_{SU,j',\min}\right)$$
$$+(1-\varepsilon_{s,k})\eta_{T,i',j'}\gamma_{T,i',j',a}\left((1+\kappa_{T,i',j'})M+T_{PU,j'}^{i',j'}-T_{SU,j',\min}\right)\geqslant 0$$

（10）取值范围约束

①各级站场节点的几何位置应该在可行取值范围内选取。

$$\boldsymbol{U}_{\min}\leqslant\boldsymbol{U}\leqslant\boldsymbol{U}_{\max}$$

②考虑油田集输系统建设的经济性，各级站场节点的数目不能过大，为了满足集输系统的基本功能，站场的数目应大于最低建设需求。

$$m_{i,\min}\leqslant m_i\leqslant m_{i,\max},\ i=1,\cdots,N$$

3. 完整模型

$$\min F\left(\lambda_s,\varepsilon_s,\boldsymbol{\eta},\boldsymbol{D},\boldsymbol{\delta},\boldsymbol{m}\right)=\sum_{k\in I_{SU}}\left[\varepsilon_{s,k}\left|\lambda_{s,k}\right|C_{S,k}(Q_{s,k})+(1-\varepsilon_{s,k})\left|\lambda_{s,k}\right|C_{S,k}(Q_{s,k})\right]$$
$$+\sum_{k\in I_{SU}}C_{D,k}(Q_{s,k})+\sum_{i\in I_{Sw}}\sum_{j\in I_{Ss}}\sum_{a\in s_{ps}}\eta_{B,i,j}\gamma_{B,i,j,a}C_P(D_a,\delta_a)L_{B,i,j}$$
$$+\sum_{i'\in I_{SU^-}}\sum_{j'\in I_{SU^+}}\sum_{a\in s_{ps}}\eta_{T,i',j'}\gamma_{T,i',j',a}C_P(D_a,\delta_a)L_{T,i',j'}$$

$$\text{s.t.}\ \sum_{k\in I_{SU}}\left[\varepsilon_{s,k}\left|\lambda_{s,k}\right|+(1-\varepsilon_{s,k})\left|\lambda_{s,k}\right|\right]\leqslant\lambda_{N,\max}$$

$$\sum_{k\in I_{SU}}\left[1-\lambda_{s,k}\right]\geqslant\sum_{k\in I_{SU}}\left[1+\lambda_{s,k}\right]$$

$$\sum_{k\in I_{SU}}\left[\varepsilon_{s,k}\left|\lambda_{s,k}\right|C_{S,k}(Q_{s,k})+(1-\varepsilon_{s,k})\left|\lambda_{s,k}\right|C_{S,k}(Q_{s,k})\right]\leqslant C_{\max}$$

$$\text{bool}\left(V_{\xi_i}\in\{v_{13},v_{14}\}\right)+\lambda_{s,k}=0,k\in I_{SU}$$

$$\text{bool}\left(a_2\frac{Q_{p,i}}{Q_{T,i}}-\beta_{\min}\right)-\lambda_{s,k}=0,k\in I_{SU}$$

$$\sum_{j \in I_{Ss}} \eta_{B,i,j} = 1, \ \forall i \in I_{Sw}$$

$$\sum_{j \in I_{SU^+}} \eta_{T,i',j} = 1, \ \forall i' \in I_{SU^-}$$

$$\sum_{i' \in I_{S,n}} \sum_{j' \in I_{S,n}} \eta_{T,i',j'} = 0$$

$$R \geq (\eta_{B,i,j} - 1)M + L_{B,i,j}, \ i \in I_{Sw}, j \in I_{Ss}$$

$$B_i(\boldsymbol{U}_{SX}, \boldsymbol{U}_{SY}) > 0, \ i = 1, 2, \cdots, m_b$$

$$\eta_{B,i,j} \sum_{a \in s_{ps}} \gamma_{B,i,j,a} = \eta_{B,i,j}, \ i \in I_{Sw}, j \in I_{Ss}$$

$$\eta_{T,i',j'} \sum_{a \in s_{ps}} \gamma_{T,i',j',a} = \eta_{T,i',j'}, \ i' \in I_{SU}, j' \in I_{SU}$$

$$\varepsilon_{s,k} \eta_{B,i,j} \gamma_{B,i,j,a} \left(\delta_a - \frac{\max(P_{Pw,i}^{i,j}, P_{Ps,j}^{i,j}) D_a}{2([\sigma]e + P_{P,a}b_\sigma)} \right) + (1 - \varepsilon_{s,k}) \left(\delta_a - \frac{\max(P_{Pw,i}^{i,j}, P_{Ps,j}^{i,j}) D_a}{2([\sigma]e + P_{P,a}b_\sigma)} \right) \geq 0$$

$$\varepsilon_{s,k} \eta_{i',j'} \gamma_{i',j',a} \left(\delta_a - \frac{\max(P_{PU,i'}^{i',j'}, P_{PU,j'}^{i',j'}) D_a}{2([\sigma]e + P_{P,a}b_\sigma)} \right)$$

$$+ (1 - \varepsilon_{s,k}) \eta_{i',j'} \gamma_{i',j',a} \left(\delta_a - \frac{\max(P_{PU,i'}^{i',j'}, P_{PU,j'}^{i',j'}) D_a}{2([\sigma]e + P_{P,a}b_\sigma)} \right) \geq 0$$

$$\varepsilon_{s,k} \eta_{B,i,j} \gamma_{B,i,j,a} \left(P_{Pw,i}^{i,j} - P_{Ps,j}^{i,j} - P_{f,i,j}(q_{B,i,j}, L_{B,i,j}, D_\alpha) \right)$$

$$+ (1 - \varepsilon_{s,k}) \eta_{B,i,j} \gamma_{B,i,j,a} \left(P_{Pw,i}^{i,j} - P_{Ps,j}^{i,j} - P_{f,i,j}(q_{B,i,j}, L_{B,i,j}, D_\alpha) \right) = 0$$

$$\varepsilon_{s,k} \eta_{T,i',j'} \gamma_{T,i',j',a} \left(P_{PU,i'}^{i',j'} - P_{PU,j'}^{i',j'} + \kappa_{P,i',j'} P_{f,i',j'}(q_{T,i',j'}, L_{T,i',j'}, D_\alpha) \right)$$

$$+ (1 - \varepsilon_{s,k}) \eta_{T,i',j'} \gamma_{T,i',j',a} \left(P_{PU,i'}^{i',j'} - P_{PU,j'}^{i',j'} + \kappa_{P,i',j'} P_{f,i',j'}(q_{T,i',j'}, L_{T,i',j'}, D_\alpha) \right) = 0$$

$$\varepsilon_{s,k} \eta_{B,i,j} \gamma_{B,i,j,a} \left(T_{Pw,i}^{i,j} - T_{Ps,j}^{i,j} - T_{f,i,j}(q_{B,i,j}, L_{B,i,j}, D_\alpha) \right)$$

$$(1 - \varepsilon_{s,k}) \eta_{B,i,j} \gamma_{B,i,j,a} \left(T_{Pw,i}^{i,j} - T_{Ps,j}^{i,j} - T_{f,i,j}(q_{B,i,j}, L_{B,i,j}, D_\alpha) \right) = 0$$

$$\varepsilon_{s,k} \eta_{T,i',j'} \gamma_{T,i',j',a} \left(T_{PU,i'}^{i',j'} - T_{PU,j'}^{i',j'} + \kappa_{T,i',j'} T_{f,i',j'}(q_{T,i',j'}, L_{T,i',j'}, D_\alpha) \right)$$

$$(1 - \varepsilon_{s,k}) \eta_{T,i',j'} \gamma_{T,i',j',a} \left(T_{PU,i'}^{i',j'} - T_{PU,j'}^{i',j'} + \kappa_{T,i',j'} T_{f,i',j'}(q_{T,i',j'}, L_{T,i',j'}, D_\alpha) \right) = 0$$

$$\gamma_{T,i',j',a} v_{P,a,\min} \leq \gamma_{T,i',j',a} v_{PT,i',j',a} \leq \gamma_{T,i',j',a} v_{P,a,\max}, \ i' \in I_{SU}, j' \in I_{SU}, a \in s_{ps}$$

$$\gamma_{B,i,j,a} v_{P,a,\min} \leq \gamma_{B,i,j,a} v_{PB,i,j,a} \leq \gamma_{B,i,j,a} v_{P,a,\max}, \ i \in I_{Sw}, j \in I_{Ss}, a \in s_{ps}$$

$$\eta_{B,i,j}(q_{B,i,j} + Q_{Sw,i}^O - Q_{w,i}) = 0, \ i \in I_{Sw}, j \in I_{Ss}$$

$$\sum_{i \in I_{Sw}} \eta_{B,i,k} q_{B,i,k} + \sum_{i' \in I_{SU}} \kappa_{P,i',k} \eta_{T,i',k} q_{T,i',k} + (1 - \tau_{N,k}) Q_{SU,k}^O + \tau_{N,k} Q_{S,k} = 0, \ \forall k \in I_{SU}$$

$$q_{a,\max} \geqslant (\eta_{\mathrm{T},i',j'} - 1)M + q_{\mathrm{T},i',j'},\ i' \in I_{\mathrm{SU}},\ j' \in I_{\mathrm{SU}}$$

$$\varepsilon_{\mathrm{s},k}\eta_{\mathrm{B},i,j}\gamma_{\mathrm{B},i,j,a}\left(P_{\mathrm{Ps},j}^{i,j} - P_{\mathrm{Ss},j,\min}\right) + (1-\varepsilon_{\mathrm{s},k})\eta_{\mathrm{B},i,j}\gamma_{\mathrm{B},i,j,a}\left(P_{Ps,j}^{i,j} - P_{\mathrm{Ss},j,\min}\right) \geqslant 0$$

$$\varepsilon_{\mathrm{s},k}\eta_{\mathrm{T},i',j'}\gamma_{\mathrm{T},i',j',a}\left((1+\kappa_{\mathrm{P},i',j'})M + P_{\mathrm{PU},j'}^{i',j'} - P_{\mathrm{SU},j',\min}\right)$$

$$+(1-\varepsilon_{\mathrm{s},k})\eta_{\mathrm{T},i',j'}\gamma_{\mathrm{T},i',j',a}\left((1+\kappa_{\mathrm{P},i',j'})M + P_{\mathrm{PU},j'}^{i',j'} - P_{\mathrm{SU},j',\min}\right) \geqslant 0$$

$$\varepsilon_{\mathrm{s},k}\eta_{\mathrm{B},i,j}\gamma_{\mathrm{B},i,j,a}\left(P_{\mathrm{W},i} - P_{\mathrm{Pw},i}^{i,j}\right) + (1-\varepsilon_{\mathrm{s},k})\eta_{\mathrm{B},i,j}\gamma_{\mathrm{B},i,j,a}\left(P_{\mathrm{W},i} - P_{\mathrm{Pw},i}^{i,j}\right) \geqslant 0$$

$$\varepsilon_{\mathrm{s},k}(\gamma_{\mathrm{B},i,j,a}P_{\mathrm{Pw},i}^{i,j} - \gamma_{\mathrm{B},i,j,a}P_{\mathrm{P},a}) + (1-\varepsilon_{\mathrm{s},k})(\gamma_{\mathrm{B},i,j,a}P_{\mathrm{Pw},i}^{i,j} - \gamma_{\mathrm{B},i,j,a}P_{\mathrm{P},a}) \leqslant 0$$

$$\varepsilon_{\mathrm{s},k}\eta_{\mathrm{T},i',j'}\gamma_{\mathrm{T},i',j',a}\left((\kappa_{\mathrm{P},i',j'} - 1)M + P_{\mathrm{PU},j'}^{i',j'} - P_{\mathrm{P},a}\right)$$

$$+(1-\varepsilon_{\mathrm{s},k})\eta_{\mathrm{T},i',j'}\gamma_{\mathrm{T},i',j',a}\left((\kappa_{\mathrm{P},i',j'} - 1)M + P_{\mathrm{PU},j'}^{i',j'} - P_{\mathrm{P},a}\right) \leqslant 0$$

$$\varepsilon_{\mathrm{s},k}\eta_{\mathrm{B},i,j}\gamma_{\mathrm{B},i,j,a}\left(T_{\mathrm{Ps},j}^{i,j} - T_{\mathrm{Ss},j,\min}\right) + (1-\varepsilon_{\mathrm{s},k})\eta_{\mathrm{B},i,j}\gamma_{\mathrm{B},i,j,a}\left(T_{\mathrm{Ps},j}^{i,j} - T_{\mathrm{Ss},j,\min}\right) \geqslant 0$$

$$\varepsilon_{\mathrm{s},k}\eta_{\mathrm{T},i',j'}\gamma_{\mathrm{T},i',j',a}\left((1+\kappa_{\mathrm{T},i',j'})M + T_{\mathrm{PU},j'}^{i',j'} - T_{\mathrm{SU},j',\min}\right)$$

$$+(1-\varepsilon_{\mathrm{s},k})\eta_{\mathrm{T},i',j'}\gamma_{\mathrm{T},i',j',a}\left((1+\kappa_{\mathrm{T},i',j'})M + T_{\mathrm{PU},j'}^{i',j'} - T_{\mathrm{SU},j',\min}\right) \geqslant 0$$

$$\boldsymbol{U}_{\min} \leqslant \boldsymbol{U} \leqslant \boldsymbol{U}_{\max}$$

$$m_{i,\min} \leqslant m_i \leqslant m_{i,\max},\ i = 1,\cdots,N$$

5.2.3　辐射-环状系统布局重构优化

1. 目标函数

辐射-环状集输系统中,油井与计量间之间呈现环状连接,计量间与转油站、转油站与联合站之间呈现辐射状连接。与辐射-枝状油田集输系统布局重构优化模型相似,辐射-环状集输系统在进行站场转级布局重构优化时仍然以总费用最小为目标。由于辐射-环状是与辐射-枝状不同的管网结构,需要在目标函数中针对辐射-环状集输系统的管网结构加以表示,因此可以得到集输系统布局重构优化模型的目标函数如下所示:

$$\min F\left(\lambda_{\mathrm{s}}, \varepsilon_{\mathrm{s}}, \boldsymbol{\eta}, \boldsymbol{D}, \boldsymbol{\delta}, \boldsymbol{m}\right)=\sum_{k \in I_{\mathrm{SU}}}\left[\varepsilon_{\mathrm{s}, k}\left|\lambda_{\mathrm{s}, k}\right| C_{\mathrm{S}, k}\left(Q_{\mathrm{s}, k}\right)+\left(1-\varepsilon_{\mathrm{s}, k}\right)\left|\lambda_{\mathrm{s}, k}\right| C_{\mathrm{S}, k}\left(Q_{\mathrm{s}, k}\right)\right]$$

$$+\sum_{k \in I_{\mathrm{SU}}} C_{D, k}\left(Q_{\mathrm{s}, k}\right)+\sum_{i \in I_{\mathrm{R}}} \sum_{j \in I_{\mathrm{R}}} \sum_{a \in s_{\mathrm{ps}}} \eta_{\mathrm{B}, i, j} \gamma_{\mathrm{B}, i, j, a} C_{\mathrm{P}}\left(D_a, \delta_a\right) L_{\mathrm{B}, i, j}$$

$$+\sum_{i' \in I_{\mathrm{SU}^-}} \sum_{j' \in I_{\mathrm{SU}^+}} \sum_{a \in s_{\mathrm{ps}}} \eta_{\mathrm{T}, i', j'} \gamma_{\mathrm{T}, i', j', a} C_{\mathrm{P}}\left(D_a, \delta_a\right) L_{\mathrm{T}, i', j'} \qquad (5.42)$$

式中：I_{R}——油井和计量间节点构成的节点集合的数集，$I_{\mathrm{R}}=I_{\mathrm{Ss}} \bigcup I_{\mathrm{Sw}}$。

2. 约束条件

与辐射状油田集输系统布局重构优化模型相似，辐射-环状集输系统在进行站场转级布局重构优化时同样需要满足各类约束条件。

（1）站场转级约束

①在辐射-环状油田集输系统中，为了保证油田集输系统正常生产的连续性和稳定性，转级站场的数量不宜过大。

$$\sum_{k \in I_{\mathrm{SU}}}\left[\varepsilon_{\mathrm{s}, k}\left|\lambda_{\mathrm{s}, k}\right|+\left(1-\varepsilon_{\mathrm{s}, k}\right)\left|\lambda_{\mathrm{s}, k}\right|\right] \leqslant \lambda_{N, \max}$$

②在辐射-环状油田集输系统中，布局重构中升级的站场数量应该小于降级的站场数量。

$$\sum_{k \in I_{\mathrm{SU}}}\left[1-\lambda_{\mathrm{s}, k}\right] \geqslant \sum_{k \in I_{\mathrm{SU}}}\left[1+\lambda_{\mathrm{s}, k}\right]$$

③油田集输系统进行多级可变布局重构的投资应该满足预算要求。

$$\sum_{k \in I_{\mathrm{SU}}}\left[\varepsilon_{\mathrm{s}, k}\left|\lambda_{\mathrm{s}, k}\right| C_{\mathrm{S}, k}\left(Q_{\mathrm{s}, k}\right)+\left(1-\varepsilon_{\mathrm{s}, k}\right)\left|\lambda_{\mathrm{s}, k}\right| C_{\mathrm{S}, k}\left(Q_{\mathrm{s}, k}\right)\right] \leqslant C_{\max}$$

④在辐射-环状油田集输系统中，进行降级的站场是经过适宜关停综合评价方法评价为可关停以上等级的站场。

$$\mathrm{bool}\left(V_{\xi_i} \in\left\{v_{13}, v_{14}\right\}\right)+\lambda_{\mathrm{s}, k}=0, k \in I_{\mathrm{SU}}$$

⑤油田集输系统中站场的升级需要考虑区块未来的产能规划，有明确产能新增的区块集输系统可以进行站场的升级。

$$\text{bool}\left(a_2 \frac{Q_{\text{p},i}}{Q_{\text{T},i}} - \beta_{\min} \right) - \lambda_{\text{s},k} = 0, k \in I_{\text{SU}}$$

（2）管网形态约束

①4 油井与油井之间，油井与计量间之间存在连接，且连接结构为环状，一口油井仅与其他一口油井或者计量间相连接，因而有环状形态约束条件如下所示：

$$\begin{cases} \sum_{j \in I_{\text{R}}} \eta_{\text{B},i,j} = 1, \ \forall i \in I_{\text{Sw}} \\ \sum_{j \in I_{\text{SU}^+}} \eta_{\text{T},i',j'} = 1, \ \forall i' \in I_{\text{SU}^-} \end{cases} \tag{5.43}$$

②任意同级别的两个站场节点之间不存在连接关系。

$$\sum_{i' \in I_{\text{S},n}} \sum_{j' \in I_{\text{S},n}} \eta_{\text{T},i',j'} = 0$$

③为确保油田集输系统的安全、经济输运，支线管道的长度应该小于集输半径。

$$R \geqslant (\eta_{\text{B},i,j} - 1)M + L_{\text{B},i,j}, \ i \in I_{\text{Sw}}, j \in I_{\text{Ss}}$$

（3）障碍约束

集输系统中站场转级会引起管道的改线新建，改线新建的管道需避开障碍，即改线管道的路由节点不能位于障碍内。

$$B_i\left(\boldsymbol{U}_{\text{S}X}, \boldsymbol{U}_{\text{S}Y} \right) > 0, \ i = 1, 2, \cdots, m_{\text{b}}$$

（4）管道规格约束

①在实际的生产建设中，所有干线管道和支线管道的规格只能为一种。

$$\eta_{\text{B},i,j} \sum_{a \in s_{\text{ps}}} \gamma_{\text{B},i,j,a} = \eta_{\text{B},i,j}, \ i \in I_{\text{Sw}}, j \in I_{\text{Ss}}$$

$$\eta_{\text{T},i',j'} \sum_{a \in s_{\text{ps}}} \gamma_{\text{T},i',j',a} = \eta_{\text{T},i',j'}, \ i' \in I_{\text{SU}}, j' \in I_{\text{SU}}$$

②为保证油田集输系统中所有管道能够安全运行，管道的壁厚应该满足最低强度要求。

$$\varepsilon_{s,k}\eta_{B,i,j}\gamma_{B,i,j,a}\left(\delta_a - \frac{\max(P_{Pw,i}^{i,j}, P_{Ps,j}^{i,j})D_a}{2([\sigma]e + P_{P,a}b_\sigma)}\right) + (1-\varepsilon_{s,k})\left(\delta_a - \frac{\max(P_{Pw,i}^{i,j}, P_{Ps,j}^{i,j})D_a}{2([\sigma]e + P_{P,a}b_\sigma)}\right) \geq 0$$

$$\varepsilon_{s,k}\eta_{i',j'}\gamma_{i',j',a}\left(\delta_a - \frac{\max(P_{PU,i'}^{i',j'}, P_{PU,j'}^{i',j'})D_a}{2([\sigma]e + P_{P,a}b_\sigma)}\right)$$
$$+ (1-\varepsilon_{s,k})\eta_{i',j'}\gamma_{i',j',a}\left(\delta_a - \frac{\max(P_{PU,i'}^{i',j'}, P_{PU,j'}^{i',j'})D_a}{2([\sigma]e + P_{P,a}b_\sigma)}\right) \geq 0$$

（5）流动特性约束

①流体在管道内流动会产生沿程阻力损失，即原油集输管网中的管流流动过程应该满足水力学特性，约束表达式如下：

$$\varepsilon_{s,k}\eta_{B,i,j}\gamma_{B,i,j,a}\left(P_{Pw,i}^{i,j} - P_{Ps,j}^{i,j} - P_{f,i,j}(q_{B,i,j}, L_{B,i,j}, D_\alpha)\right)$$
$$+ (1-\varepsilon_{s,k})\eta_{B,i,j}\gamma_{B,i,j,a}\left(P_{Pw,i}^{i,j} - P_{Ps,,j}^{i,j} - P_{f,i,j}(q_{B,i,j}, L_{B,i,j}, D_\alpha)\right) = 0$$
$$\varepsilon_{s,k}\eta_{T,i',j'}\gamma_{T,i',j',a}\left(P_{PU,i'}^{i',j'} - P_{PU,j'}^{i',j'} + \kappa_{P,i',j'}P_{f,i',j'}(q_{T,i',j'}, L_{T,i',j'}, D_\alpha)\right)$$
$$+ (1-\varepsilon_{s,k})\eta_{T,i',j'}\gamma_{T,i',j',a}\left(P_{PU,i'}^{i',j'} - P_{PU,j'}^{i',j'} + \kappa_{P,i',j'}P_{f,i',j'}(q_{T,i',j'}, L_{T,i',j'}, D_\alpha)\right) = 0$$

②由于流体在管道内流动过程中会对环境产生散热作用，即管流流动应该满足热力学特性，约束表达式如下：

$$\varepsilon_{s,k}\eta_{B,i,j}\gamma_{B,i,j,a}\left(T_{Pw,i}^{i,j} - T_{Ps,j}^{i,j} - T_{f,i,j}(q_{B,i,j}, L_{B,i,j}, D_\alpha)\right)$$
$$(1-\varepsilon_{s,k})\eta_{B,i,j}\gamma_{B,i,j,a}\left(T_{Pw,i}^{i,j} - T_{Ps,j}^{i,j} - T_{f,i,j}(q_{B,i,j}, L_{B,i,j}, D_\alpha)\right) = 0$$
$$\varepsilon_{s,k}\eta_{T,i',j'}\gamma_{T,i',j',a}\left(T_{PU,i'}^{i',j'} - T_{PU,j'}^{i',j'} + \kappa_{T,i',j'}T_{f,i',j'}(q_{T,i',j'}, L_{T,i',j'}, D_\alpha)\right)$$
$$(1-\varepsilon_{s,k})\eta_{T,i',j'}\gamma_{T,i',j',a}\left(T_{PU,i'}^{i',j'} - T_{PU,j'}^{i',j'} + \kappa_{T,i',j'}T_{f,i',j'}(q_{T,i',j'}, L_{T,i',j'}, D_\alpha)\right) = 0$$

（6）流动经济性约束

管道的内流体的流速是衡量管道规格是否合理的主要指标，为了保证规划方案在建设和运行费用方面的经济性，管道内流体的流速应该满足一定范围。

$$\gamma_{T,i',j',a}v_{P,a,\min} \leq \gamma_{T,i',j',a}v_{PT,i',j',a} \leq \gamma_{T,i',j',a}v_{P,a,\max}, \quad i' \in I_{SU}, j' \in I_{SU}, a \in s_{ps}$$
$$\gamma_{B,i,j,a}v_{P,a,\min} \leq \gamma_{B,i,j,a}v_{PB,i,j,a} \leq \gamma_{B,i,j,a}v_{P,a,\max}, \quad i \in I_{Sw}, j \in I_{Ss}, a \in s_{ps}$$

（7）流量约束

①在油气集输管网规划设计时，支线管道内的流量应该等于油井口产液量与外排或损耗液量之差。

$$\eta_{\mathrm{B},i,j}(q_{\mathrm{B},i,j}+Q_{\mathrm{Sw},i}^{\mathrm{O}}-Q_{\mathrm{w},i})=0,\ i\in I_{\mathrm{Sw}},j\in I_{\mathrm{Ss}}$$

②油田油田集输系统应该满足流量连续性方程，即流入管网中任意一点的流量应该等于其流出的流量，对于 N 级站场节点，其处理量应视为站场节点的流出流量，定义流出为正，流入为负，则约束表达式为

$$\sum_{i\in I_{\mathrm{Sw}}}\eta_{\mathrm{B},i,k}q_{\mathrm{B},i,k}+\sum_{i'\in I_{\mathrm{SU}}}\kappa_{\mathrm{P},i',k}\eta_{\mathrm{T},i',k}q_{\mathrm{T},i',k}+(1-\tau_{N,k})Q_{\mathrm{SU},k}^{\mathrm{O}}+\tau_{N,k}Q_{\mathrm{S},k}=0,\ \forall k\in I_{\mathrm{SU}}$$

③所有干线管道的流量应该小于现有工业标准管道所能运输的最大流量。

$$q_{a,\max}\geqslant(\eta_{\mathrm{T},i',j'}-1)M+q_{\mathrm{T},i',j'},\ i'\in I_{\mathrm{SU}},j'\in I_{\mathrm{SU}}$$

（8）压力约束

①为保证支线和干线管道内的流体平稳流入站场内，站场和其低级别节点之间相连接的管道端点压力应该大于一定数值。

$$\varepsilon_{\mathrm{s},k}\eta_{\mathrm{B},i,j}\gamma_{\mathrm{B},i,j,a}\left(P_{\mathrm{Ps},j}^{i,j}-P_{\mathrm{Ss},j,\min}\right)+(1-\varepsilon_{\mathrm{s},k})\eta_{\mathrm{B},i,j}\gamma_{\mathrm{B},i,j,a}\left(P_{\mathrm{Ps},j}^{i,j}-P_{\mathrm{Ss},j,\min}\right)\geqslant 0$$

$$\varepsilon_{\mathrm{s},k}\eta_{\mathrm{T},i',j'}\gamma_{\mathrm{T},i',j',a}\left((1+\kappa_{\mathrm{P},i',j'})M+P_{\mathrm{PU},j'}^{i',j'}-P_{\mathrm{SU},j',\min}\right)$$
$$+(1-\varepsilon_{\mathrm{s},k})\eta_{\mathrm{T},i',j'}\gamma_{\mathrm{T},i',j',a}\left((1+\kappa_{\mathrm{P},i',j'})M+P_{\mathrm{PU},j'}^{i',j'}-P_{\mathrm{SU},j',\min}\right)\geqslant 0$$

②充分借助油井的自然压力进行集输可以有效降低投资，与油井相连接的管道的端点压力应该小于井口压力。

$$\varepsilon_{\mathrm{s},k}\eta_{\mathrm{B},i,j}\gamma_{\mathrm{B},i,j,a}\left(P_{\mathrm{W},i}-P_{\mathrm{Pw},i}^{i,j}\right)+\left(1-\varepsilon_{\mathrm{s},k}\right)\eta_{\mathrm{B},i,j}\gamma_{\mathrm{B},i,j,a}\left(P_{\mathrm{W},i}-P_{\mathrm{Pw},i}^{i,j}\right)\geqslant 0$$

③所有支线管道和干线管道的运行压力应该小于管道的设计压力。

$$\varepsilon_{\mathrm{s},k}\left(\gamma_{\mathrm{B},i,j,a}P_{\mathrm{Pw},i}^{i,j}-\gamma_{\mathrm{B},i,j,a}P_{\mathrm{P},a}\right)+\left(1-\varepsilon_{\mathrm{s},k}\right)\left(\gamma_{\mathrm{B},i,j,a}P_{\mathrm{Pw},i}^{i,j}-\gamma_{\mathrm{B},i,j,a}P_{\mathrm{P},a}\right)\leqslant 0$$

$$\varepsilon_{\mathrm{s},k}\eta_{\mathrm{T},i',j'}\gamma_{\mathrm{T},i',j',a}\left((\kappa_{\mathrm{P},i',j'}-1)M+P_{\mathrm{PU},j'}^{i',j'}-P_{\mathrm{P},a}\right)$$
$$+\left(1-\varepsilon_{\mathrm{s},k}\right)\eta_{\mathrm{T},i',j'}\gamma_{\mathrm{T},i',j',a}\left((\kappa_{\mathrm{P},i',j'}-1)M+P_{\mathrm{PU},j'}^{i',j'}-P_{\mathrm{P},a}\right)\leqslant 0$$

（9）温度约束

为防止原油在集输过程中发生凝固，管道内的原油流动温度应该大于最低允许进站温度。

$$\varepsilon_{s,k}\eta_{B,i,j}\gamma_{B,i,j,a}\left(T_{Ps,j}^{i,j}-T_{Ss,j,\min}\right)+\left(1-\varepsilon_{s,k}\right)\eta_{B,i,j}\gamma_{B,i,j,a}\left(T_{Ps,j}^{i,j}-T_{Ss,j,\min}\right)\geqslant 0$$

$$\varepsilon_{s,k}\eta_{T,i',j'}\gamma_{T,i',j',a}\left(\left(1+\kappa_{T,i',j'}\right)M+T_{PU,j'}^{i',j'}-T_{SU,j',\min}\right)$$
$$+\left(1-\varepsilon_{s,k}\right)\eta_{T,i',j'}\gamma_{T,i',j',a}\left(\left(1+\kappa_{T,i',j'}\right)M+T_{PU,j'}^{i',j'}-T_{SU,j',\min}\right)\geqslant 0$$

（10）取值范围约束

①各级站场节点的几何位置应该在可行取值范围内选取。

$$\boldsymbol{U}_{\min}\leqslant\boldsymbol{U}\leqslant\boldsymbol{U}_{\max}$$

②考虑油田集输系统建设的经济性，各级站场节点的数目不能过大，为了满足集输系统的基本功能，站场的数目应大于最低建设需求。

$$m_{i,\min}\leqslant m_{i}\leqslant m_{i,\max}, \ i=1,\cdots,N$$

3. 完整模型

$$\min F\left(\boldsymbol{\lambda}_{s},\boldsymbol{\varepsilon}_{s},\boldsymbol{\eta},\boldsymbol{D},\boldsymbol{\delta},\boldsymbol{m}\right)=\sum_{k\in I_{SU}}\left[\varepsilon_{s,k}\left|\lambda_{s,k}\right|C_{S,k}(Q_{s,k})+(1-\varepsilon_{s,k})\left|\lambda_{s,k}\right|C_{S,k}(Q_{s,k})\right]$$
$$+\sum_{k\in I_{SU}}C_{D,k}(Q_{s,k})+\sum_{i\in I_{R}}\sum_{j\in I_{R}}\sum_{a\in s_{ps}}\eta_{B,i,j}\gamma_{B,i,j,a}C_{P}(D_{a},\delta_{a})L_{B,i,j}$$
$$+\sum_{i'\in I_{SU}^{-}}\sum_{j'\in I_{SU}^{+}}\sum_{a\in s_{ps}}\eta_{T,i',j'}\gamma_{T,i',j',a}C_{P}(D_{a},\delta_{a})L_{T,i',j'}$$

$$\text{s.t.}\sum_{k\in I_{SU}}\left[\varepsilon_{s,k}\left|\lambda_{s,k}\right|+(1-\varepsilon_{s,k})\left|\lambda_{s,k}\right|\right]\leqslant\lambda_{N,\max}$$

$$\sum_{k\in I_{SU}}\left[1-\lambda_{s,k}\right]\geqslant\sum_{k\in I_{SU}}\left[1+\lambda_{s,k}\right]$$

$$\sum_{k\in I_{SU}}\left[\varepsilon_{s,k}\left|\lambda_{s,k}\right|C_{S,k}(Q_{s,k})+(1-\varepsilon_{s,k})\left|\lambda_{s,k}\right|C_{S,k}(Q_{s,k})\right]\leqslant C_{\max}$$

$$\text{bool}\left(V_{\xi_{i}}\in\left\{v_{13},v_{14}\right\}\right)+\lambda_{s,k}=0, \ k\in I_{SU}$$

$$\text{bool}\left(a_{2}\frac{Q_{p,i}}{Q_{T,i}}-\beta_{\min}\right)-\lambda_{s,k}=0, \ k\in I_{SU}$$

$$\sum_{j\in I_R}\eta_{B,i,j}=1,\ \forall i\in I_{Sw}$$

$$\sum_{j\in I_{SU^+}}\eta_{T,i',j'}=1,\ \forall i'\in I_{SU^-}$$

$$\sum_{i'\in I_{S,n}}\sum_{j'\in I_{S,n}}\eta_{T,i',j'}=0$$

$$R\geqslant(\eta_{B,i,j}-1)M+L_{B,i,j},\ i\in I_{Sw},j\in I_{Ss}$$

$$B_i\left(\boldsymbol{U}_{SX},\boldsymbol{U}_{SY}\right)>0,\ i=1,2,\cdots,m_b$$

$$\eta_{B,i,j}\sum_{a\in s_{ps}}\gamma_{B,i,j,a}=\eta_{B,i,j},\ i\in I_{Sw},j\in I_{Ss}$$

$$\eta_{T,i',j'}\sum_{a\in s_{ps}}\gamma_{T,i',j',a}=\eta_{T,i',j'},\ i'\in I_{SU},j'\in I_{SU}$$

$$\varepsilon_{s,k}\eta_{B,i,j}\gamma_{B,i,j,a}\left(\delta_a-\frac{\max(P_{Pw,i}^{i,j},P_{Ps,j}^{i,j})D_a}{2([\sigma]e+P_{P,a}b_\sigma)}\right)+(1-\varepsilon_{s,k})\left(\delta_a-\frac{\max(P_{Pw,i}^{i,j},P_{Ps,j}^{i,j})D_a}{2([\sigma]e+P_{P,a}b_\sigma)}\right)\geqslant0$$

$$\varepsilon_{s,k}\eta_{i',j'}\gamma_{i',j',a}\left(\delta_a-\frac{\max(P_{PU,i'}^{i',j'},P_{PU,j'}^{i',j'})D_a}{2([\sigma]e+P_{P,a}b_\sigma)}\right)$$

$$+(1-\varepsilon_{s,k})\eta_{i',j'}\gamma_{i',j',a}\left(\delta_a-\frac{\max(P_{PU,i'}^{i',j'},P_{PU,j'}^{i',j'})D_a}{2([\sigma]e+P_{P,a}b_\sigma)}\right)\geqslant0$$

$$\varepsilon_{s,k}\eta_{B,i,j}\gamma_{B,i,j,a}\left(P_{Pw,i}^{i,j}-P_{Ps,j}^{i,j}-P_{f,i,j}(q_{B,i,j},L_{B,i,j},D_\alpha)\right)$$

$$+(1-\varepsilon_{s,k})\eta_{B,i,j}\gamma_{B,i,j,a}\left(P_{Pw,i}^{i,j}-P_{Ps,,j}^{i,j}-P_{f,i,j}(q_{B,i,j},L_{B,i,j},D_\alpha)\right)=0$$

$$\varepsilon_{s,k}\eta_{T,i',j'}\gamma_{T,i',j',a}\left(P_{PU,i'}^{i',j'}-P_{PU,j'}^{i',j'}+\kappa_{P,i',j'}P_{f,i',j'}(q_{T,i',j'},L_{T,i',j'},D_\alpha)\right)$$

$$+(1-\varepsilon_{s,k})\eta_{T,i',j'}\gamma_{T,i',j',a}\left(P_{PU,i'}^{i',j'}-P_{PU,j'}^{i',j'}+\kappa_{P,i',j'}P_{f,i',j'}(q_{T,i',j'},L_{T,i',j'},D_\alpha)\right)=0$$

$$\varepsilon_{s,k}\eta_{B,i,j}\gamma_{B,i,j,a}\left(T_{Pw,i}^{i,j}-T_{Ps,j}^{i,j}-T_{f,i,j}(q_{B,i,j},L_{B,i,j},D_\alpha)\right)$$

$$(1-\varepsilon_{s,k})\eta_{B,i,j}\gamma_{B,i,j,a}\left(T_{Pw,i}^{i,j}-T_{Ps,j}^{i,j}-T_{f,i,j}(q_{B,i,j},L_{B,i,j},D_\alpha)\right)=0$$

$$\varepsilon_{s,k}\eta_{T,i',j'}\gamma_{T,i',j',a}\left(T_{PU,i'}^{i',j'}-T_{PU,j'}^{i',j'}+\kappa_{T,i',j'}T_{f,i',j'}(q_{T,i',j'},L_{T,i',j'},D_\alpha)\right)$$

$$(1-\varepsilon_{s,k})\eta_{T,i',j'}\gamma_{T,i',j',a}\left(T_{PU,i'}^{i',j'}-T_{PU,j'}^{i',j'}+\kappa_{T,i',j'}T_{f,i',j'}(q_{T,i',j'},L_{T,i',j'},D_\alpha)\right)=0$$

$$\gamma_{T,i',j',a}v_{P,a,\min}\leqslant\gamma_{T,i',j',a}v_{PT,i',j',a}\leqslant\gamma_{T,i',j',a}v_{P,a,\max},\ i'\in I_{SU},j'\in I_{SU},a\in s_{ps}$$

$$\gamma_{B,i,j,a}v_{P,a,\min}\leqslant\gamma_{B,i,j,a}v_{PB,i,j,a}\leqslant\gamma_{B,i,j,a}v_{P,a,\max},\ i\in I_{Sw},j\in I_{Ss},a\in s_{ps}$$

$$\eta_{B,i,j}(q_{B,i,j}+Q_{Sw,i}^O-Q_{w,i})=0,\ i\in I_{Sw},j\in I_{Ss}$$

$$\sum_{i\in I_{Sw}}\eta_{B,i,k}q_{B,i,k}+\sum_{i'\in I_{SU}}\kappa_{P,i',k}\eta_{T,i',k}q_{T,i',k}+(1-\tau_{N,k})Q_{SU,k}^O+\tau_{N,k}Q_{S,k}=0,\ \forall k\in I_{SU}$$

213

$$q_{a,\max} \geqslant (\eta_{\mathrm{T},i',j'} - 1)M + q_{\mathrm{T},i',j'}, \ i' \in I_{\mathrm{SU}}, \ j' \in I_{\mathrm{SU}}$$

$$\varepsilon_{\mathrm{s},k}\eta_{\mathrm{B},i,j}\gamma_{\mathrm{B},i,j,a}\left(P_{\mathrm{Ps},j}^{i,j} - P_{\mathrm{Ss},j,\min}\right) + (1 - \varepsilon_{\mathrm{s},k})\eta_{\mathrm{B},i,j}\gamma_{\mathrm{B},i,j,a}\left(P_{\mathrm{Ps},j}^{i,j} - P_{\mathrm{Ss},j,\min}\right) \geqslant 0$$

$$\varepsilon_{\mathrm{s},k}\eta_{\mathrm{T},i',j'}\gamma_{\mathrm{T},i',j',a}\left((1 + \kappa_{\mathrm{P},i',j'})M + P_{\mathrm{PU},j'}^{i',j'} - P_{\mathrm{SU},j',\min}\right)$$
$$+ (1 - \varepsilon_{\mathrm{s},k})\eta_{\mathrm{T},i',j'}\gamma_{\mathrm{T},i',j',a}\left((1 + \kappa_{\mathrm{P},i',j'})M + P_{\mathrm{PU},j'}^{i',j'} - P_{\mathrm{SU},j',\min}\right) \geqslant 0$$

$$\varepsilon_{\mathrm{s},k}\eta_{\mathrm{B},i,j}\gamma_{\mathrm{B},i,j,a}\left(P_{\mathrm{W},i} - P_{\mathrm{Pw},i}^{i,j}\right) + (1 - \varepsilon_{\mathrm{s},k})\eta_{\mathrm{B},i,j}\gamma_{\mathrm{B},i,j,a}\left(P_{\mathrm{W},i} - P_{\mathrm{Pw},i}^{i,j}\right) \geqslant 0$$

$$\varepsilon_{\mathrm{s},k}\left(\gamma_{\mathrm{B},i,j,a}P_{\mathrm{Pw},i}^{i,j} - \gamma_{\mathrm{B},i,j,a}P_{\mathrm{P},a}\right) + \left(1 - \varepsilon_{\mathrm{s},k}\right)\left(\gamma_{\mathrm{B},i,j,a}P_{\mathrm{Pw},i}^{i,j} - \gamma_{\mathrm{B},i,j,a}P_{\mathrm{P},a}\right) \leqslant 0$$

$$\varepsilon_{\mathrm{s},k}\eta_{\mathrm{T},i',j'}\gamma_{\mathrm{T},i',j',a}\left((\kappa_{\mathrm{P},i',j'} - 1)M + P_{\mathrm{PU},j'}^{i',j'} - P_{\mathrm{P},a}\right)$$
$$+ \left(1 - \varepsilon_{\mathrm{s},k}\right)\eta_{\mathrm{T},i',j'}\gamma_{\mathrm{T},i',j',a}\left((\kappa_{\mathrm{P},i',j'} - 1)M + P_{\mathrm{PU},j'}^{i',j'} - P_{\mathrm{P},a}\right) \leqslant 0$$

$$\varepsilon_{\mathrm{s},k}\eta_{\mathrm{B},i,j}\gamma_{\mathrm{B},i,j,a}\left(T_{\mathrm{Ps},j}^{i,j} - T_{\mathrm{Ss},j,\min}\right) + (1 - \varepsilon_{\mathrm{s},k})\eta_{\mathrm{B},i,j}\gamma_{\mathrm{B},i,j,a}\left(T_{\mathrm{Ps},j}^{i,j} - T_{\mathrm{Ss},j,\min}\right) \geqslant 0$$

$$\varepsilon_{\mathrm{s},k}\eta_{\mathrm{T},i',j'}\gamma_{\mathrm{T},i',j',a}\left((1 + \kappa_{\mathrm{T},i',j'})M + T_{\mathrm{PU},j'}^{i',j'} - T_{\mathrm{SU},j',\min}\right)$$
$$+ (1 - \varepsilon_{\mathrm{s},k})\eta_{\mathrm{T},i',j'}\gamma_{\mathrm{T},i',j',a}\left((1 + \kappa_{\mathrm{T},i',j'})M + T_{\mathrm{PU},j'}^{i',j'} - T_{\mathrm{SU},j',\min}\right) \geqslant 0$$

$$U_{\min} \leqslant U \leqslant U_{\max}$$

$$m_{i,\min} \leqslant m_i \leqslant m_{i,\max}, \ i = 1, \cdots, N$$

5.3 多级可变布局重构优化模型求解方法

5.3.1 格栅剖分集合划分法

混合算术-烟花算法对于高维优化问题求解精度高、收敛速度快，可用于求解油田集输系统布局重构优化数学模型，但在实际应用中，应该考虑随机优化算法的共有问题——算法的初值问题，智能计算方法的初值多采用随机给定的方式，随机产生的初值往往涵盖着大量的不可行解，导致算法的收敛速度缓慢，对算法的初值进行合理优化设计，可以有效提高算法对于实际优化问题的求解性能。

分析油田集输系统布局重构优化数学模型可知，各级节点之间连接关系的确定是求解模型的关键，低级别站场和其高级别站场间的连接关系优化可以归结为集合划分问题。集合划分负责将整体网络系统划分为若干相对独立而又相互联系的网络子图，是模型求解的基础，因此，以集合划分为基础的迭代初值对于油田集输系统布局重构优化模型的求解具有重要作用。然而，因为集合划分问题的 NP 性质，其求解算法往往具有高复杂度、低计算效率的特点，尤其对于大型和超大型油田集输系统，集合划分计算的效率低，如果采用传统集合划分方法进行油田集输系统网络子集的求解不能满足求解需求，本书提出了一种格栅剖分集合划分法，可以高效地获得较为满意的集合划分结果。

格栅剖分法[24]是一种以点元素之间空间几何位置关系为基础，以降维规划和模块化思想为准则，将油田集输网络系统节点集合划分为矩形子集集合的一种集合划分方法。格栅剖分法具有鲁棒性好、易于实现、计算复杂度低等特点，可在保证划分质量的前提下高效地完成集合的划分工作。在给出格栅剖分法之前，先说明相关的假设和引理。

1. 理论证明

假设 1：网络节点单元分布相对均匀。

引理 1：凸集 D_C 内任意两点 V_i, V_j，其中 V_i 位于 D_C 的子集 g_i 中，V_j 位于 D_C 的子集 g_j 中，若子集 g_i 和 g_j 不连通，则 V_i, V_j 之间的连线必经过至少另外一个子集。

证明：假设 V_i, V_j 之间的连线不经过其他子集，则根据连通域定义，g_i 和 g_j 构成了连通域，这与已知矛盾，引理得证。

引理 2：对于平面矩形区域 D_R，将区域 D_R 等形状剖分为若干矩形子集，对于任意不相互连通成为凸集的子集 g_i 和 g_j，必至少存在一个与 g_i 相连通为凸集的子集 g_k，使得 g_i 内元素与 g_k 内元素的平均距离要小于 g_i 内元素与 g_j 内元素的平均距离。

证明：设 $V_i(x_i, y_i)$ 为子集 g_i 内一点，$V_j(x_j, y_j)$ 为子集 g_j 内一点，$V_k(x_k, y_k)$ 为子集 g_k 内一点，子集 g_k 与 g_i 相连通为凸集，$d_k = \sqrt{(x_i - x_k)^2 + (y_i - y_k)^2}$ 为 $V_i(x_i, y_i)$ 与 $V_k(x_k, y_k)$ 之间的距离，$d_j = \sqrt{(x_i - x_j)^2 + (y_i - y_j)^2}$ 为 $V_i(x_i, y_i)$ 与 $V_j(x_j, y_j)$ 的距离。则有

$$E(d_j^2) = E((x_i - x_j)^2 + (y_i - y_j)^2) \tag{5.39}$$

$$E(d_k^2) = E((x_i - x_k)^2 + (y_i - y_k)^2) \tag{5.40}$$

①当 y_i 与 y_j 的取值区间不同时，存在 x_k 与 x_i 的取值区间相同，y_i 与 y_k 的取值相互独立，且满足 $y_i \cdot U(Y_1, Y_2)$，$y_k \cdot U(Y_2, Y_3)$，$y_j \cdot U(Y_4, Y_5)$，其示意图如图 5.3（a）所示。

$$
\begin{aligned}
E(d_k^2) &= E(y_i^2) + E(y_k^2) - 2E(y_i y_k) \\
&= \int_{Y_1}^{Y_2} \frac{y^2}{Y_2 - Y_1} \mathrm{d}y + \int_{Y_2}^{Y_3} \frac{y^2}{Y_3 - Y_2} \mathrm{d}y - 2\int_{Y_1}^{Y_2} \frac{y}{Y_2 - Y_1} \mathrm{d}y \int_{Y_2}^{Y_3} \frac{y}{Y_3 - Y_2} \mathrm{d}y \\
&= \frac{1}{3}(Y_1^2 + Y_2^2 + Y_1 Y_2) + \frac{1}{3}(Y_2^2 + Y_3^2 + Y_2 Y_3) - \frac{1}{2}(Y_1 + Y_2)(Y_2 + Y_3) \quad (5.41)
\end{aligned}
$$

设子集矩形沿 y 轴方向边长为 d，则有

$$
Y_2 = Y_1 + d, Y_3 = Y_1 + 2d, Y_4 = Y_1 + kd, Y_5 = Y_1 + (k+1)d
$$

整理得

$$
E(d_k^2) = \frac{7}{6}d^2
$$

$$
\begin{aligned}
E(d_j^2) &= E\left((x_i - x_j)^2 + (y_i - y_j)^2\right) = E\left((x_i - x_j)^2\right) + \left(E(y_i - y_j)^2\right) \\
&\geqslant E((y_i - y_j)^2) = \left(k^2 + \frac{1}{6}\right)d^2, \quad (5.42)
\end{aligned}
$$

因为 $k > 1$，所以有 $E(d_j) > E(d_k)$。

②当 y_i 与 y_j 的取值区间相同时，同理易证。

证毕。

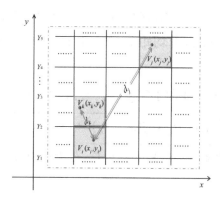
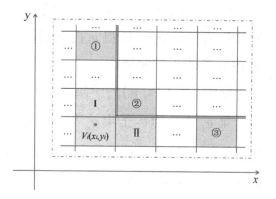

（a）引理 2 示意　　　　　　　　（b）推论 1 示意

图 5.3　引理 2 和推论 1 证明过程示意图

推论 1：对于平面矩形区域 D，将区域 D 等形状剖分为若干矩形子集，若子集矩形的两边 d，d' 满足 $d' > d > \sqrt{7/25}d'$，则任意不连通为凸集的子集 g_i 和 g_j 之间的平均距离大于可相连通为凸集的子集 g_i 和 g_k 之间的平均距离。

证明：设矩形子集的长边长度为 d'，短边长度为 d，且满足 $d' > d > \sqrt{7/25}d'$，d_k，d_j 分别为子集 g_i 内任意一点与子集 g_k、g_j 内任意一点之间的距离，子集 g_k 与子集 g_i 的相对位置有沿 x 轴取值范围相同和沿 y 轴取值范围相同两种情况，与 g_i 互不连通的子集 g_j 与 g_k 的位置关系有 6 种，子集分布示意图如图 5.3（b）所示，这里只讨论 g_j 位于①、②、③位置，g_k 位于 Ⅰ、Ⅱ 位置所构成的 3 种情况，其他 3 种易证不赘述。

①子集 g_k 位于位置 Ⅰ，子集 g_j 位于位置③，则有

$$E(d_k^2) = E\left((x_i - x_k)^2 + (y_i - y_k)^2\right) = \frac{7}{6}d^2 \tag{5.43}$$

$$E(d_j^2) = E\left((x_i - x_j)^2 + (y_i - y_j)^2\right) = \left(k'^2 + \frac{1}{6}\right)d'^2 \geqslant \frac{25}{6}d'^2 > \frac{7}{6}d^2 \tag{5.44}$$

即 $E(d_j) > E(d_k)$。

②子集 g_k 位于位置 Ⅰ，子集 g_j 位于位置②，则有

$$E(d_j^2) = E\left((x_i - x_j)^2 + (y_i - y_j)^2\right) = \left(k^2 + \frac{1}{6}\right)d^2 + \left(k'^2 + \frac{1}{6}\right)d'^2 > \frac{7}{6}d'^2 > \frac{7}{6}d^2 \tag{5.45}$$

即 $E(d_j) > E(d_k)$。

③子集 g_k 位于位置 Ⅱ，子集 g_j 位于位置①，则有

$$E(d_k^2) = E\left((x_i - x_k)^2 + (y_i - y_k)^2\right) = \frac{7}{6}d'^2 \tag{5.46}$$

$$E(d_j^2) = E\left((x_i - x_j)^2 + (y_i - y_j)^2\right) = \left(k^2 + \frac{1}{6}\right)d^2 \geqslant \frac{25}{6}d^2 > \frac{7}{6}d'^2 \tag{5.47}$$

综上，推论 1 得证。

2. 主要步骤

由以上引理和推论可知，对于平面内几何位置分布相对均匀的点集，如果采用矩形子集的集合覆盖该点集，每个子集都是相对独立的，只与周围相互连接成凸集的子集存在联系，尤其对于油田集输网络系统而言，同一级站场的分布比较均匀，站场的选址要考虑生产管理的集中性和建设成本的经济性，一个站场不可能与相距它较远的同级站场同属于一个高级站场，通过引理2和推论1也证明了不相互连通为凸集的两个子集之间的距离要更大一些，所以在油田集输系统布局重构优化时只需要按照站场的相对分布，考虑低级别站场对高级别站场的隶属关系的集约性进行模块化划分即可得到合理的设计；此外，由引理1得到，如果两个低级别站场分属于两个子集，它们之间的连线会经过其他子集，在生产实际中会造成过多的管线交叉，也是设计中应该避免的。基于以上分析，给出格栅剖分集合划分法的具体步骤：

①统计得到 n 个油田集输站场坐标沿 x 轴和 y 轴方向的取值区间 $[x_{\min}, x_{\max}]$、$[y_{\min}, y_{\max}]$，将油田集输站场节点沿 x 轴等分为 p_l 个子集并统计每个子集内站场节点的坐标均值 $(x_{i,\mathrm{ave}}, y_{i,\mathrm{ave}}) i = 1, 2, \cdots, p_l$。

②采用线性回归的方式回归得到所有子集坐标均值点的线性方程 $l(x, y)$，采用向量叉乘的形式计算得到 $l(x, y)$ 与 x 轴的夹角 θ，根据夹角 θ 将所有站场坐标进行旋转，使得所有集输站场沿着 x 轴和 y 轴方向相对整齐分布。

③令实际集合划分数目为 $m_{\mathrm{r},i}$，根据目标集合划分数目 m_i，计算其平方根 $\sqrt{m_i}$，若 $\sqrt{m_i}$ 可以整除 m_i，则以 $\sqrt{m_i}$ 作为沿 x 轴和 y 轴方向的格栅划分数 $a_i = b_i = \sqrt{m_i}$，$m_{\mathrm{r},i} = m_i$；若 $\sqrt{m_i}$ 不能整除 m_i，m_i 为奇数时向上划归为最邻近偶数，m_i 为偶数时不做处理，然后以 $\sqrt{m_i}$ 为初值采用动态规划求解所有 b_i，$m_{\mathrm{r},i} = m_i + 1$。

④根据 x 轴和 y 轴方向的格栅划分数目 a_i，b_i，将油田集输站场节点集合等形状剖分为 $m_{\mathrm{r},i}$ 个子集 $g_{\mathrm{W},1}, g_{\mathrm{W},2}, \cdots, g_{\mathrm{W},m_{\mathrm{r},i}}$，根据子集格栅坐标范围计算其面积 $A_{\mathrm{R},i}$。

⑤若 $m_{\mathrm{r},i}$ 大于 m_i，统计每个子集内的点元素的坐标范围，计算点集所占的实际面积 $A_{\mathrm{V},1}, A_{\mathrm{V},2}, \cdots, A_{\mathrm{V},m_{\mathrm{r},i}}$，采用单元素排序算法计算得到面积占比

$A_{V,i} / A_{R,i}$ 最小的子集 $S_{\min}$，并将 $S_{\min}$ 与邻近的面积占比最小的子集进行合并，完成对集合划分的微调。

⑥重复步骤③～⑤，将 $2 \sim N-1$ 层的节点集合进行划分。

3. 复杂度分析

基于以上步骤，对格栅剖分集合划分法进行计算复杂度分析。

第①步的计算主要在于集输站场的坐标比较和中心点坐标计算，复杂度为 $o(2n)$；第②步的计算主要在于线性回归分析的求解和坐标的旋转，复杂度为 $o(n+p_i)$；第③步复杂度主要取决于动态求解 a_i，b_i，因为限定了求解初值，所以最大复杂度为 $o(m_{r,i}/2)$；第④步的计算主要在于油田站场坐标的比较，复杂度为 $o(2n)$；第⑤步的计算集中在坐标所占面积和单元素排序的计算，复杂度为 $o(n+m_{r,i})$；第⑥步为重复③～⑤步，由于随着节点级别的升高，节点集合的势逐渐降低，最大复杂度为 $o(2n)$。

因为在油田集输网络系统中，油田集输站场节点的数目占有重大比例，且算法各步骤之间为串行关系，所以格栅剖分法的复杂度为 $o(2n)$。

为说明格栅剖分集合划分法的高效性，对比分析了传统集合划分方法 LPT 方法的复杂度。基本 LPT 算法对于集合的划分是以各集合内元素权重之和尽量均衡为目标，这里对于油田集输网络系统中节点集合的划分应该以每个子集内节点之间的距离尽量小为目标，LPT 算法的主要流程可以概括为：首先，随机选取 m_i 个节点作为 m_i 个子集的初始点，然后，将剩下的节点按照与子集中的点距离最近原则依次分配给各个子集，最后，将剩余的未划分的点就近分配到 m_i 个子集中。LPT 算法的复杂度主要在于多次的排序计算，其复杂度为 $o(n^2)$。由以上复杂度分析可知，格栅剖分法要比传统的集合划分方法更高效，特别对于规模较大的油田集输网络系统，其油田集输站场众多，格栅剖分集合划分法相对于原有集合划分法的计算效率有显著提升。

5.3.2　位域相近模糊集求解法

在基于格栅剖分法给出集输站场之间的相对连接关系的基础上，原油集输网络中油井和站场之间的拓扑结构关系优化就成为主要研究对象。通过分析油田集输系统的层次结构可知，油井节点数目众多，油井与上级站场之间的隶属关系变量数目直接决定了原油集输网络布局重构优化问题的规模，为保证有效求解网络系统的拓扑结构关系，本书提出了位域相近模糊集概念，基于此给出了油田集输网络中油井与其上级站场节点之间的拓扑关系求解方法。

1. 位域相近模糊集

在阐述位域相近模糊集的概念之前，先给出基础定义和引理。

定义 1：位域是指节点位于可行域中的几何位置。

引理 3：对于集合 D_F，若存在圆形域子集 $g_{C,1}, g_{C,2}, \cdots, g_{C,m}$，使得 $g_{C,1}, g_{C,2}, \cdots, g_{C,m} \supset D_F$，子集 $g_{C,j}$ 外任意一点与圆心的距离要大于子集 $g_{C,j}$ 内任意一点与圆心的距离。

推论 2：圆形域内接正方形内的点与圆心的距离要小于圆形域外一点与圆心的距离。

基于以上定义和引理，给出位域相近模糊集的概念和隶属度函数，位域相近模糊集是指在点集中与某一节点位域相近的点的集合。第 i 个节点的位域相近模糊集的隶属度函数为

$$\mu_{i,j} = \begin{cases} 1 - \dfrac{l_{i,j}}{l_{\max}}, & 0 < l_{i,j} \leqslant l_{\max} \\ 0, & l_{i,j} > l_{\max} \end{cases} \tag{5.48}$$

式中：$\mu_{i,j}$——节点 j 隶属于节点 i 的位域相近模糊集的隶属度；$l_{i,j}$——节点 j 与节点 i 之间的距离；$l_{\max}$——节点 i 的位域相近模糊集距离阈值。

通过以上隶属度函数可以得到任意一个节点 j 对于第 i 个节点位域相近模糊集的隶属度，即衡量一个节点对于另一个节点的空间相近程度，当节点 j 逐渐远离节点 i 时，隶属度逐渐减小，相应的节点 j 隶属于 i 的模糊集的程度逐渐降低；当节点 j 与节点 i 的距离大于某一数值时，节点 j 完全不属于 i 的模糊集。

2. 井站隶属关系求解

计量间节点的位域相近模糊集实质是以站场节点为中心的一定范围的圆形域内的油井点集。由引理 3 可知,圆形域外的点与圆心的距离相对更大一些,即与站场相连接且距离较近的油井一定位于站场的位域相近模糊集内,也就说明通过求解站场节点的位域相近模糊集即可以得到油井与站场的连接关系。站场位域相近模糊集的确定依赖于站场节点的几何位置,而由于站场的选址具有随机性,不同模糊集之间可能存在交集的情况,因而交集中的第 k 个点的隶属度采用如下公式计算,

$$\mu_k = \max(\mu_{1,k}, \mu_{2,k}, \cdots, \mu_{m_1,k}) \tag{5.49}$$

式中: $\mu_{i,k}(i=1,2,\cdots,m_1)$ ——交集中的第 k 个点对于包含节点 k 的第 i 个模糊集的隶属度。

对于交集中的节点,按照最大隶属度原则将其划分给相应的模糊集,对于隶属度大于 0 且不在交集中的节点,则无须附加计算,所有模糊集得到确定即可完成对油井节点隶属关系的求解。然而,在求解过程中,模糊集的确定要计算所有油井节点到所有站场节点的距离,尤其对于油田集输系统中成千上万的油井节点,其复杂度是很大的。为了简化求解,采用正方形域来表征位域相近模糊集,然后通过比较油井节点的坐标和正方形域的边界坐标来确定每口油井所连接的站场。在实际计算过程中,一般根据集输半径 R 来确定正方形域的范围,因为采用外切正方形来近似表征圆形,所以为了保证连接关系求解的最优性,要将圆域范围进行适当放大,以保证对解的覆盖,由推论 2 可知,圆形域内接正方形内的点比圆形域外的点距离短,即不在交集中的内接正方形内的点可直接划分给所在圆域,令 a 为圆域范围放大系数,以 $u_1^{\mathrm{I}}, u_2^{\mathrm{I}}, \cdots, u_{m_1}^{\mathrm{I}}$ 表示集输半径 R 确定的圆形域的内接正方形,称为模糊集的内接正方形;以 $u_1^{\mathrm{O}}, u_2^{\mathrm{O}}, \cdots, u_{m_1}^{\mathrm{O}}$ 表示放大圆域的外切正方形,称为模糊集的外切正方形;以 $u_1^{\mathrm{OI}}, u_2^{\mathrm{OI}}, \cdots, u_{m_1}^{\mathrm{OI}}$ 表示模糊集的内接正方形与其他内接或外切正方形形成的交集;以 $u_1^{\mathrm{II}}, u_2^{\mathrm{II}}, \cdots, u_{m_1}^{\mathrm{II}}$ 表示模糊集的外切正方形与其他内接或外切正方形形成的交集,具体步骤如下:

①计算并存储以每个站场节点的坐标 x_i^c, y_i^c 为中心的模糊集的内接正方形边界范围 $\left[x_i^c - \dfrac{\sqrt{2}}{2}R, x_i^c + \dfrac{\sqrt{2}}{2}R \right] \times \left[y_i^c - \dfrac{\sqrt{2}}{2}R, y_i^c + \dfrac{\sqrt{2}}{2}R \right]$，以及模糊集外切正方形的边界范围 $\left[x_i^c - \alpha R, x_i^c + \alpha R \right] \times \left[y_i^c - \alpha R, y_i^c + \alpha R \right]$，令模糊集未被计算的标记为 $\sigma_{f,k} = 0, k = 1, 2, \cdots, m_1$，油井未被计算的标记为 $\sigma_{w,k} = 0, k = 1, 2, \cdots, n$。

②结合哈希排序法，判断每个油井节点的 Well_j 横、纵坐标否位于各模糊集的 u_i^O 以及 u_i^I 内，同时判断其是否位于 u_i^{OI} 中，若是，则标记模糊集为 $\sigma_{f,i}^{OI} = 1$。进一步判断该油井节点是否位于 u_i^{II} 内，若是，则标记模糊集为 $\sigma_{f,i}^{II} = 1$。

③判断第 i 个 $\sigma_{f,i} = 0$ 的模糊集的标记 $\sigma_{f,i}^{II}$ 是否等于 1，若是，则计算第 i 个模糊集内所有的节点对于模糊集 i 和其他与模糊集 i 相交且 $\sigma_{f,i} = 0$ 的模糊集的隶属度，按照最大隶属度原则划分给相应集合，更新模糊集 i 的标记为 $\sigma_{f,i} = 0$ 及其内节点的标记为 $\sigma_{w,j} = 1, j \in u_i^O$；若不位于，则转步骤④。

④计算第 i 个模糊集的 u_i^I 到 u_i^O 范围内的位于交集中的节点对于模糊集 i 和其他与模糊集 i 相交且 $\sigma_{f,i} = 0$ 的模糊集的隶属度，按照最大隶属度原则进行划分，标记模糊集 i 和及其内节点为已计算。

⑤重复步骤③～④，直到所有集合均已计算完毕。

⑥对于不在交集中的节点，将节点划分给其所在模糊集。

⑦将未隶属于任何集合的节点按照就近原则划分给各站场。

在上述求解方法的主要步骤中，以位域相近模糊集的内外切正方形来限定 S_1 级站场的有效管辖范围，通过坐标的简单比较来代替多次的距离排序计算，为了进一步直观揭示求解方法的主要步骤，针对步骤③和步骤④绘制了图 5.4（a）和图 5.4（b），正方形Ⅰ和Ⅱ分别为模糊集 A 的外切和内接正方形，正方形Ⅲ和Ⅳ分别为模糊集 B 的外切和内接正方形，在图 5.4（a）中，油井节点 V_k 位于正方形Ⅱ和Ⅲ交集内，则图中正方形Ⅰ的阴影区域内的节点都需要计算隶属度，对于图 5.4（b），由于 V_k 位于正方形Ⅰ和Ⅲ的交集内，则正方形Ⅱ到Ⅰ之间的交集内的节点需要进行隶属度计算，交集之外的节点表示不需要计算隶属度的节点。

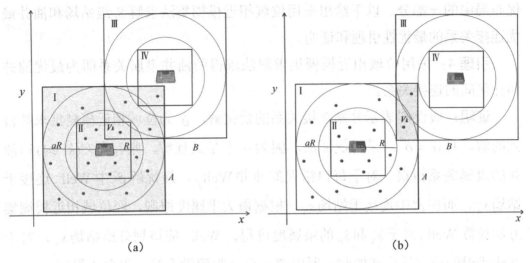

图 5.4　位域相近模糊集求解法示意图

3. 复杂度和最优性分析

基于上述求解方法的主要步骤可知，基于位域相近模糊集方法的拓扑关系求解复杂度取决于交集中节点的数目，若油井节点全部位于交集内，则复杂度为 $o(m_0 \times n)$，若模糊集之间没有交集，则复杂度为 $o(n)$，所以位域相近模糊集法求解站场和油井之间连接关系的复杂度为 $o(n) \sim o(m_0 \times n)$，而采用 Prim 算法的拓扑关系计算复杂度为 $o(n^2)$，因为油井的数目和站场数目之间存在倍数关系，所以位域模糊集法的计算效率相较于传统拓扑结构求解法有了明显提升。

在给出了位域相近模糊集求解计量间级站场和油井连接关系的主要过程之后，需要对求解的最优性进行讨论。分析油田集输系统布局优化数学模型的目标函数可知，计量间站场和油井之间集输系统的布局优化包括油井的隶属关系求解和支线管道的管道规格确定两个优化子问题，当计量间站场的几何位置给定之后，由于管道内流量的确定性，管道规格仅影响集输的工艺可行性，对油井和计量间站场之间的连接关系求解并无影响，因而可以对支线管道的连接关系和管道规格两个子问题分别进行求解。支线管道的长度决定了管道的建设费用和可靠性，且长度的最小化方向和管道的建设费用最小化方向一致，所以支线管道长度最小化优化问题的解即是整体油田集输系统最优布局中的一部分。以下给出采用位域相近模糊集法求解 S_1 级站场和油井最优连接关系的最优性引理和证明。

引理 4： 采用位域相近模糊集求解法求得的油井隶属关系即为最优油井和计量间的连接关系。

证明： 假设 δ^* 表示井站连接关系的最优解，δ' 为位域相近模糊集求解得到的解，且 $\delta' \neq \delta^*$。采用反证法，因为 δ' 不是最优解，则存在 $k'(k' \geqslant 1)$ 口油井的隶属关系错误，对于每口错误的油井 $\text{Well}_{j'}$，最优解 δ^* 中 $\text{Well}_{j'}$ 连接于站场 s_A，而在 δ' 中连接于站场 s_B，根据最大隶属度原则，经位域相近模糊集方法计算 $\text{Well}_{j'}$ 对于 s_A 和 s_B 的隶属度可得，$\text{Well}_{j'}$ 应该划分给站场 s_A，对于其他错误的连接管道亦如此，所以 $\delta' = \delta^*$，与假设不符，引理 4 得证。

4. 组合式优化求解策略

基于混合算术-烟花优化算法、格栅剖分法和位域相近模糊集求解法，结合分级优化思想，耦合绕障路径优化，形成了油田集输系统布局重构优化数学模型的组合式优化求解策略。

（1）初始化参数

初始化混合算术-烟花算法群体规模、终止条件、三项优化算子等主控参数，格栅剖分法子集划分数量，位域相近模糊集求解法的集输半径、圆域放大系数。

（2）优化模型转化

采用可行性准则将目标函数和约束条件分离，将等式约束转换为不等式约束，建立约束违反度函数，约束违反度采用拉伸计算。

（3）迭代求解主体

采用分层优化的思想，将站场级别的选择和集输流程的选择视为设计层，拓扑结构关系和管道规格的求解视为布局层，设计层和布局层之间通过协调迭代来确定油田集输系统的最优布局。

①设计层优化：设计层优化主要用于确定问题的规模，并为布局层提供控制参数，采用两种方式确定问题的规模，当考虑集输流程选择的可转级的站场数量较少时，采用遍历法获得所有组合；当可转级的联合站、转油站、计量间的可行组合方案数量过大时，无法依次求解每一种组合方案下的最优系统布局，则需要采用 AFOA 算法进行布局层求解，采用整数编码表示设计层的粒子。

以上两种求解方式中不同组合方案的优劣均要根据其所对应的布局层优化结果来评定，这里以布局层优化计算得到的适应度值作为设计层组合方案的适应度值。

②布局层优化：布局层优化是在给定集输流程和联合站、转油站等站场级别的基础上优化油田集输系统中节点单元和管道单元的布局参数。

1）基于格栅剖分法初值优化

采用格栅剖分法求得所有站场节点的不同划分子集，基于划分子集形成部分初始可行解，同时为了保证群体多样性，其他初始解采用随机产生。

2）初始群体生成

应用整数编码方式，以序号之间的对应来表示节点连接关系，将管道规格序列化并采用整数编码，并将所有管道分别对应于连接关系，则有每个个体的编码形式为

$$c_i = (\eta_{w,1}, \eta_{w,2}, \cdots, \eta_{w,m_w}; \eta_{c,1}, \eta_{c,2}, \cdots, \eta_{c,m_z}; \sigma_{c,1}, \sigma_{c,2}, \cdots, \sigma_{c,m_z}) \tag{5.50}$$

式中：c_i——布局层群体第 i 个个体；$\eta_{c,k}$——第 i 个粒子中第 k 个油井所连接的其他站场的编号；$\eta_{c,k}$——第 i 个粒子中第 k 个站场所连接的其他站场的编号；$\sigma_{c,k}$——第 i 个粒子中第 k 个站场所连接的管道规格编号；m_w——集输流程及站场转级所引起的拓扑关系发生改变的油井数量；m_z——集输流程及站场转级所引起的拓扑关系发生改变的站场数量。

3）不可行粒子的调整

AFOA 算法在迭代求解过程中，由于算法的随机性，会生成不符合约束条件的粒子，虽然可以对违反约束条件的粒子进行适当保留以增加群体信息

的丰富性，但不满足油田集输系统拓扑结构约束的个体直接影响了正常计算，需要对此类个体进行调整。违反树状网络结构特征的情况有重复连接、不连通和成环三种，重复连接是指至少存在一根管道的连接关系被重复表征，因为管道规格是与每种连接关系相对应的，重复的连接关系会造成无法求解，这里通过遍历的方式对该种情况进行检验和排除；在调整了重复连接的不可行情况后，网络不连通指的是至少存在一座站场不与其他站场相连，即存在站场孤点。根据图论知识可知，每个节点所连接的边数称为该节点的度，对于网络不连通的情况，随机选取一条一端节点度为 1 而另外一端节点度大于等于 2 的干线管道断开，并将度为 1 的站场节点连接到孤点站上；对于网络成环的情况，则采用破圈法重新调整节点的连接关系以满足拓扑结构要求。

4）基于位域相近模糊集求解法的个体评估

对于所建立的优化模型，适应度值的递增应该对应于评价函数值的递减，为了平衡优化策略的局部和全局优化能力，对适应度函数值的变化进行了适当调整，则适应度函数表示为

$$f_{it}(c_i) = \mathrm{e}^{-b(F(c_i)/F_{\max})} \qquad (5.40)$$

式中：$f_{it}(c_i)$——第 i 个粒子的适应度函数值；b——适应度值调整系数。

通过调整系数控制 AFOA 算法的收敛进程，在迭代初期减小优劣解的差异性，防止优良个体过度把控求解，使得在迭代初期丰富群体可行解信息，加强全局搜索能力；在迭代后期增大个体适应度值之间的差距，以促进局部搜索能力。另外，油井和计量间之间的连接关系采用位域相近模糊集求解法获得。

5）AFOA 算法个体更新

个体更新包括应用周期数学函数加速器来选择加法/减法计算和乘法/除法计算。针对执行算术算子后的群体，执行改进的爆炸算子和改进的变异算子。对于执行改进爆炸算子及改进变异算子产生的个体，执行轮盘赌操作，选择新的个体补充进入原群体，以保证群体的多样性。

（4）判断求解是否终止

在组合式求解策略中，需要分别设定设计层和布局层的终止迭代条件，其中设计层的终止条件是求解策略寻优完成的标志，而布局层的终止条件是求得一种问题规模下的最优布局的停止迭代条件。对于设计层设置最大迭代次数的终止条件；对于布局层的终止条件，设置收敛精度和最大迭代次数共同控制。

（5）输出最优解

将油田集输系统布局重构优化数学模型的最优解及相关计算信息输出。

基于以上组合式优化求解策略的主控参数及设计流程，绘制求解流程图如图 5.5 所示。

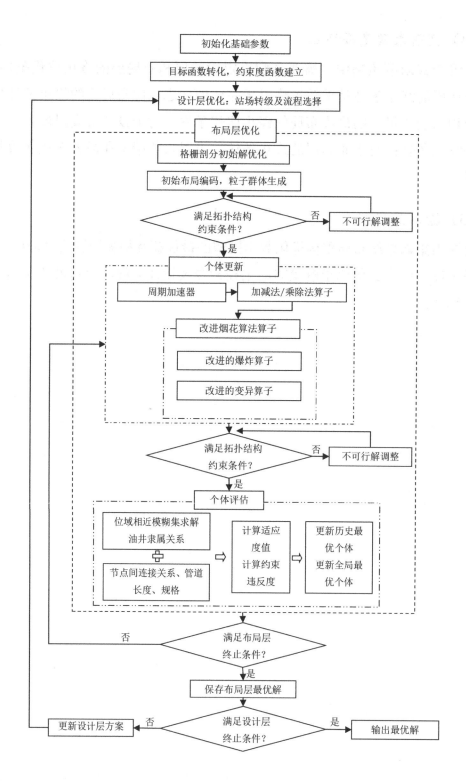

图 5.5　组合式优化求解策略流程图

5.3.3　布局重构优化示例

某油田 Y 区块有计量间 25 座、转油站 4 座，转油站及所辖油井之间采用双管掺热水集油流程，其中转油站 2 及所辖油井投产时间最早，转油站 1 及所辖油井投产时间最晚。Y 区块近年来产量递减较快，各转油站内负荷率持续下降，运行单耗逐年上升。该区块内近年来没有新增产能计划，掺热水伴热流程改为电加热集油流程的条件暂不具备。通过对该区块集输系统进行布局重构优化研究，所得的布局重构优化前后布局对比如图 5.6 所示。在图 5.6 中，$S_1 \sim S_4$ 表示转油站 1 ～转油站 4。

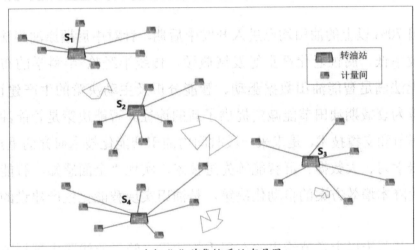

（a）优化前集输系统布局图

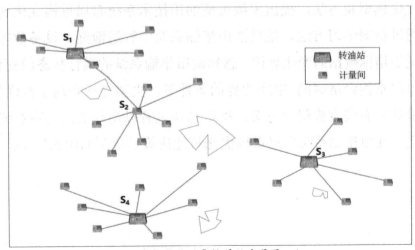

（b）优化后集输系统布局图

图 5.5　Y 区块集输系统布局重构优化前后对比图

经优化后，转油站 2 降级为计量间，负责汇集转油站 2 原来所辖的其他计量间来液，通过增压装置输送到转油站 1，对转油站 1 站内设备进行更换以满足转油站降级所产生的处理量需求。布局重构后 Y 区块集输系统的总运行能耗节约 14.3%，转油站平均负荷率提升 8.95%，改造总投资 1 215.36 万元，可在较短回收期内收回成本，验证了本章所提出的优化模型及求解方法的有效性。

5.4 布局重构优化智能决策框架

我国 70% 以上的油田均已进入开发中后期，针对中后期原油集输系统成本高、效率低、腐蚀老化严重等发展瓶颈，传统半经验-半科学的布局重构决策已无法满足智能油田数据驱动、智能分析及主动决策的生产建设需求，智能决策为衰减期油田节能减资提供了新的途径。智能决策是智能油田建设的核心环节和支撑技术，是未来一段时间内油田智能化技术研究的重点方向，借助机器学习、大数据、群智能等先进技术，实现"全面感知、智能决策"，实现最优降本增效方案的自动化决策，是油田实现智能化生产建设的"指挥中心"。

本小节基于以上章节给出的布局重构边界、管道改线路由规划方法、布局重构优化模型及方法，提出多级可变油田技术系统布局重构优化智能决策框架。通过机器学习方法，挖掘油田集输系统中管道泄漏、设备故障、生产运行能耗等指标数据的变化规律，感知油田集输系统的运行状态的变化趋势，在达到布局重构经济时间-空间边界的条件下，主动进行布局重构优化决策，优选出最佳的布局重构优化方案，推送给决策者以指导油田集输系统的布局重构优化。油田集输系统布局重构优化智能决策示意图如图 5.6 所示。

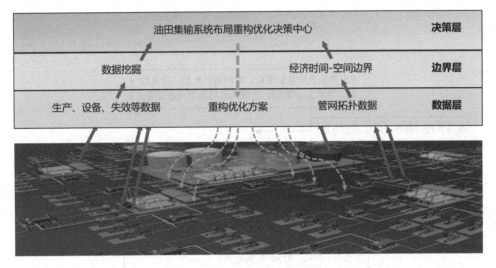

图 5.6　油田集输系统布局重构优化智能决策示意图

由于油田集输系统布局重构优化决策是针对已建系统给出规划建设方案，侧重的是方案设计，而非生产运行优化，所以油田集输系统的布局重构优化智能决策框架需要解决的是以下三个问题：

①传统的油田集输系统布局优化是被动决策，即不得不决策时再做决策，而布局重构是基于现有系统的合适时间-空间边界进行的优化决策，是需要对油田集输系统生产数据进行大数据挖掘的。

②智能决策需要解决优化模型及方法的通用性，即智能决策中心的计算机上应该布置有适用于不同网络结构的优化决策方案，进行一体化调用。

③油田集输系统布局重构模式按照重构对象可以分为仅管道重构和管道及站场协同重构，根据油田管理者所倾向开展的重构模式包括撤销关停、合并新建、多级转级，智能决策框架中应该涵盖应对以上各类重构问题的方法。基于以上分析，本书设计了油田集输系统布局重构优化智能决策框架，框架如图 5.7 所示。

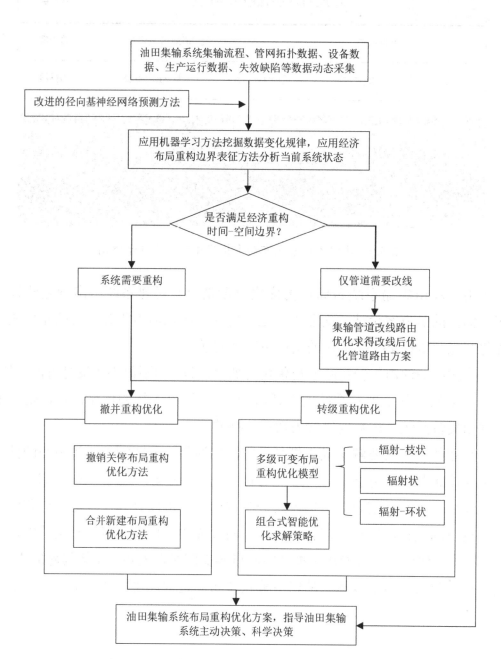

图 5.7　油田集输系统布局重构优化智能决策框架

参考文献

[1] 陈双庆. "双碳"背景下油气田地面工程最优化方法进展及展望[J]. 油气储运, 2022, 41 (07): 765-772.

[2] ROY C, LIN W, Wu K. Swarm intelligence-homotopy hybrid optimization-based ANN model for tunable bandpass filter[J]. IEEE Transactions on Microwave Theory and Techniques, 2023.

[3] 王昊, 魏立新, 陈双庆. 基于果蝇算法的气田集输布局优化[J]. 当代化工, 2020, 49 (11): 2507-2510, 2514. .

[4] SHI Y, EBERHART R C. Particle swarm optimization with fuzzy adaptive inertia weight[J]. Nature, 2001, 212 (5061): 511-512.

[5] LI J, ZHENG S, TAN Y. Adaptive fireworks algorithm[C]. 2014 IEEE Congress on Evolutionary Computation (CEC). IEEE, 2014.

[6] ABUALIGAH L, DIABAT A, MIRJALILI S, et al. The arithmetic optimization algorithm[J]. Computer methods in applied mechanics and engineering, 376 (2021): 13609.

[7] YANG X, HE X. Firefly algorithm: recent advances and applications[J]. International journal of swarm intelligence, 2013, 1 (1): 36-50.

[8] LIU Y, Chen Shuangqing Q, Guan B, et al. Layout optimization of large-scale oil-gas gathering system based on combined optimization strategy[J]. Neurocomputing, 2019, 332(7): 159-183.

[9] 李政道. 李政道讲义 统计力学[M]. 上海: 上海科技出版发行有限公司, 2006.

[10] 官兵. 激光破岩热破坏机理研究[D]. 大庆: 东北石油大学. 2020.

[11] 刘天晴. 开发中后期油田气田集输系统布局调整优化研究[D]. 大庆: 东北石油大学, 2024.

[12] 潘峰, 魏立新, 陈双庆, 等. 基于模糊可靠性的集输管网参数优化设计[J]. 油气储运, 2017, 36(12): 1353-1360.

[13] 孙云峰, 陈双庆, 王志华. 高含CO_2气田集输系统智能优化与标准化[M]. 石油工业出版社, 2022.

[14] 潘峰, 陈双庆. 大庆油田油气集输管网失效概率研究[J]. 石油工程建设, 2017, 43(03): 1-5, 9.

[15] 陈双庆, 刘扬, 魏立新, 等. 含弯管和阀室的集气系统新增产能拓扑优化[J]. 天然气与石油, 2016, 34(03): 1-7.

[16] 陈双庆, 刘扬, 魏立新, 等. 障碍条件下气田集输管网整体布局优化设计[J]. 化工机械, 2018, 45(01): 57-64.

[17] 刘扬, 陈双庆, 官兵. 受约束三维空间下油气集输系统布局优化[J]. 科学通报, 2020, 65(09): 834-846.

[18] 刘扬, 陈双庆, 付晓飞, 等. 大型油气网络系统最优化理论方法研究及"AI+"展望[J]. 东北石油大学学报, 2020, 44(04): 7-14, 55, 5-6.

[19] CHEN S, LIU Y, WEI L, et al. PS-FW: A hybrid algorithm based on particle swarm and fireworks for global optimization[J]. Computational intelligence and neuroscience, 2018(2018): 6094685.

[20] 刘扬,陈双庆,魏立新. 油气集输系统拓扑布局优化研究进展[J]. 油气储运,2017,36（06）：601-605,616.

[21] LIU Y,LI J X,WANG Z H,et al. The role of surface and subsurface integration in the development of a high-pressure and low-production gas field [J]. Environmental Earth Sciences， 2015,73（10）：5891-5904.

[22] 陈双庆,刘扬,魏立新,等. 徐深气田新增产能管网障碍拓扑优化[J]. 东北石油大学学报,2016,40（04）：96-105,10.

[23] 王力,陈双庆,王佳楠,等. 基于面向对象和二叉树的油气集输管网水力计算[J]. 油气储运,2019,38（12）：1359-1365.

[24] 陈双庆. 基于智能计算的大型多源注水系统优化研究[D]. 大庆：东北石油大学,2018.